改訂増補版

プラスチック製品の
強度設計とトラブル対策

本間 精一 著

NTS

本書籍は、雑誌「プラスチックス」（（株）工業調査会）に20回にわたって連載された
『プラスチックの実用強さと耐久性』（Vol. 54, No. 10〜Vol. 56, No. 5）に加筆・修正、
編集の上、一冊にまとめたものです。

序　文

　　プラスチックは軽量性、設計の自由性、生産性などの点で優れていることから、日用雑貨から工業部品まで広い用途に使用されている。今や、体積当たりの使用量では、金属材料の使用量を上回る規模に成長している。しかし、金属材料などに比較すると、プラスチックの強度設計では次の問題点がある。
　　①設計に関するデータベースの蓄積が比較的少ない。
　　②粘弾性特性を有するため、材料力学を適用できる設計範囲が比較的狭い。
　　③絶対強度が低いので、設計の許容値(応力、ひずみ)が狭い範囲で設計をせざるを得ない。
　　④使用条件によって性能が変化しやすい。
　　⑤製品形状、成形条件、二次加工などの要因が関係するので、強度に影響する変数が多い。
　　⑥プラスチックの種類及び品種によって特性が異なるため、設計データの汎用性が低い。
　　また、プラスチック材料を用いた製品設計では、レオロジー、材料物性、成形加工、材料力学、破壊力学などの広い分野にまたがる基礎及び応用に関する知識を必要とするため、個別分野の専門知識だけでは対応することが難しいことが多い。
　　一方、設計現場においては、製品毎の個別設計データとして蓄積され、体系化された設計データが少ないこと、トラブル対策についても公表されることは少ないことなどのため、プラスチックの設計・品質保証に携わる諸氏にとっては、戸惑うことも多いと思われる。
　　筆者は、プラスチック材料メーカの研究開発、技術サービスなどの立場から、客先におけるプラスチック部品の設計や割れトラブル対策に長く携わってきた経験がある。その中で現場における設計やトラブル対策とそれら各技術分野の基礎的知見を関連付けて検討する機会に恵まれた。それらの経験からすると、過去における個別設計例またはトラブル対策例の集積だけでは、新製品の設計または割れトラブルへの対応は困難であるということであった。つまり、基本的な基礎的知見をベースにした応用力の必要性を痛感した。このようなことから、本書はプラスチックの強度や耐久性について、各専門分野にまたがる基本的な考え方をもとにしながら、現場で起こる強度トラブル対策までをまとめたものである。本書によって、プラスチック部品の適切な強度設計とトラブル防止に少しでもお役に立てば、望外の喜びである。

改訂にあたって

　　本書を執筆してから約10年が経過した。この間、第1章から第9章の技術内容はあまり変わっていないが、「第10章　プラスチックの高強度化」の内容は大きく変化しているので、改訂にあたって「第10章　プラスチックの高性能化・高機能化」に変更して最近の材料開発を解説することにした。また、「第11章　プラスチックの強度に関する Q&A」には、材料関係の Q&A とコラムを付け加えた。

2018年6月
本間精一

目　次

序文

第1章　プラスチックの強度と破壊に関する概論 —— 1

1.1　プラスチックの強度 ………………………………………………………………… 2
　1）プラスチックの強度特性 …………………………………………………………… 2
　2）プラスチックの強度発現機構 ……………………………………………………… 3
1.2　プラスチックの破壊 ………………………………………………………………… 6
　1）破壊機構 ……………………………………………………………………………… 6
　2）延性破壊と脆性破壊 ………………………………………………………………… 7
　3）破壊とばらつき ……………………………………………………………………… 7
　4）破壊の進行プロセス ………………………………………………………………… 9
1.3　プラスチックの強度に影響する諸要因 …………………………………………… 10

コラム　現場からのひとこと 1　材料強度学との出会い ………………………… 12

第2章　プラスチックの強度と材料設計 —— 13

2.1　強度の概念 …………………………………………………………………………… 14
　1）静的強度 ……………………………………………………………………………… 14
　2）長時間強度 …………………………………………………………………………… 15
　3）耐熱強度 ……………………………………………………………………………… 15
　4）衝撃強度 ……………………………………………………………………………… 15
　5）化学的雰囲気下における強度 ……………………………………………………… 15
　6）劣化 …………………………………………………………………………………… 15
2.2　基本特性 ……………………………………………………………………………… 15
　1）分子構造と強度 ……………………………………………………………………… 15
　2）平均分子量、分子量分布 …………………………………………………………… 17
　3）分岐、架橋 …………………………………………………………………………… 18
　4）立体規則性 …………………………………………………………………………… 19
　5）分子末端 ……………………………………………………………………………… 20
2.3　高次構造と強度 ……………………………………………………………………… 21
　1）分子配向 ……………………………………………………………………………… 21
　2）結晶構造 ……………………………………………………………………………… 23
2.4　添加剤配合と強度 …………………………………………………………………… 24
2.5　繊維強化材料 ………………………………………………………………………… 26
　1）複合則と実際の強度 ………………………………………………………………… 26

— 目・1 —

2) 繊維強化による実用強度 ································· 28
3) 繊維配向と強度 ······································· 28
4) アスペクト比と強度 ·································· 32
2.6 ポリマーアロイ材料 ·································· 33
1) 相構造と衝撃強度 ···································· 34
2) モルフォロジーとウェルド強度 ················ 35
3) モルフォロジーと耐熱強度 ······················ 37
4) モルフォロジーとソルベントクラック性 ····· 38
2.7 ナノコンポジット材料 ······························· 40

コラム 現場からのひとこと 2 材料データと製品設計データのミスマッチ ········· 43

■ 第3章 プラスチックの力学的性質 ────● 45

3.1 基礎的性質 ·· 46
1) 粘弾性 ·· 46
2) 結晶性プラスチックと非晶性プラスチック ··· 47
3) 結晶の融点と結晶化温度 ·························· 47
4) ガラス転移温度 ····································· 48
5) 動的粘弾性と転移温度 ···························· 48
3.2 各試験法と特性 ······································· 50
　3.2.1 引張特性 ·· 50
　　1) 試験法 ·· 50
　　2) 引張特性 ·· 52
　3.2.2 曲げ特性 ·· 54
　　1) 試験法 ·· 54
　　2) 曲げ特性 ·· 57
　3.2.3 衝撃特性 ·· 58
　　1) 各試験法 ·· 58
　　2) 衝撃強度特性 ····································· 64
　3.2.4 応力緩和、クリープ ························ 69
　　1) 試験方法 ·· 69
　　2) 応力緩和特性 ····································· 71
　　3) クリープ特性 ····································· 72
　3.2.5 疲労強度 ·· 75
　　1) 試験方法 ·· 75
　　2) 疲労特性 ·· 75

コラム 現場からのひとこと 3 曲げ強度と引張強度の違い ································ 79

— 目・2 —

第4章 プラスチックのストレスクラック性 —— 81

4.1 クレーズとクラック ……………………………………………………… 82
　1）クレーズ ……………………………………………………………… 83
　2）クラック ……………………………………………………………… 84
　3）温水によるクラック ………………………………………………… 85
4.2 ストレスクラック ……………………………………………………… 86
　1）ストレスクラック性の試験方法 …………………………………… 86
　2）ストレスクラック特性 ……………………………………………… 87
4.3 ソルベントクラック …………………………………………………… 89
　4.3.1 ソルベントクラックの試験方法 ………………………………… 90
　　1）ベントストリップ法 ……………………………………………… 90
　　2）4分の1楕円法 ……………………………………………………… 91
　　3）ひずみ負荷及び応力負荷法 ……………………………………… 92
　　4）C型試験片による方法 …………………………………………… 93
　4.3.2 ソルベントクラック特性 ………………………………………… 94

コラム　現場からのひとこと 4　分子量とは ………………………………… 97

第5章 プラスチックの劣化と寿命 —— 99

5.1 熱劣化 …………………………………………………………………… 101
　1）熱劣化の原理と抑制 ………………………………………………… 101
　2）反応速度論と熱劣化 ………………………………………………… 103
　3）ポリマーと熱分解パターン ………………………………………… 104
　4）熱分解挙動 …………………………………………………………… 104
　5）使用条件による熱劣化 ……………………………………………… 107
5.2 加水分解による劣化 …………………………………………………… 110
　1）成形時の加水分解 …………………………………………………… 110
　2）使用時の加水分解 …………………………………………………… 111
5.3 紫外線による劣化 ……………………………………………………… 116
　1）劣化の原理と抑制 …………………………………………………… 116
　2）耐紫外線性の試験方法 ……………………………………………… 118
　3）耐候性特性 …………………………………………………………… 121
5.4 その他の劣化 …………………………………………………………… 124
　1）放射線照射による劣化 ……………………………………………… 124
　2）オゾン劣化 …………………………………………………………… 124
　3）微生物による分解 …………………………………………………… 125
5.5 プラスチック製品の寿命評価法 ……………………………………… 126
　5.5.1 寿命の終点の考え方 ……………………………………………… 126

— 目・3 —

5.5.2　寿命予測法 ··· 127
　　1）熱劣化、加水分解の予測 ··· 127
　　2）使用中の温度が変化する場合のトータル寿命の予測 ········ 130
　　3）促進暴露試験結果から屋外暴露寿命の予測 ··················· 131
　　4）クリープ破壊寿命の予測 ··· 131
　　5）加速劣化試験による寿命推定 ····································· 133
　　6）市場回収品、実装試験品などによる寿命評価法 ············· 135

コラム　現場からのひとこと 5　紫外線、Ｘ線、ガンマ（γ）線などを照射すると、 ··· 137
　　　　　　　　　　　　　　　　　　なぜ劣化するか？

第6章　プラスチックの製品設計 ●──────● 139

6.1　強度設計 ··· 140
　1）強度設計に必要な材料データベース ······························ 140
　2）材料力学による計算 ··· 143
6.2　形状設計 ··· 144
　1）肉厚 ··· 144
　2）コーナアール ··· 145
　3）リブ ··· 145
　4）ボス ··· 146
　5）ウェルドライン ··· 146
6.3　要素設計 ··· 148
　6.3.1　成形インサート ··· 148
　　1）金具周囲に発生する残留応力 ··································· 149
　　2）インサートクラックと対策 ····································· 150
　6.3.2　プレスフィット（圧入） ······································· 152
　　1）しめしろ $\varDelta D$ の設計 ··· 153
　　2）プレスフィットの注意点 ··· 153
　6.3.3　熱圧入法 ··· 155
　6.3.4　ねじ接合 ··· 156
　　1）ねじ締め付けトルクと締め付け荷重 ··························· 156
　　2）ねじ接合の設計 ··· 158
　6.3.5　接着 ··· 161
　6.3.6　塗装 ··· 161

コラム　現場からのひとこと 6　インサート成形の「べからず集」 ··············· 164

第7章　射出成形工程における諸要因と成形品強度　── 167

7.1　残留ひずみ ……………………………………………………………………… 168
　7.1.1　残留ひずみとは ……………………………………………………………… 168
　7.1.2　残留ひずみの発生過程と品質の関係 ……………………………………… 169
　7.1.3　分子配向ひずみと対策 ……………………………………………………… 171
　　1)　分子配向ひずみの発生原理 ………………………………………………… 171
　　2)　分子配向ひずみと射出成形対策 …………………………………………… 172
　7.1.4　残留ひずみと対策 …………………………………………………………… 173
　　1)　残留ひずみの発生原理 ……………………………………………………… 173
　　2)　残留ひずみと射出成形対策 ………………………………………………… 176
　7.1.5　残留ひずみの測定方法と測定例 …………………………………………… 177
　　1)　分子配向ひずみの測定法 …………………………………………………… 177
　　2)　残留ひずみ測定法 …………………………………………………………… 179
7.2　アニール処理による残留ひずみの除去 ……………………………………… 181
　1)　アニール処理とは …………………………………………………………… 181
　2)　アニール方法と条件 ………………………………………………………… 182
　3)　アニール処理の注意点 ……………………………………………………… 182
　4)　アニール処理を必要とするケース ………………………………………… 183
7.3　成形時の分解 …………………………………………………………………… 183
　1)　熱分解 ………………………………………………………………………… 183
　2)　熱分解の確認 ………………………………………………………………… 184
7.4　加水分解 ………………………………………………………………………… 184
　1)　加水分解と強度 ……………………………………………………………… 184
　2)　成形条件と加水分解 ………………………………………………………… 184
　3)　加水分解の確認 ……………………………………………………………… 186
7.5　成形品に生じる欠陥部 ………………………………………………………… 186
　1)　欠陥部と強度 ………………………………………………………………… 186
　2)　成形品に発生する欠陥部 …………………………………………………… 186
7.6　再生材の使月 …………………………………………………………………… 187
　1)　再生による物性低下の考え方 ……………………………………………… 187
　2)　再生時の劣化要因と対策 …………………………………………………… 188

コラム　現場からのひとこと 7　残留ひずみという用語 …………………… 190

第8章　割れトラブルと原因究明　── 191

8.1　割れトラブルのケーススタディ ……………………………………………… 192
　8.1.1　プラスチック製品の割れトラブル例 ……………………………………… 192
　　1)　材料及び使用条件の原因による割れトラブル …………………………… 194

	a) ソルベントクラックによる割れトラブル	･････････････････	194
	b) 応力集中による割れトラブル	･････････････････････	195
	c) 化学薬品による割れトラブル	･････････････････････	195
	d) 熱劣化による割れトラブル	･･･････････････････････	195
	e) 疲労による割れトラブル	･･･････････････････････････	196
	f) クリープ、応力緩和による割れトラブル	･･･････････	196
	g) 紫外線劣化による割れトラブル	･･･････････････････	196

2) 人為的要因による割れトラブル ･･････････････････････ 196
   a) 材料選定ミスによる割れトラブル ･･････････････ 196
   b) 設計ミスによる割れトラブル ･･････････････････ 198
   c) 成形ミスによる割れトラブル ･･････････････････ 198
   d) 乱暴な使用による割れトラブル ･･････････････ 198
8.1.2 プラスチック製品の割れトラブルの特徴 ･････････ 198
 1) トラブル例1 微細なクラックは見逃され、製品に組み込まれた後に割れトラブルになる。 ･･･ 198
 2) トラブル例2 いくつかの要因が重なって割れトラブルになる。 ･･････････ 199
 3) トラブル例3 延性破壊から脆性転移に移行する温度やひずみ速度では強度はばらつく。 ･･･ 199
 4) トラブル例4 時間が経ってからクラックが発生する。 ･･････ 199
 5) トラブル例5 割れトラブル発生率は低いため、原因を特定できないことが多い。 ･･･ 200

8.2 割れトラブルの原因究明 ･････････････････････････ 200
8.2.1 割れ品の調査 ･･････････････････････････････ 201
8.2.2 現場の使用状況調査 ･･････････････････････ 201
8.2.3 トラブル品のトレーサビリティ ･･･････････････ 201
8.2.4 仮説を立てる ･･････････････････････････････ 201
 1) 仮説1 成形工程でプラスチックが分解劣化した。 ･･････ 203
 2) 仮説2 成形工程で高次構造が変化した。 ･･････････ 203
 3) 仮説3 成形品に欠陥があり、応力集中によって割れた。 ･････ 203
 4) 仮説4 残留応力が過大であるため割れた。 ･･････ 203
 5) 仮説5 使用時の負荷応力が過大で割れた。 ･･････ 203
 6) 仮説6 使用段階の物理的要因で割れた。 ･･････････ 203
 7) 仮説7 使用段階で材料が劣化して割れた。 ･･････ 204
8.2.5 割れサンプルの分析調査 ･･･････････････････ 204
8.2.6 加速再現試験 ･････････････････････････････ 204
8.2.7 対策 ･･････････････････････････････････････ 205
8.2.8 対策の効果確認 ･････････････････････････ 205

コラム　現場からのひとこと 8　品質保証と苦情処理 ･･････････････ 206

第9章　破損解析法　209

9.1　不良品の材料分析法 …………………………………………………………… 210
　　1）分子量測定法 ………………………………………………………………… 210
　　　a）粘度法 …………………………………………………………………… 210
　　　b）GPC法 …………………………………………………………………… 211
　　2）メルト・マス・フロー・レイト（MFR）測定法 ……………………………… 212
　　3）熱分解性の測定法 …………………………………………………………… 213
9.2　密度、結晶化度の測定法 ……………………………………………………… 214
　　1）密度の測定法 ………………………………………………………………… 214
　　2）結晶化度測定法、結晶状態観察法 ………………………………………… 215
9.3　分子配向の測定法 ……………………………………………………………… 216
9.4　異物の分析法 …………………………………………………………………… 216
9.5　成形品の欠陥部観察法 ………………………………………………………… 218
9.6　成形品の強度測定法 …………………………………………………………… 220
　　1）試験片切り出し法 …………………………………………………………… 220
　　2）衝撃試験法 …………………………………………………………………… 221
　　3）微小切削法 …………………………………………………………………… 221
9.7　加速再現試験法 ………………………………………………………………… 222
9.8　破面解析法 ……………………………………………………………………… 223
　　1）プラスチックの破面解析の特徴 …………………………………………… 223
　　2）破面解析の手順 ……………………………………………………………… 224
　　3）材料と破面の特徴 …………………………………………………………… 225
　　4）材料や破壊条件と破面 ……………………………………………………… 227
　　5）負荷応力及び欠陥部と破面 ………………………………………………… 229
　　6）欠陥部の破面 ………………………………………………………………… 231
9.9　繊維強化材料の破損解析 ……………………………………………………… 233
　　1）含有率の測定法 ……………………………………………………………… 233
　　2）繊維長さ、アスペクト比 …………………………………………………… 234
　　3）繊維配向の測定法 …………………………………………………………… 234
　　4）繊維とマトリックス（プラスチック）の接着状態観察 ………………… 236
9.10　ポリマーアロイ材料に関する破損解析 …………………………………… 237

コラム　現場からのひとこと 9　安全と安心 ……………………………………… 239

第10章　高性能・高機能プラスチック　241

10.1　汎用プラスチックの高性能化 ……………………………………………… 242
　　1）ポリメチルペンテン（PMP） ……………………………………………… 242
　　2）シンジオタクテックポリスチレン（SPS） ………………………………… 243

— 目・7 —

3) 耐熱 ABS 樹脂 ……………………………………………………………… 243
4) 超高分子量ポリエチレン（PE－UHMW） …………………………… 244
10.2　汎用エンジニアリングプラスチックと高性能化 ……………………… 245
1) ポリアミド（PA） …………………………………………………………… 246
2) 飽和ポリエステル ………………………………………………………… 248
10.3　スーパーエンジニアリングプラスチックと高性能化 ………………… 248
10.4　光学用プラスチック ……………………………………………………… 253
1) メタクリル樹脂系光学プラスチック ………………………………… 254
2) ポリカーボネート系光学プラスチック ……………………………… 255
3) 環状ポリオレフィン系光学プラスチック …………………………… 255
4) ポリエステル系光学プラスチック …………………………………… 257
10.5　バイオエンプラ …………………………………………………………… 258
1) ポリアミド（PA）系バイオエンプラ ………………………………… 258
2) ポリカーボネート（PC）系バイオエンプラ ………………………… 259
3) ポリエステル系バイオプラスチック ………………………………… 259
10.6　ナノ複合エンプラ ………………………………………………………… 260
1) ナノフィラーコンポジット ……………………………………………… 260
2) セルロースナノファイバー強化エンプラ …………………………… 261
3) ナノポリマーアロイ ……………………………………………………… 262
10.7　材料と成形技術による高強度、高剛性化 …………………………… 264
1) 射出成形法 ………………………………………………………………… 264
2) 熱可塑性プリプレグとのハイブリッド射出成形 …………………… 266
3) 押出プレス成形法 ………………………………………………………… 266
4) クオドラント・プラスチック・コンポジット・ジャパンの GMT スタンピング成
形システム …………………………………………………………………… 267
5) 連続繊維強化素材を用いた賦形法 …………………………………… 267

コラム　現場からのひとこと 10　バイオプラスチック ………………… 271

第11章　プラスチックの強度に関する Q&A ⋯ 273

11.1　基本的な力学的用語及び性質 ………………………………………… 274
Q1：力と応力の違いについて教えて下さい。 ……………………………… 274
Q2：ひずみの意味について教えて下さい。 ………………………………… 274
Q3：ひずみ速度とはどのような速度ですか。 ……………………………… 274
Q4：フックの法則とはどんな法則ですか。 ………………………………… 275
Q5：ヤング率とはどのような値ですか。また、ヤング率の大きさはどんなことを
表していますか。 ……………………………………………………………… 275
Q6：ポアソン比とはどんな値ですか。 ……………………………………… 275
Q7：応力―ひずみ曲線とは、どんな曲線ですか。 ……………………… 275
Q8：弾性限度とは、どのようなことですか。 ……………………………… 276

Q 9：曲げ応力は、どのような応力ですか。 ……………………………………………… 276
Q10：衝撃強度とは、どのような強度ですか。 …………………………………………… 276
Q11：応力緩和とはどのような現象ですか。 ……………………………………………… 277
Q12：クリープとはどのような現象ですか。 ……………………………………………… 277
Q13：クリープ破壊とはどのような現象ですか。 ……………………………………… 277
Q14：クリープ限度とはどのようなことですか。 ……………………………………… 277
Q15：疲労強度とはどのような強度ですか。 ……………………………………………… 278
Q16：疲労限度とはどのようなことですか。 ……………………………………………… 278
Q17：延性破壊及び脆性破壊は、それぞれどのような破壊ですか。 ………………… 278
Q18：応力集中とはどのようなことですか。 ……………………………………………… 278
Q19：許容応力とはなんですか。 …………………………………………………………… 279
Q20：安全率とになんですか。 ……………………………………………………………… 279

11.2　プラスチックの強度に関する基本的性質 …………………………………… 279
Q21：プラスチックが強度を発現する原理を教えて下さい。 ………………………… 279
Q22：ポリマーの分子量と強度の関係について教えて下さい。 ……………………… 279
Q23：非晶性プラスチックでは、分子はどのような状態になっていますか。 ……… 280
Q24：ガラス転移温度とは、どのような温度ですか。また、強度との関係がありま
　　　すか。 ……………………………………………………………………………… 280
Q25：結晶性プラスチックは、分子はどのような状態になっていますか。 ………… 280
Q26：結晶性プラスチックの強度は、どのような要因によって決まりますか。 …… 280
Q27：粘弾性とはどのような性質ですか。また、プラスチックはなぜ粘弾性を示し
　　　ますか。 …………………………………………………………………………… 280
Q28：プラスチックの粘弾性は、どのような特性に影響しますか。 ………………… 281
Q29：分子配向とはどのようなことですか。 ……………………………………………… 281
Q30：分子配向すると強度はどうなりますか。 ………………………………………… 281

11.3　試験法及び試験データの活用 ……………………………………………………… 281
Q31：シングルポイントデータとマルチポイントデータについて教えて下さい。 …… 281
Q32：多目的試験片とは、どのような試験片ですか。 ………………………………… 281
Q33：ISO に準じた JIS 試験法の特徴について教えて下さい。 ……………………… 282
Q34：ISO に基づく引張試験は、旧 JIS（ASTM 法）とどんな点で異なりますか。 …… 282
Q35：シングルポイントデータに示された衝撃試験は、どのような試験法が標準試
　　　験法になっていますか。 ………………………………………………………… 282
Q36：シャルピー衝撃試験法におけるエッジワイズとフラットワイズとはどのよう
　　　なことですか。 …………………………………………………………………… 282
Q37：衝撃試験データを実際の製品データに応用するには、どのようにしたらよい
　　　ですか。 …………………………………………………………………………… 283
Q38：応力緩和特性データは製品設計でどのような使用状態の場合に適用できますか。 … 283
Q39：クリープ変形やクリープ破壊データはどのような使用状態に適用できますか。 … 283
Q40：疲労試験データを実用データとして活用できますか。 ………………………… 283

11.4　ストレスクラックとソルベントクラック …………………………………… 283
Q41：ストレスクラックとはどのようなことですか。 ………………………………… 283
Q42：ソルベントクラックとはどのようなことですか。 ……………………………… 284

Q43：環境応力亀裂とはどのようなことですか。 ……………………………………… 284

Q44：ストレスクラックとソルベントクラックはどのような点で異なりますか。 ……… 285

Q45：ソルベントクラックの発生原理について教えて下さい。 ……………………… 285

Q46：ソルベントクラック性を評価する方法を教えて下さい。 ……………………… 285

Q47：クラックとクレーズは、どのように違いますか。 ……………………………… 286

Q48：クレーズが発生しても割れトラブルになることはありませんか。 …………… 286

Q49：クラックが割れトラブルに結び付くメカニズムについて教えて下さい。 ………… 286

Q50：プラスチック製品で、時間が経ってからクラックすることがあります。なぜ
ですか。 …… 286

11.5　劣化と寿命 …………………………………………………………………… 287

Q51：プラスチックの劣化とは、どのようなことですか。 ………………………… 287

Q52：熱エージングによる劣化とは、どのようなことですか。 …………………… 287

Q53：熱劣化を防ぐ方法はありますか。 ……………………………………………… 287

Q54：熱エージングによる劣化寿命はどのように予測しますか。 …………………… 287

Q55：加水分解劣化とは、どのようなことですか。 ………………………………… 288

Q56：紫外線劣化とは、どのようなことですか。 …………………………………… 288

Q57：紫外線劣化を防止する方法を教えて下さい。 ………………………………… 288

Q58：紫外線促進劣化試験と屋外暴露の関係について教えて下さい。 ……………… 288

Q59：X線やガンマ(γ)線などの放射線を照射すると、劣化しますか。 …………… 289

Q60：クリープ破壊寿命の予測法はありますか。 …………………………………… 289

11.6　残留ひずみとアニール処理 …………………………………………………… 289

Q61：残留ひずみと残留応力の違いについて教えて下さい。 ……………………… 289

Q62：分子配向ひずみとは、どのようなひずみですか。 …………………………… 289

Q63：割れ事故に結び付く残留ひずみ(凍結ひずみ)は、どのようなひずみですか。 …… 290

Q64：射出成形工程では、どの工程で分子配向ひずみや残留ひずみが発生しますか。 … 291

Q65：分子配向ひずみが存在すると、実用上どのような障害になりますか。 ………… 291

Q66：分子配向ひずみの測定法について教えて下さい。 …………………………… 292

Q67：残留応力が存在すると、実用上どのような障害になりますか。 ……………… 292

Q68：残留ひずみの測定法について教えて下さい。 ………………………………… 292

Q69：アニール処理とは、どのような方法ですか。 ………………………………… 292

Q70：アニール処理条件について、教えて下さい。 ………………………………… 292

11.7　射出成形における製品設計及び成形条件と強度 …………………………… 293

Q71：ウェルド部強度が低いのは、なぜですか。 …………………………………… 293

Q72：製品の形状設計では、応力集中はどのような要因で起こりますか。 ………… 293

Q73：材料力学の式を用いて設計計算する場合の注意点を教えて下さい。 ………… 294

Q74：成形時に材料の熱分解を防ぐにはどのような点に注意すべきですか。 ……… 294

Q75：成形時に加水分解による材料の分解を防ぐには、どのような注意が必要です
か。 …… 294

Q76：分子配向ひずみの発生を小さくするための成形条件の設定について教えて下
さい。 …… 295

Q77：残留ひずみの発生を小さくするための成形条件について教えて下さい。 ……… 295

Q78：成形時に生じる強度上の欠陥としては、どのような欠陥がありますか。 ……… 295

Q79：再生材をバージン材に混ぜて使用する場合、配合する再生材の混入率は制限
　　　がありますか。 … 295

Q80：再生材の使用では、どのような点を注意すべきですか。 …………………… 296

11.8　割れトラブルの原因究明 ……………………………………………………… 296

Q81：割れトラブルの原因究明では、どのようなことに注意すべきですか。 …… 296

Q82：割れトラブルは、発生率のばらつきが大きいのはなぜですか。その場合どの
　　　ような検討方法がありますか。 … 297

Q83：割れの発生率が極めて低いトラブルは、どのように究明したらよいですか。 …… 297

Q84：成形現場で材料が分解劣化しているかチェックする簡便的な方法を教えて下
　　　さい。 … 297

Q85：原因究明の加速再現試験の方法について教えて下さい。 …………………… 297

Q86：成形品の分子量の測り方を教えて下さい。 …………………………………… 298

Q87：成形品の密度の測り方を教えて下さい。 ……………………………………… 298

Q88：破壊の原医究明に当たって異物の分析について教えて下さい。 …………… 298

Q89：プラスチック成形品の破面解析の方法について教えて下さい。 …………… 298

Q90：破面解析ではどのようなことがわかりますか。 ……………………………… 299

11.9　割れトラブル事例 ……………………………………………………………… 299

Q91：インサート品の割れ不良は、なぜ金具周辺から放射状にクラックが発生する
　　　のですか。 … 299

Q92：インサート金具周囲に発生する残留応力をアニール処理で除去できますか。 …… 299

Q93：PC成形品を軟質ポリ塩化ビニル（PVC）袋に入れておいたら、クラックが発生
　　　しました。原因と対策を教えて下さい。 … 300

Q94：ABS製のノンサート成形品で、今までは問題なかったのに急にクラックが発
　　　生しました。原因と対策を教えて下さい。 … 300

Q95：圧入した金属シャフトの引抜力がばらつきます。原因と対策を教えて下さい。 … 300

Q96：通しボルトで締め付けておくとクラックが発生しました。対策を教えて下さ
　　　い。 … 300

Q97：PC成形品の下穴をタップで雌ねじを加工したところ、時間が経つとねじ加工
　　　部分からクラックが発生しました。タップ加工には切削油を使用しています。 … 301
　　　原因と対策を教えて下さい。

Q98：真鍮製の金具をインサートしたPP成形品を80℃前後の環境で使用していた
　　　ら、インサート金具周囲が変色し、PPが脆くなりました。原因と対策を教え … 301
　　　て下さい。

Q99：ガラス繊維強化の半芳香族ポリアミドの成形品で剛性が低いのですが、どう
　　　してですか。金型温度は90℃で成形しました。 … 301

Q100：POM成形品に衝撃力を加えると、ゲート仕上げ個所から脆く割れます。原
　　　因と対策を教えて下さい。 … 301

11.10　ポリマーとプラスチック ……………………………………………………… 301

Q101：ポリオレフィンとは、どんなプラスチックですか。 ………………………… 301

Q102：ホモポリマーとコポリマーの違いは何ですか。 ……………………………… 302

Q103：分岐ポリマーとは、どんなポリマーですか。 ………………………………… 302

Q104：ポリマーの立体規則性とは、どんなことですか。 …………………………… 302

Q105：ポリマーアロイとは、どんなプラスチックですか。 ……………………………… 303
Q106：充填材を充填すると、どんな性質が向上しますか。 …………………………… 303
Q107：フィラーナノコンポジットとは、どんなものですか？ ………………………… 303
Q108：エンジニアリングプラスチック（エンプラ）とは、どんなプラスチックですか。 …… 303
Q109：バイオプラスチックとは、どんなプラスチックですか。 ……………………… 304
Q110：光学用プラスチックとは、どんなプラスチックですか。 …………………… 304

コラム　現場からのひとこと 11　ポリマーとプラスチック ………………… 305

索引 ……………………………………………………………………………… 307

※本書では、™、®、©は割愛して表記しています

第1章
プラスチックの強度と
破壊に関する概論

1.1　プラスチックの強度

1) プラスチックの強度特性

材料に力を加えると内部には力の方向とは逆のベクトルで応力が発生する。応力によって材料内部にひずみが生じる。引張力 P（N）によって発生する平均応力 σ（MPa）は試験片の断面積を S（mm²）とすると、以下の式で表される。

$$\sigma = \frac{P}{S} \tag{1.1}$$

また、ひずみ ε は、試験片の初期長さ L（mm）に対し、ΔL（mm）だけ伸びたとすると、以下の式で表される。

$$\varepsilon = \frac{\Delta L}{L} \tag{1.2}$$

フックの弾性限界内では、応力 σ とひずみ ε の関係は、以下の式で示される。

$$\sigma = E \times \varepsilon \tag{1.3}$$

E（MPa）：引張弾性率（ヤング率または縦弾性係数）

ところで、プラスチック材料に引張力を負荷すると、引張応力(Tensile Stress)とひずみ(Strain)の関係である応力—ひずみ曲線(S–S カーブ)は、1つの例として**図1.1**に示す曲線となる。引張応力によって降伏する応力 σ_Y が降伏強度である。降伏するときのひずみが降伏ひずみ ε_Y である。破壊する応力 σ_B が破断強度、破断するときのひずみは破断ひずみ ε_B である。同図のようにプラスチックは応力とひずみが比例関係にあるフックの弾性限度の領域は狭いことがわかる。このことが、プラスチックを構造体として使用する場合の設計の難しさに関係している。

また、材料に力を負荷したときのエネルギーをどのように吸収するか同図に示してある。

フックの弾性限界内では弾性ひずみエネルギー(U_1)として吸収される。エネルギー U_1 は力を除けば、もとの長さに回復する可逆的なひずみエネルギーである。次に、弾性と塑性変形を伴う遅延弾性ひずみエネルギー(U_2)の部分である。エネルギー U_2 は、力を除いても弾性部分しか回復せず、塑性変形部分は不可逆なひずみエネルギーとなる。さらに、塑性変形領域では塑性ひずみエネルギー(U_3)として吸収される。当然これも不可逆なひずみエネルギーである。さらに、U_4 は亀裂が発生し伝播して破壊に至る過程で、亀裂伝播エネルギーとして吸収される。従って、材料に力を加えて破壊するまでに吸収されるエネルギーの総和 U は以下の式で表される。

第1章 プラスチックの強度と破壊に関する概論

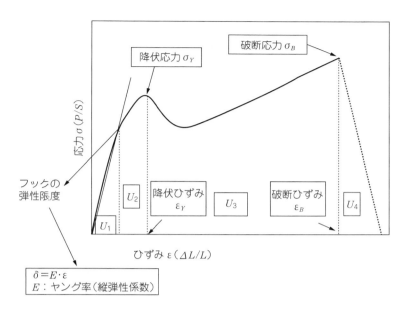

図1.1 プラスチックの応力―ひずみ曲線例

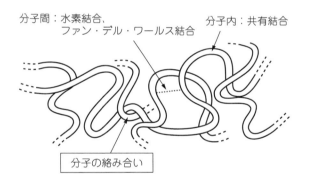

図1.2 ポリマーの結合イメージ

$$U = U_1 + U_2 + U_3 + U_4 \tag{1.4}$$

　プラスチックによっては図1.1に示すS-S曲線を示さないこともあるが、基本的には塑性変形によって、破壊するまでにエネルギー吸収することが大きな衝撃強度を有する根拠になっている。

2）プラスチックの強度発現機構

　図1.2に示すように、プラスチックは長い鎖状のポリマー（巨大分子）の集合体である。それぞれのポリマー分子は、主として炭素、酸素、水素などの元素を分子骨格に持ち、原子間の結合は共有結合で結び付いている。一方、ポリマー分子間は、主としてファン・デル・ワールス結合と呼ばれる比較的弱い結合力で結び付いている。ただ、ポリアミドのように水素結合で結び付いているプラスチックもある。

表1.1　化学結合の強度

結合の種類	平均結合エネルギー〔kJ・mol⁻¹〕	結合の種類	平均結合エネルギー〔kJ・mol⁻¹〕
H−H	436	H−F	563
C−C	344	H−Cl	432
C＝C	615	H−Br	366
C≡C	812	H−I	299
O−O	143	C−O	350
S−S	266	C＝O	725
F−F	158	C−Cl	328
Cl−Cl	243	C−N	292
Br−Br	193	N−N	159
I−I	151	N＝N	418
C−H	415	N≡N	946
N−H	391	Si−Si	187
O−H	463	Si−O	432
S−H	368	Si−Cl	396

表1.2　結合の種類と結合エネルギー[1]

分類	結合の種類	結合エネルギー（kcal/mol）	原子間力が働く原子間距離（Å）
一次結合	化学結合（共有結合）	50〜200	1〜2
二次結合	水素結合	2〜7	2〜4
	ファン・デル・ワールス結合	0.01〜1	3〜5

　共有結合は価電子を持つ原子が電子を出し合い、原子間で電子を共有し合って結合する方式である。電子の共有によって生じた粒子が分子である。ほとんどのポリマー分子の結合は共有結合によっている。共有結合によるポリマー分子の平均結合エネルギーを**表1.1**に示した。同表のように、金属材料と同等の高い値を示している。従って、ポリマー分子鎖の結合強度は、金属やその他の物質とほぼ同等の値を有している。

　ファン・デル・ワールス結合は、分子内では電子は動き回っているため、瞬間的に双極子（正電荷と負電荷の中心のズレ）が生じることによる分子間の弱い結合力である。

　水素結合は、ふっ素、酸素、窒素原子のように電気陰性度（共有有結合している原子が共有電子対を引き付ける強さ）が大きい原子を有する分子の場合に起こる結合である。すなわち、非共有電子対（共有結合に使われていない電子対）を持つ電気陰性度の大きい原子と水素原子とが結合している分子では、正に帯電した水素原子が、負に帯電した電気陰性度の大きい原子の非共有電子対に引かれて結合することによって生じる。

　表1.2は、共有結合、水素結合、ファン・デル・ワールス結合の結合エネルギーの大きさと

結合エネルギーを生じる原子間距離である[1]。同表からわかるように、結合エネルギーとしては

共有結合＞水素結合＞ファン・デル・ワールス結合

の順に結合力は小さくなる。

　従って、プラスチック成形品に力を加えるとポリマー分子の結合力は大きいため、結合力の小さい分子間から先行して塑性変形またはクラックが生じて破壊する。もちろん、分子長が長い場合には分子間の絡み合いが多くなるので、相対的には強度は大きくなる。ファン・デル・ワールス結合力は、分子間距離によっても大きく変化する。ファン・デル・ワールス結合力 F は、分子間の距離 r によって、次の式で示される[2]。

$$F \sim \frac{1}{r^6} \tag{1.5}$$

　式(1.5)のように分子間距離の6乗に反比例して強度や剛性は大きくなる。

　ポリマー分子は共有結合力で結び付いているので、理論的にはこの結合力に対応する強度まで高めることができる。そのためにはポリマー分子を応力が負荷される方向に並べて（配向させて）、ポリマー分子自身の強度が発揮されるようにしなければならない。このようにすると、理論的には通常の成形品の強度より、約100倍強度は向上するといわれている。

　強度特性の1つとして、引張弾性率を比較した値を**表1.3**に示す[3]。同表では、ポリマー分子の結合力から計算した引張弾性率の理論値、ポリマーを意図的に分子配向させた試料、その他の材料の値が示されている。同表から、次のことがわかる。

①延伸配向した HDPE の理論値は、スチール、カーボン繊維に匹敵する値を示している。

②延伸配向させた「ケブラー®」繊維の実測値もかなり HDPE の理論値に近い値を示している。

③通常に成形された HDPE では、理論値に対し、35〜250分の1強の値になっている。

　以上のように、ポリマー分子の理論弾性率に対し、実際の成形品では35〜250分の1と低い値になっている。同表のデータは、プラスチックの強度はポリマー分子の結合力によるものではなく、分子間の結合力に依存していることを示している。

表1.3　ポリマーと他の材料の引張弾性率（近似概略値）[3]

形　態 ＼ 物　性	引張弾性率 E (N/m²×10⁻⁹)	密　度 ρ (kg/m³×10⁻³)	比弾性率 E/ρ (×10⁻⁶)
ポリマー			
①通常成形された HDPE	1〜7	1	1〜7
②押出延伸 HDPE 繊維	〜70	1	〜70
③特殊冷延伸 HDPE 繊維	68	1	68
④デュポン社「ケブラー®」繊維	132	1.45	92
⑤HDPE、FVA 以外のポリマー理論限界値	<140	〜1	<140
⑥HDPE、FVA の理論限界値	240〜250	1	240〜250
他の材料			
①アルミニウム合金	<70		
②E ガラス繊維	63	2.54	35
③スチール	〜200		
④RAE カーボン繊維	420	2.0	210

1.2 プラスチックの破壊

1) 破壊機構

グリフィス(A. A. Griffith)は材料が理論強度を発揮できないのは、クラックのためであると仮定して、脆性材料の強度理論を提唱している[4]。材料に力が加わると、内部で弾性ひずみエネルギーが貯えられる。クラックが発生するには、材料内部で弾性ひずみエネルギーの減少する速度が、クラックの成長によって表面エネルギーが生じる速度と、少なくとも等しくなければならない。この条件が満たされるときは、破壊強度 σ_B は近似的に次の式で示されるとしている。

$$\sigma_B = \left(\frac{2\gamma E}{\pi a}\right)^{\frac{1}{2}} \tag{1.6}$$

ここで、γ：単位面積当たりの表面エネルギー
　　　　E：ヤング率
　　　　a：クラックの長さ

式(1.6)からわかるように、破壊強度 σ_B は、クラックの長さ a の平方根に反比例することになる。ここでいうクラックは、材料中に存在する異物、ボイド、傷、コーナアール、クラック、低分子物などの欠陥部分を意味するものである。このような欠陥部が全く存在しない材料はないので、理論強度に対し実際の強度は低くなるとしている。

材料に存在するクラック、切り欠き、異物、ボイドなどは応力集中体として作用する。応力集中体が存在すると、応力集中によって平均応力よりはるかに大きな応力が局部的に生じることになる。**図1.3**は、先端アール ρ、切り欠きの長さ a の欠陥部に応力が作用している状態を示している。この試験片に平均応力 σ_0 が作用した場合、切り欠き底に発生する最大応力 σ_{max} は、近似的に次の式で示される[5]。

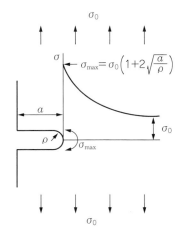

図1.3　応力集中による発生応力の状態

$$\sigma_{max} = \sigma_0 \left(1 + 2\sqrt{\frac{a}{\rho}}\right) \tag{1.7}$$

ここで、$\alpha = \left(1 + 2\sqrt{\dfrac{a}{\rho}}\right)$ を応力集中係数という。例えば、円孔の場合は $a = \rho$ であるから、応力集中係数は3となる。

式(1.7)から次のことがわかる。

①切り欠き長さの平方根に比例して、最大応力 σ_{max} は大きくなる。
②先端アールの平方根に反比例して、最大応力 σ_{max} は大きくなる。

特に、クラックの場合、先端アール ρ は限りなく0に近いので、σ_{max} は無限大になるため、クラックは急速に伝播して破壊に至る。

2) 延性破壊と脆性破壊

破壊の様式には延性破壊と脆性破壊がある。図1.4に両方の破壊状態を示す。現象的には、延性破壊は伸びを伴いながら破壊する。一方、脆性破壊は伸びを示さず、クラックが発生しそれが成長して破壊する。従って、クラックが発生するということは、その材料が脆性体として破壊するということを意味している。

破壊様式の違いはプラスチックがクレーズ破壊するか、せん断降伏破壊するかによって決まるといわれている[6]。クレーズ破壊は応力下でクレーズが発生し、さらにクラックに成長して脆性破壊するものである。一方、せん断降伏破壊は、ポリマー分子間でせん断降伏変形を示しながら延性破壊するものである。クレーズ破壊臨界応力がせん断降伏破壊臨界応力より小さければ脆性破壊になり、逆の場合は延性破壊となる。

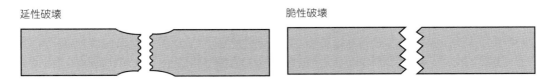

図1.4　延性破壊と脆性破壊

図1.5は、温度と破壊臨界応力の関係を示したもので、同図からわかるように、温度が低い側ではクレーズ破壊臨界応力がせん断降伏破壊応力より小さいため、脆性破壊を示す[7]。一方、温度の高い側では、せん断降伏破壊応力のほうが小さいので、延性破壊を示す。このように、プラスチックは条件によって脆性破壊を示すケースや延性破壊を示すケースがある。

従って、通常延性破壊を示す材料であっても、応力の負荷時間(持続時間)、ひずみ速度、応力集中源、温度などの影響によっては脆性破壊を示すことがある。表1.4に、各要因と延性破壊するケースと脆性破壊するケースを示す。

3) 破壊とばらつき

破壊は破断面(クラック)をつくることによって蓄えられた弾性ひずみエネルギーを解放する現象である。その場合、図1.6に示すように破壊は速度過程でありポテンシャルの山(活性化エネルギー)を越えたものだけが破壊するに同図(a)は基底状態であり、ポテンシャルの山を越え

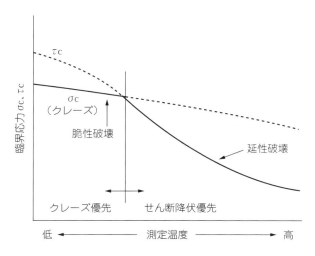

図1.5 破壊臨界応力と温度の関係[6]

表1.4 各要因と破壊状態

要因		破壊状態	
		脆性	延性
材料	分子量	小さい	大きい
	結晶化度	高い	低い
設計	コーナアール	小さい	大きい
	肉厚	厚い	薄い
	ひずみ速度	速い	遅い
使用条件	温度	低い	高い
	熱劣化	あり	なし
	紫外線劣化	あり	なし

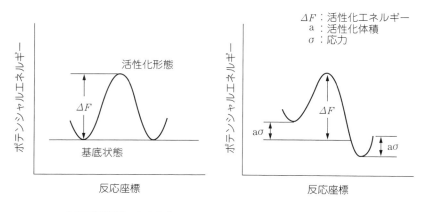

(a) 平衡状態による変化 (b) 応力負荷による変化

図1.6 速度過程におけるポテンシャルの山

る確率と戻る確率は同じであり破壊は起こらない。しかし、これに応力を負荷すると同図(b)のように応力の分だけ基底状態より高くなるため反対側の基底状態は低くなる[7]。そのため、ポテンシャルの山を乗り越える確率は高くなるので破壊が起こる。また、ポテンシャルの山を越えるか超えないかは確率的な現象であるため、破壊は本質的にばらつきがあることになる。従って、破壊現象を扱う場合には、一水準での試料数を多くして破壊率やクラック発生率をもとに解析することが必要である。

例えば、JIS K7211のパンチャー衝撃試験法では、原則として20個の試料を用いて、試験を行い、50%破壊する破壊エネルギー（高さ×質量）を求めて衝撃強度として表している。本測定法については、第3章の3.2.3(衝撃特性)で述べる。

4) 破壊の進行プロセス

クラックが発生し、成長して破壊に至る過程を概念的に表現すると図1.7に示すプロセスとなる。

製品に応力が負荷されても、直ぐクラックが発生して破壊に至るとは限らない。応力が負荷されてクラックが発生するまでの時間を誘導時間という。応力の値が小さいほど、誘導時間は長くなる。誘導時間が長くて、製品の使用寿命内でクラックが発生しないことが最も安全な設計といえる。次に誘導時間を経てクラックが発生する。クラックが発生するということは、弾性ひずみエネルギーが開放されるということである。この場合、前項で述べたようにクラック発生は確率的現象である。つまり、クラックの発生は基本的にばらつきやすいものであり、製品の割れ事故などはクラック発生確率をもとに検討しなければならないことを示唆している。クラックが成長する過程は、クラック先端のアールが極めて小さいため、急速に伝播して破壊に至ることが多い。

衝撃力により製品が破壊する場合には、瞬間的に破壊することが多く、同図に示したプロセスを経て破壊するようには見えないが、短い観測時間の中では、同様なプロセスを経て破壊し

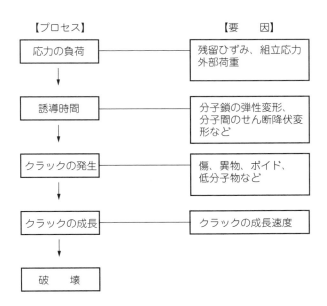

図1.7　破壊に至るプロセス

ている。衝撃強度を測定する装置の衝撃ハンマーにロードセルをセットし、動ひずみ計で破壊の過程を測定すると、同図の過程を経て破壊していることがわかる。

1.3 プラスチックの強度に影響する諸要因

図1.8にモノマーから、成形品までのフローと強度に影響する要因を示す。

ポリマーの分子骨格は、繰り返し単位の分子構造によって決まる。

ポリマーの重合法としては、付加重合法、重縮合法、重付加法、開環重合法など種々の方法がある。これらの重合段階で分子構造、平均分子量、分子量分布、架橋や分岐、立体規則性などによってポリマーの一次構造が形成される。これらの一次構造が、次の成形工程における二次構造（高次構造）の形成にも関係する。また、重合工程で用いた反応助剤を分離、精製するこ

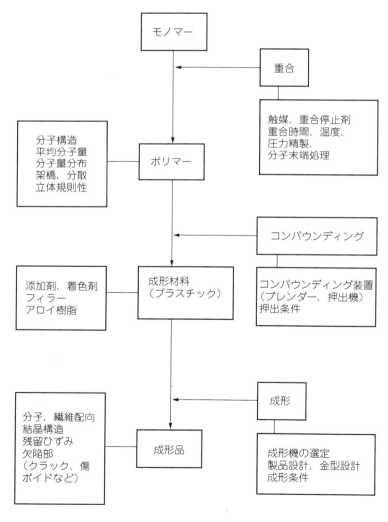

図1.8 強度に影響する諸要因

— 10 —

とや触媒を失活することも必要である。ポリマー中に残留する不安定末端、未反応モノマー、反応助剤、触媒などは、成形段階での熱安定性に悪影響を及ぼすことがある。

　ポリマーに各種配合剤を混ぜて、ペレットと呼ばれる成形材料を製造する工程をコンパウンディングという。コンパウンディングは、一般的には一軸または二軸の押出機を用いて溶融し、ストランドと呼ばれるひも状にして押出して冷却した後、ペレタイジング装置でペレット形状に製造される。この工程で使用される配合剤の種類、添加量、混合方法、コンパウンディング条件などによっても成形材料の性能は左右される。

　プラスチックの成形方法としては、射出成形、押出成形、ブロー成形、延伸ブロー成形、真空・加圧成形など種々の方法がある。これらの成形工程で、成形品の強度を支配する二次構造（高次構造）が形成される。高次構造としては、分子やフィラーの配向、結晶構造、ポリマーアロイのモルフォロジー、ナノコンポジットにおけるミクロ分散などがある。また、成形時の熱劣化、残留ひずみ、異物、傷、ボイドなどの欠陥も強度の発現に大きく影響する因子である。成形時の熱劣化は、ポリマー主鎖を切断するものであり、それによって強度が低下する。残留ひずみはクラックを発生させる原因になるものである。異物、傷、ボイドなどは製品の欠陥部としてクラック発生の起点になる。

引　用　文　献

1) 佐藤弘三：塗膜の接着—理論と実際—，pp. 15-17，新高分子文庫（1999）
2) T. A. Osswald, H. G. L. Menges,（武田邦彦監修）：エンジニアのためのプラスチック材料工学（*Materials Science of Polymers for Engineers*），p. 21，シグマ出版（1997）
3) Z. Tadmor, C. G. Goges,（大柳康訳監修，奥博正，三井物産株式会社合成樹脂第三部訳）：プラスチック成形加工原論（*Principle of Polymer Processing*），p. 44，シグマ出版（1991）
4) L. E. Nielsen,（小野木重治訳）：高分子の力学的性質（*Mechanical Properties of Polymers*），p. 125，化学同人（1965）
5) 成澤郁夫：プラスチックの強度設計と選び方，p. 31，工業調査会（1986）
6) 成澤郁夫：成形加工，**3**(1)，6-8(1991)
7) 成澤郁夫，（横堀武夫監修）：高分子材料強度学，p. 260，オーム社（1982）

コラム　現場からのひとこと❶
材料強度学との出会い

　筆者が、樹脂製造メーカでポリカーボネート(PC)の技術サービスの仕事を担当した頃の話である。

　客先でPCを使用した製品でクラックが発生するトラブルの相談を持ちかけられることが多かった。トラブルの状況としては、製品すべてにクラックが発生するわけではなく、全出荷製品の内、数個に発生するという状況が多かった。一方、PCのストレスクラック性の実験をしても、クラックが発生するまでの時間はばらつきがあり、ある時間経過後に必ずしも100%発生するわけでもない。なぜ、クラックの発生はばらつくのか、常々疑問に思っていた。

　そんなとき、筆者の研究所のある先輩から、「材料強度学」という本を読んでみるように勧められた。「材料強度学」は、当時東北大学の教授であった横堀武夫博士が執筆された破壊力学に関する専門書で、岩波全書と技報堂の両出版社から同名で発行されていた。横堀教授は、金属材料に関する破壊力学の権威であり、金属材料の破壊理論を構築された著名な先生であることを後で知った。

　筆者は大学の専門は工業化学であり破壊力学とはおおよそ縁がなかったが、とりえあえず上述の2冊の書籍を購入して勉強することにした。

　内容は数式が多く筆者の理解能力を超えるものであったが、破壊現象は確率的現象でありばらつくものであるということを理解できた。日頃の疑問に対する解に1歩近付いたような感じがした。両書のお陰で、以後プラスチックの強度と破壊について興味を持つようになった。特に、破壊速度論については、筆者にとって記憶に残る考え方であった。

　化学反応速度論はアレニウス(S. A. Arrhenius)によって提唱された。その後化学反応速度論は、アイリング(H. Eyring)らによって、絶対反応速度論として発展し、化学反応だけでなく液体の粘性、拡散過程にも適用され、さらに降伏、破壊、疲労、クリープ破壊などの現象にも展開された。筆者は、化学反応における反応速度論についてはある程度理解はしていたが、破壊力学の世界にまで発展していることを、本書を読んで初めて知った。速度論の考え方からすれば、破壊が起こるためにはポテンシャルの山を越えなければならないが、その山を越えるか越えないかは確率的な現象である。このことは、本書で述べるクラックの発生率や発生するまでの時間はなぜばらつくかという筆者の疑問に対し、明確に答えてくれるものであった。

　なお、その後、高分子材料に関しては山形大学の成澤郁夫教授(現在名誉教授)が「高分子材料強度学」(オーム社発行)としてまとめられている。

第2章

プラスチックの強度と材料設計

2.1 強度の概念

広義の意味で、強度の概念としては破断強度、破断ひずみ、弾性率、衝撃強度、耐熱強度、長時間荷重下の強度、疲労強度などがある。これらの強度をすべて兼ね備えているプラスチックは存在しない。製品の要求条件に合わせて、プラスチック材料を適切に使い分けることが大切である。強度については、製品の使用条件によっていろいろな強度があるので、**表2.1**に強度の概念を示す。

1) 静的強度

引張強度については、降伏強度、破断強度、引張弾性率(ヤング率、縦弾性係数)、破断伸びなどある。引張弾性率は、力を加えたときの変形のしやすさを示し、剛性の指標になる。製品設計的には引張強度は大きいほうが望ましい。引張弾性率は伸びに対し直線性を示す範囲が広い、つまり、フックの弾性範囲が広いほうが好ましい。一方、破断ひずみは大きいほうが衝撃力に対する吸収エネルギーは大きくなるので、衝撃強度は大きくなる傾向がある。

表2.1 強度の概念

分　　類	項　　　　　目
静的強度	引張降伏強度、引張破断強度、引張降伏ひずみ、引張破断ひずみ、引張弾性率(ヤング率、縦弾性係数)
	曲げ強度、曲げ弾性率
	せん断強度、せん断弾性率
	圧縮強度、圧縮弾性率
長時間強度	クリープ破壊強度(クリープラプチャ)、クリープ変形
	ストレスクラック
	疲労強度
耐熱強度	強度、弾性率の温度特性 クリープ破壊強度の温度特性 疲労強度の温度特性
衝撃強度	各試験規格による衝撃強度
化学的雰囲気における強度	ソルベントクラック 薬品による膨潤、溶解 分解による劣化
環境劣化	熱劣化、紫外線劣化、オゾン劣化、放射線劣化

第2章　プラスチックの強度と材料設計

2）長時間強度

　長時間強度としてはストレスクラック、クリープ破断強度、疲労強度などがある。ストレスクラックは応力下での長時間後のクラック発生に関係する。クリープ破断強度は、長時間荷重を負荷した場合の破壊強度であり粘弾性挙動が関係する。疲労強度は繰り返し荷重を負荷したときの破壊強度である。静的強度の大きい材料が長時間強度も優れているとは限らない。

3）耐熱強度

　プラスチック成形品の強度を評価する場合、高い温度まで強度や弾性率が大きい値を保持する材料が好ましい。強度の温度特性については、結晶性樹脂と非晶性樹脂で傾向が異なる。結晶性樹脂では、温度が上がると、結晶の融点近くまで、強度は徐々に低下する傾向がある。一方、非晶性樹脂は、ガラス転移温度(Tg)まで比較的なだらかな低下を示し、Tg以上では急激に低下する傾向がある。

4）衝撃強度

　衝撃強度は、材料が破壊するまでに吸収するエネルギーの大きさを示すものであり、静的強度や長時間強度とは異なる挙動を示す。衝撃強度は、試験規格に定められた方法による測定値で評価するが、実際には荷重の大きさ、ひずみ速度、応力集中、製品の幾何学的形状、温度などによって変化することに注意しなければならない。

5）化学的雰囲気下における強度

　薬品などと接触する条件によってプラスチックの強度は異なる挙動を示す。つまり、ポリマーの分子構造に起因するため、接触する薬品によって劣化が促進されたり、膨潤、溶解されたり、ソルベントクラックが発生したりすることなどで強度が低下する。

6）劣化

　プラスチックは熱、紫外線、水分、オゾン、放射線などによって劣化する。プラスチックの劣化についても、ポリマーの分子構造によって異なる挙動を示す。

　上述の強度の概念の中で化学的な劣化や物理的劣化については、第5章で述べるので、以下では、静的強度、長時間強度、衝撃強度などに関する材料設計について述べる。

2.2　基本特性

1）分子構造と強度

　ポリマーの性質は基本的には繰り返し単位から構成される分子構造によって決まる。プラスチックの強度はこれらの分子構造によって決まる。分子構造は化学式で表されるので、化学に馴染みのない人には敬遠されがちであるが、化学式は人の表情のようなものであり、その形を見るとポリマーのおおよその性質がわかる。

　表2.2は、ポリマーの分子構造とその特長を示したものである。同表からわかるように、分子の主鎖または側鎖に芳香族環、ハロゲン基、脂肪族環などのかさばった分子鎖を有する場合

— 15 —

表2.2　分子鎖の特性と樹脂例

タイプ	分子鎖	ポリマーの代表例
立体障害の小さい分子鎖	エーテル結合 —O—	ポリアセタール（ホモポリマー） $-(CH_2-O)_n-$
	アミド結合 $-\overset{H}{\underset{O}{\overset{\shortmid}{C}}}-N-$	ポリアミド6 $\left\{\overset{H}{\underset{O}{\overset{\shortmid}{C}}}-N-(CH_2)_5\right\}_n$
	エチレン結合 $-CH_2-CH_2-$	ポリエチレン $-(CH_2-CH_2)_n-$
	硫黄結合 —S—	ポリフェニレンスルフィド $\left(\bigcirc-S\right)_n$
立体障害性の大きい分子鎖	芳香環 $-\bigcirc-$ 、 $\bigcirc$	ポリフェニレンエーテル $\left(\overset{CH_3}{\underset{CH_3}{\bigcirc}}-O\right)_n$
	脂肪族鎖（長い側鎖） —R	ポリメチルペンテン（TPX） $-(CH_2-CH)_n-$ 　　　$\underset{\underset{CH_3\ \ CH_3}{\overset{\shortmid}{CH}}}{\overset{\shortmid}{CH_2}}$
	ハロゲン基 —Cl、—Br	ポリ塩化ビニル $\left(CH_2-\underset{Cl}{CH}\right)_n$
	ベンゾイミド鎖	ポリイミド（ユーピレックス）

には、立体障害性が大きいので分子運動は制約されるため、非晶構造となり、ランダムな分子配列となる。ここで立体障害とは、分子鎖がかさばった構造であり、分子同士がお互いに邪魔をして動きにくいことをいう。非晶構造では分子鎖はかさばった構造であるため、分子間の立体障害によって強度は大きくなる。このような例としては、ポリカーボネート、ポリサルホン、ポリフェニレンエーテルなどがある。

　一方、エーテル結合、アミド結合、エチレン結合、硫黄結合などは、分子運動しやすい結合であるので、主鎖または側鎖に立体障害性の大きい分子鎖が存在しない場合には、溶融成形の冷却過程で速やかに結晶構造をとりやすい。結晶構造をとると分子間距離は小さくなるので、分子間力は大きくなる。そのため、結晶構造をとると強度は大きくなる。ポリアセタール、ポ

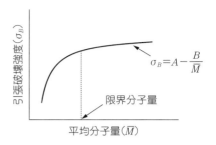

図2.1 半芳香族ポリアミドの分子構造　　図2.2 平均分子量と引張破壊強度

リアミド6、ポリアミド66などがその例である。
　分子構造で分子運動しやすい分子鎖と立体障害の大きい分子鎖を有する分子構造は、結晶構造と立体障害の両方の効果を兼ね備えているので、高温領域まで高い強度を保持できる。半芳香族ポリアミドがその例である。図2.1に、ポリアミドの例を示す。

2) 平均分子量、分子量分布

　ポリマー分子は長いものから短いものまで分布を持っているので、平均分子量で代表している。
　一般に、平均分子量 $\overline{M}$（数平均分子量）と引張破壊強度 σ_B の間には、次の関係がある[1]。

$$\sigma_B = A - \frac{B}{M} \tag{2.1}$$

ただし、A、B は定数である。

　式(2.1)は、分子末端は強度を低下させる欠陥部として作用するとの考え方のもとに導かれた式である。通常、一本のポリマー分子には分子末端は2個あるので、平均分子量が小さくなると、単位体積中の分子末端数は増加するので強度は低下する。その関係は、比例的な関係ではなく、図2.2のような特性になる。すなわち、平均分子量が大きくなると、破壊強度は指数曲線的に大きくなり、その後は徐々に一定の値に近付くことがわかる。同図のように低分子量側では、ある平均分子量以下では、急激に強度が低下するところがあり、この分子量を限界分子量と称している。一方、平均分子量が大きくなると、ポリマー分子の絡み合いが多くなるので強度は大きくなるが、成形時の流動性が悪くなる。プラスチック成形材料は成形時の流動性と強度の兼ね合いから適切な平均分子量に設定されている。
　図2.3は、ポリカーボネート（PC）の粘度平均分子量と各種の強度や流動性の関係を示したものである[2]。粘度平均分子量では、$1.8 \times 10^4 \sim 2.0 \times 10^4$ 前後を境に引張強度、破断ひずみ、衝撃強度などが急に低下することから、このあたりに限界分子量が存在することがわかる。一方、流動性（流れ値、MFR：Melt Flow Rate）は平均分子量の増大につれて低下する。PCの場合は、限界分子量と成形可能な分子量範囲が比較的近いプラスチックであるが、多くのプラスチックは限界分子量に対し成形加工可能な分子量の範囲が広いので、限界分子量よりもかなり大きい平均分子量の材料が使用されている。
　分子量分布については、流動性やメルトストレングスなどの成形加工性には関係するが、強度との関係はそれほど明確ではない。通常の重合法で反応したポリマーの分子量分布は正規分

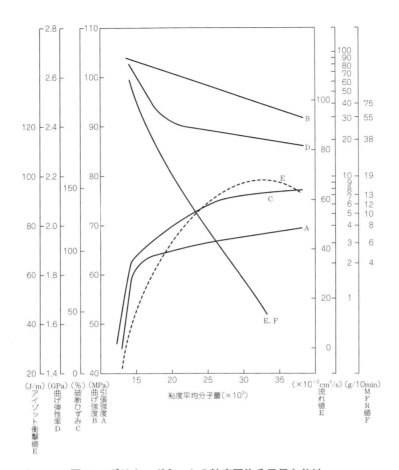

図2.3 ポリカーボネートの粘度平均分子量と物性

布を示し、重合条件によっては分布が広い場合や狭い場合があるが、この程度の違いでは強度にはそれほど影響しないようである。ただ、成形時に熱分解や加水分解(ポリエステル系樹脂)すると、分子量分布の低分子成分が多くなるので、衝撃強度、長時間強度などが低下する傾向がある。

3) 分岐、架橋

ポリマーに分岐構造や架橋構造を導入すると、ポリマー分子の動きが拘束されるので、引張、曲げなどの強度は向上するが、逆に衝撃強度は低下する傾向がある。ただ、結晶性樹脂では結晶化度が低くなるので、必ずしも、強度が向上するとは限らない。

図2.4はポリエチレン(PE)の分子構造である。高圧法で重合された低密度PE(LDPE)は長鎖分岐構造を有するため、分子の動きが制約され結晶構造をとりにくい。これに対し、低圧法で重合された高密度PE(HDPE)は直鎖状であり、結晶構造をとりやすい。**表2.3**に、LDPEとHDPEの物性比較を示す。同表からわかるように分岐構造を有するLDPEの強度はHDPEより低い値を示している。つまり、分岐構造による分子の動きの拘束よりは、結晶化のしやすさのほうが強度に大きく影響している。逆に、LDPEのほうが塑性変形によって衝撃エネルギーを吸収するため衝撃強度は、LDPEのほうが高い値を示している。

(a) 高密度ポリエチレン（HDPE）　　　（b) 低密度ポリエチレン（LDPE）

図2.4　ポリエチレンの分子形態

表2.3　HDPEとLDPEの物性比較

項　　目	ASTM試験法	HDPE	LDPE
結晶化度(%)	—	85〜95	40〜65
密度(10^3kg/m^3)	D792	0.94〜0.96	0.92〜0.93
引張強度(MPa)	D638	22〜30	10〜20
引張破断伸び(MPa)	D638	600〜1,000	100〜1,000
曲げ弾性率(MPa)	D790	600〜1,200	170〜500
衝撃強度(kJ/m^2)	D256	210〜220	破壊せず

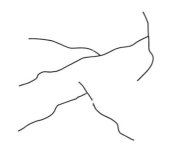

図2.5　PPSの分岐構造（架橋構造）[3]

表2.4　分岐型PPSと直鎖PPSの物性比較[3]

項　　目	分岐型	直鎖型
荷重たわみ温度　1.80MPa(℃)	135	120
曲げ強度(MPa)	110	140
曲げ弾性率(MPa)	4,000	3,500
アイゾット衝撃強度（ノッチなし）(kJ/m^2)	15	25

　PPSは一般には架橋構造といわれているが、完全な架橋構造ではなく、**図2.5**に示すように、長鎖分岐構造といわれている[3]。PPSは、当初、比較的分子量の低いポリマーをつくり、これを空気雰囲気下で熱処理して分子量を増大させて分岐型ポリマーを得ていた。最近では、直接重合工程で高分子量のポリマーを合成できるようになった。これが直鎖型PPSである。**表2.4**に、分岐型と直鎖型PPSの物性を示す[3]。同表においても、曲げ強度、曲げ弾性率などは、ほとんど差は認められない。荷重たわみ温度は分岐型PPSのほうが高い値を示している。また、衝撃強度は、直鎖型PPSのほうが高い値を示している。

4）立体規則性

　ポリマーの立体規則性を制御することによって、ポリマーの強度を向上できる。結晶性ポリマーでは、立体規則性を制御する方法で結晶化度の高いポリマーを得ることができる。また、非晶性ポリマーにおいても立体規則性を制御することで結晶性ポリマーにすることができ、強度の向上を図っている例もある。これらの構造制御は、重合触媒の開発によって可能になったことはよく知られている。

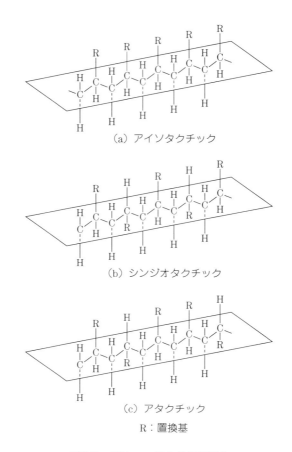

(a) アイソタクチック

(b) シンジオタクチック

(c) アタクチック

R：置換基

図2.6　ポリマーの立体規則性[4]

　ポリプロピレン(PP)は、メチル基を側鎖に持つポリマーである。側鎖のメチル基の結合している方向によって、図2.6に示すようなアイソタクチック、シンジオタクチック、アタクチックの3種がある[4]。この中で、側鎖がランダムに配列しているアタクチック型は、結晶化度が低く、ポリマーとして強度は低い。チーグラー・ナッタ触媒で重合することによって、アイソタクチック型で結晶化度の高いポリマーがつくられている。一方、最近では、メタロセン触媒によって、アイソタクチックやシンジオタクチックポリマーも開発されている。また、非晶性ポリマーであるポリスチレン(PS)においてもメタロセン触媒を用い、結晶性のシンジオタクチックポリマーが得られている。従来のPSに比較すると、シンジオタクチックポリマーは結晶化するため強度及び耐熱強度が向上し、エンプラの性能を有している。

5）分子末端

　通常、ポリマー分子の末端は2個であるので、限界分子量以上であれば強度への影響は比較的少ない。しかし、不安定な分子末端が存在すると、成形過程や使用段階で分子末端から熱分解を開始するため強度が低下しやすい。重合段階で分子末端を安定化することは重合における重要な技術の1つである。

2.3 高次構造と強度

　分子構造を一次構造と称するのに対し、コンパウンディングや成形加工工程で形成される分子配向や結晶構造などは高次構造(二次構造ともいう)と称している。これらの高次構造によっても、プラスチックの強度は変化する。なお、本章の2.4及び2.5で解説する繊維強化材料の繊維配向、ポリマーアロイ材料のモルフォロジーも高次構造であるが、これらについてはそれぞれの項で解説する。

1) 分子配向

　射出成形の場合、射出工程では**図2.7**のようにキャビティ面と接触した樹脂は冷えて固化層となり、固化層と内部の流動層の間でせん断力が発生する。このせん断力によって分子は配向する。**図2.8**と**図2.9**は、ポリスチレンを用い、分子配向させた試料について、複屈折、引張強度や伸び、アイゾット衝撃強度などを調べた結果である[5]。同表で、複屈折の値は、分子配向の大きさを表す指標である。分子配向に垂直方向より、平行方向のほうが引張強度、破断伸び、衝撃強度ともに高い値を示している。このように分子配向に平行方向の強度は垂直方向より大きな値を示している。射出成形では、分子配向は成形工程で非意図的に形成されるが、押出成形では、ある方向の強度を意図的に高める目的で延伸処理する方法がとられる。**図2.10**は、押出成形品の延伸処理による分子配向のイメージである。**図2.11**はHDPEのモノフィラメントの延伸倍率による強度の変化である[6]。延伸処理は赤外線加熱法により130℃で、一段延伸した場合である。モノフィラメントの弾性率や強度は延伸倍率とともに高くなるが、破断ひずみは延伸倍率とともに小さくなる。結節強度も同様に低下する傾向がある。

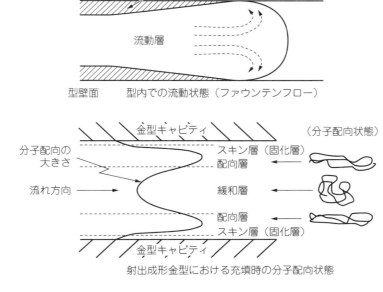

図2.7　射出成形金型内での分子配向

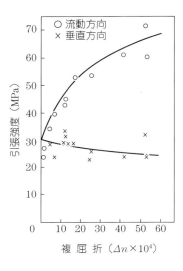

図2.8 引張強度と配向の関係 (PS)[5]

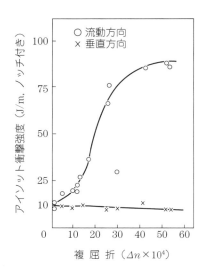

図2.9 アイゾット衝撃強度と配向の関係 (PS)[5]

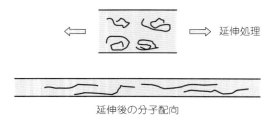

図2.10 押出品の延伸による分子配向イメージ

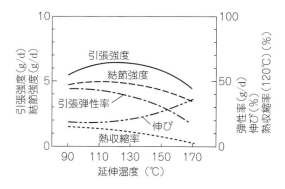

図2.11 PPモノフィラメントの延伸温度と性質[6]
（ノズル：1mmφ、太さ：500d、遠心倍率＝7）

2) 結晶構造

結晶性については、第3章で述べるが、本項では結晶構造の形成と強度について述べる。

図2.12は、ポリマーの溶融状態と結晶化した状態を示している[7]。溶融状態では、分子鎖はランダムコイルの状態をとっており、お互いに入り組んだ絡み合いを多数形成している。溶融体が冷却過程で結晶化する場合、分子鎖は絡み合い点をすり抜けて結晶化することはできず、鎖全体としてはほとんど動かず、部分的に結晶化が進む。その際、絡み合い点は結晶構造内には入ることができないので、結晶表面に押し出されて非晶部を形成すると考えられている。結晶部を構成する球晶は螺旋転移によって生じた多層ラメラが中心となって発達したものといわれる。ポリマーは多分子性のため、一次結晶と二次結晶を伴いながら球晶は成長する。一般に球晶サイズの大きい材料は固くて脆い、小さな球晶からなる材料は軟らかくて粘り強いといわれている。しかし、強度に関しては、球晶内のラメラサイズ、結晶化度、球晶間構造なども関係する。特に、球晶間の非晶部は強度の弱点になることが予想される。ポリエチレンに関する実験では、球晶間にリングフィブリル（またはタイ分子）が多数存在することが確認され、これが強度の向上に寄与しているといわれる。

結晶部は強固な結晶構造であるため破壊強度や弾性率は高い値を示すが、実際の成形品では結晶部と非晶部が存在するので、強度は完全結晶体より低い値になる。結晶性樹脂における破壊の進行は、図2.13のように結晶部を回避しながら進行すると考えられる。従って、結晶部の占める割合である結晶化度が大きくなると強度・弾性率は大きくなる。また、結晶部はひずみ速度の速い衝撃力にはついて行けないため、結晶化度が高くなると衝撃強度は低くなる傾向がある。結晶化度を幅広く変えるためにPOMのフィルムを使用して、結晶化度と引張特性の関係を検討した結果を図2.14に示す[8]。引張弾性率は結晶化度と直線関係にあるが、降伏強度と破断ひずみはともに結晶化度約80％あたりを境にして大きく変化している。すなわち、結晶化度が約80％以下になると強度が急激に低下し、反対に破断ひずみは増大している。

実際の射出成形品では、成形条件の影響が加わるので結晶状態はさらに複雑になる。射出成形品では、溶融樹脂がキャビティに射出されると、キャビティ壁面で急冷されるので、キャビティ接触面近傍層は非晶層となり、内部層は結晶構造になる。例えば、POM射出成形品断面の結晶化状態を偏光顕微鏡で観察すると、写真2.1の通りである。成形品の表面層は、非晶層が認められ、その下にはトランスクリスタル層という粗い球晶層が存在する。さらに、中心部は高度に結晶化した緻密な球晶が認められる。

 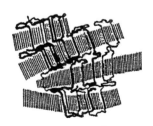

（a）溶融状態　　　（b）結晶状態

図2.12　結晶性ポリマーの溶融状態と結晶状態[7]

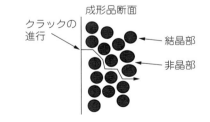

図2.13　結晶性樹脂の破壊イメージ

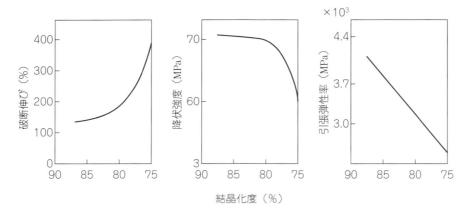

図2.14　結晶化度と引張特性[8]
（材料：POM　試料：圧縮成形によるフィルム　引張速度：250%/min）

写真2.1　ポリアセタール（ユピタール®）の断面写真
（金型温度80℃、偏光顕微鏡400倍）

2.4　添加剤配合と強度

　プラスチックの添加剤としては、酸化防止剤、着色剤、可塑剤、滑剤、紫外線吸収剤、潤滑剤、難燃剤、帯電防止剤、結晶核剤、架橋剤などがある。これらの添加剤は、成形加工特性、外観、強度、耐久性、表面機能などの向上のため添加される。ここでは、強度に関係する事柄について述べる。表2.5に、強度に影響する添加剤について、プラス効果とマイナス効果に分けて示した。
　強度に対するプラス効果では、成形時の熱分解や使用時における熱劣化、紫外線劣化を抑制

表2.5 強度に影響する添加剤

分類	影響	強度との関係	添加剤の例*
強度に対してプラス効果	劣化を抑制	熱劣化の抑制	一次酸化防止剤(ラジカル補足) 二次酸化防止剤(過酸化物分解)
		紫外線劣化の抑制	紫外線吸収剤、光安定剤
	強度・剛性を向上	結晶化の促進	結晶核剤
		架橋化	架橋剤
強度に対してマイナス効果	劣化を促進	熱劣化の促進	着色剤 帯電防止剤
	耐熱強度の低下	ガラス転移温度の低下	紫外線吸収剤、帯電防止剤、可塑剤
	衝撃強度、長時間強度の低下	応力集中による強度低下	粒子径の大きい着色剤、充填剤

＊樹脂と添加剤の組み合わせによって影響度は異なる

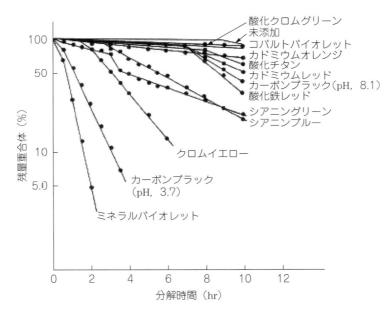

図2.15 市販顔料によるポリアセタールの重量減少速度[9]
(顔料1% 200℃)

するために加える酸化防止剤、熱安定剤(PVC用)、紫外線吸収剤、光安定剤などがある。また、結晶性樹脂では結晶化速度を速くするため結晶核剤を添加する。成形品の結晶化度が高くなると、強度・剛性は向上する。一方、PE、PPでは架橋剤を添加して溶融押し出しすると、押出過程で分子間の架橋反応(動的架橋)を起こし、強度、摩擦摩耗性などが向上する。

一方、強度に対するマイナス効果としては劣化促進、耐熱強度、衝撃強度、長時間強度などの低下などを誘発する可能性のある添加剤がある。着色剤、帯電防止剤などは、樹脂と添加剤の組み合わせには熱劣化を促進する原因になることがある。図2.15は、POMに各種着色剤を1％添加した試料を用い、熱重量分析計を用い200℃でホールドしたときの重量減少速度を調べ

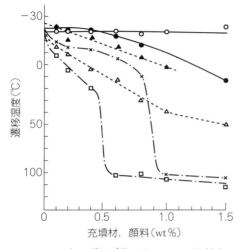

図2.16　充填材、着色剤の添加量とアイゾット衝撃強度の遷移温度[10]

た結果である[9]。同図から、着色剤の種類によって重量減少速度に違いがあることがわかる。POM は PH の小さい酸性寄りの着色剤では熱分解しやすい性質がある。

紫外線吸収剤、界面活性剤系帯電防止剤、可塑剤などを添加すると、ガラス転移温度が低下するため、高温での耐熱強度が低下する傾向がある。

着色剤、充填剤などの固体添加剤では、粒子径、形状によっては、応力集中源になるため、衝撃強度、長時間強度が低下することがある。**図2.16**は、PC に各種着色剤や充填剤を添加した試料を用い、アイゾット衝撃強度の遷移温度を測定した結果である[10]。ここで、遷移温度とは、延性破壊から脆性破壊に移行する温度のことであり、遷移温度が低いほど衝撃強度は優れている。同図の結果と付表の粒子径を対比してみると、群青や珪藻土のように粒子径の大きいもののほうが、遷移温度は高くなっていることがわかる。つまり、粒子径の大きいもののほうが高い温度で脆性破壊している。

2.5　繊維強化材料

1) 複合則と実際の強度

複合則によれば、短繊維で強化した材料の強度 σ_c は、次の式で表される[11]。

$$\sigma_c = \sigma_m \cdot (1 - V_f) + R \cdot C \cdot \sigma_f \cdot V_f \tag{2.2}$$

ここで、σ_m：マトリックスの強度　σ_f：強化材の強度
　　　　V_f：強化材の体積分率

補強効率 $R = 1 - \dfrac{\sigma_f}{4\tau \cdot \dfrac{L}{d}}$　　C：繊維の配向度

τ：界面のせん断強度　繊維径：d　繊維長：L
L/d：アスペクト比

式(2.2)からわかるように、繊維強化材料の強度と各要因の間には、次の関係がある。
① 強化材の体積含有率 V_f が増えると強度は強くなる。
② 強化材の強度 σ_c は大きいほうが強度は強くなる。
③ 強化材との接着強さ τ が大きいと補強効率 R が大きくなるので、強度は強くなる。
④ アスペクト比(L/d)が大きくなると補強効率 R が大きくなるので、強度は強くなる。
⑤ 繊維の配向度 C によって、強度は変化する。

ところで、実際の成形材料としては、①に関しては、体積含有率が増えると、強度は向上する。通常、強化材の含有率は重量含有率で表されるので、密度の小さい強化材のほうが、同じ重量含有率に対して体積含有率 V_f は大きくなる。また、体積含有率が高くなると強度は向上するが、成形加工性（流動性、熱安定性、スクリュやシリンダの摩耗など）が悪くなるので含有率には限界はある。②については、強度の強い繊維を充填するほうが強化材の強度は大きくなる。③については、一般に樹脂と繊維の接着性はよくないので、カップリング剤が用いられる。例えば、ガラス繊維の場合はシラン系カップリング剤で表面処理したガラス繊維が用いられる。樹脂とガラス繊維の接着機構を**図2.17**に示す。つまり、水酸基はガラス繊維の OH 基と反応し、R 基はポリマーと相容することによって接着性が得られる。④のアスペクト比（繊維長さ／繊維径）については、繊維長が長く、径は細いものが補強効果は大きい。⑤の配向度については、成形段階における型内での繊維配向に関係するものである。これについては、次の3)で述べる。

次に、破壊の進行は、まずクラックが発生し、クラックが成長して破壊に至るが、繊維状強

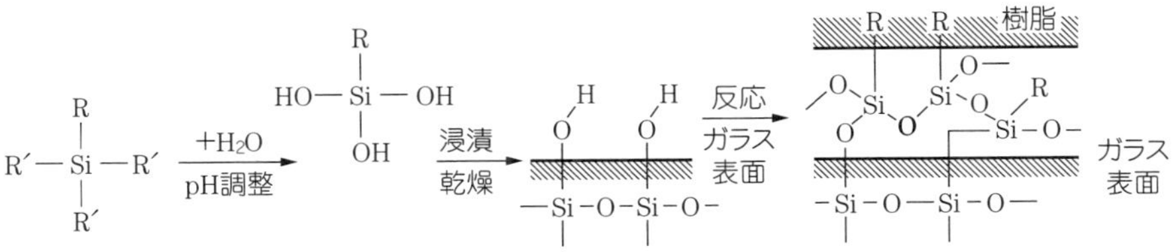

図2.17　表面処理剤の接着反応機構

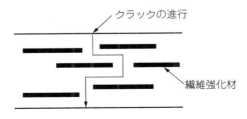

図2.18　繊維強材料の破壊イメージ

表2.6　非強化品とガラス繊維品の引張強度

樹　　脂	引張強度(MPa) 非強化品(A)	ガラス繊維30%強化品(B)	B/A
M-PPE	70	120	1.7
PA6(絶乾)	80	180	2.3
POM	70	125	1.8
PC	60	120	2.0

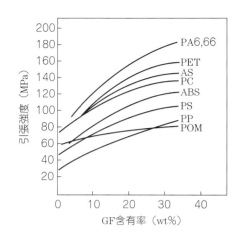

図2.19　ガラス繊維含有率と引張強度[12]

化材の場合には、次のような効果によって、強度は向上すると考えられる。
　例えば、図2.18のように、成形品にクラックが発生してもクラックは強化材の間をすり抜けて進行しなければならないので、結果的に破壊強度は向上する。ただ、これらの効果は繊維の配向方向によって変化することに注意しなければならない。

2) 繊維強化による実用強度

　繊維強化材料の強度は式(2.2)に示したが、その効果は樹脂の種類によって異なる。表2.6に各種樹脂の非強化材料に対するガラス繊維強化材料の引張強度の改良効果を示した。これらの樹脂の中で分子骨格にアミド結合を有するポリアミド(PA)は、ガラス繊維との接着性がよいため補強効果は大きいことがわかる。
　強化材の含有率の増加につれて、強度や弾性率は向上するが、その傾向は樹脂の種類によって異なる。図2.19に各種材料のガラス繊維含有率と引張強度の関係を示す[12]。PAは上述と同様の理由でガラス繊維の補強効果は大きいことがわかる。ガラス繊維強化ポリエチレンテレフタレート(PET-G)は、ガラス繊維強化によって結晶化が促進されるため、PAに次いで高い値を示している。衝撃強度については、樹脂によって特有の挙動を示す。図2.20に示すように、ポリカーボネート(PC)の場合は、非強化品では延性破壊を示し高い値を示すが、ガラス繊維を充填すると低下し10%当たりで最小値を示し、さらに含有率が増えると衝撃強度は増大する傾向がある。ガラス繊維の含有量が少ない場合には、補強効果よりは繊維の端部における応力集中のため衝撃強度は低下するが、含有量が増えると繊維の補強効果で衝撃強度は向上すると考えられる。通常、脆性破壊を示す樹脂の場合は、繊維強化によって衝撃強度は大きくなる傾向がある。
　繊維強化材料の特長の1つとして、高温領域において強度や弾性率は高い値を保持していることが挙げられる。図2.21に各種ガラス繊維強化材料の引張強度の温度特性を示す[13]。同図のように、ガラス繊維強化材料では高温側での引張強度の低下が小さいことがわかる。

3) 繊維配向と強度

　短繊維を充填した成形材料では、式(2.2)に示したように繊維の配向によって強度は変化する。

第2章　プラスチックの強度と材料設計

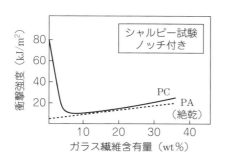

図2.20　ガラス繊維含有率と衝撃強度

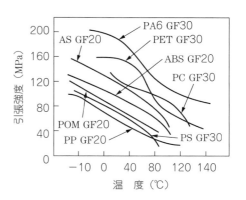

図2.21　各種ガラス繊維材料の引張強度—温度特性[13]

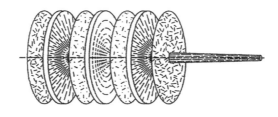

図2.22　円板成形品の厚み方向の繊維配向状態[14]
（センターゲート）

　射出成形における繊維配向は、型内での流動状態の影響で複雑な配向状態を示す。例えば、センターからダイレクトゲートで成形された円板では、図2.22に示すように7層の繊維配向を示す[14]。このような配向構造を示す理由は以下のように考えられる。
　①外側の2層の配向層は、型内に射出された溶融樹脂が型表面で急冷されて、そのままランダムな配向状態で固化したことにより形成される。
　②次の2層では、ファウンテンフローの原理で固化層と流動層の間で発生するせん断力によって繊維が流れ方向に配向する。
　③さらに、次の2層はせん断力による配向層と中央コア層の両方からの影響でランダムな配向層ができる。
　④中央のコア層は、ゲートからの拡大流（ラジアルフロー）によって周方向に引き伸ばされるために流動の垂直方向に配向する。この様子を図2.23に示す[14]。
　このような配向挙動は、可視化金型を用い、Niめっきガラス繊維を0.1〜0.2重量％充填したポリスチレン（PS）を用いた成形実験でも、厚み方向で7層に配向することが観察されている[15]。
　実際の成形品では、繊維の重量含有率は20〜30％以上と高いので、繊維相互間における干渉の影響も加わるため、上述のような7層に配向する状態は観察されず、実質的には表層の無配層の下にせん断力による流れ方向への配向とコア層における垂直方向の配向状態が観察される。例えば、図2.24に示すような成形品を用い、肉厚を1.3mm、2.7mmと変えたときの繊維配向状態を軟X線法により観察した。材料はガラス繊維入りPA-MXD6（レニー1002H）を用いた。写真2.2に繊維配向状態を示す[16]。これらの写真から、おおよそ次のことがわかる。肉厚が薄

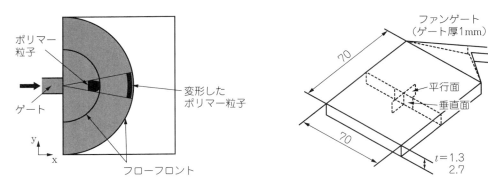

図2.23 拡大流による溶融樹脂の変形状態[14]　　図2.24 繊維配向測定用の試験片

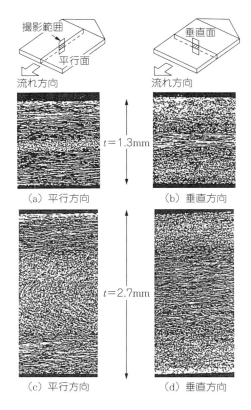

写真2.2　繊維配向状態[16]
（樹脂：レニー1002H（ガラス50％）
試験片：図2.24、測定法：軟X線撮影）

い場合には、明確に5層になっており、コア層では流動方向に垂直に、表面近傍では平行方向に配向し、その外に無配向層が存在する。特にこの傾向は肉厚の薄い1.3mmにおいては顕著である。試験片は、ファンゲート方式の金型で成形しているので、コア層ではゲートから溶融樹脂が流れる場合、拡大流によって繊維は流れに垂直方向に配向し、そのまま流動末端に向かって流動する。そのためコア層では図2.23に示したモデルと同様に、流れ方向に垂直に配向す

— 30 —

第 2 章　プラスチックの強度と材料設計

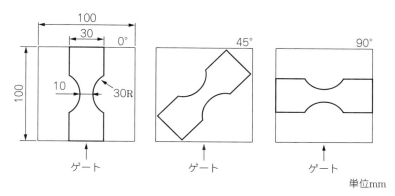

図2.25　成形品形状と試験片切り出し方向

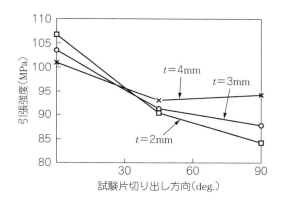

図2.26　試験片切り出し方向と引張強度[17]
　　　（材料：20%ガラス繊維 PC　繊維径：13μm　試験片：図2.25）

ると考えられる。また、同写真からもわかるように、1.3mm ではせん断力により流れ方向に平行に配向した層の厚さが厚いため、強度の異方性が大きくなると考えられる。

　図2.25に示す角板（大きさ100×100mm、肉厚2、3、4mm）を用い、引張試験片の切り出し方向を変えて引張強度を測定した。材料は20%ガラス繊維入り PC を用いた。結果は図2.26に示すように、切り出し方向によって引張強度に差が認められる[17]。流れ方向に平行方向（切り出し角度0度）に比較し、垂直方向（角度90度）は低い値になっている。また、斜め（45度）は両方の中間的な値になっており、繊維配向の影響が認められる。また、肉厚の影響も認められ、肉厚は薄いほうが異方性は大きくなり、前述の配向状態の観察結果と一致している。

　次に、射出成形で樹脂が合流するウェルド部分では、繊維は特有の配向状態を示す。例えば、偏光顕微鏡を用いて、ウェルド部における繊維配向を観察した[18]。方法はウェルド部から小片を切り出し、試料に斜め45度から偏光を当て、屈折した象をカメラで撮影し、そのときの光量と配向角の関係を調べた結果である（図2.27）。結果は図2.28の通りである。この結果から、ウェルド近傍でのガラス繊維の配向状態は、ガラス繊維が厚さ方向に配向した領域（Ⅰ）と円弧状に流動方向に、ある角度を持って配向した領域（Ⅱ）と流動の平行方向に配向した領域（Ⅲ）からなっていることがわかる。ウェルド部分ではガラス繊維は厚さ方向に配向しているため、ウェルド強度は低下すると考えられる。

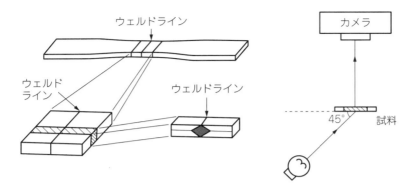

図2.27 ウェルド部の繊維配向測定法[18]
(試験片の測定位置と偏光顕微鏡法)

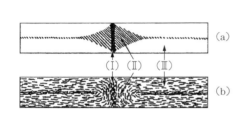

図2.28 光量パターンと繊維配向状態[18]
(測定法:図2.27)

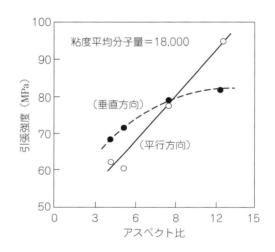

図2.29 アスペクト比と引張強度[19]
(材料:20%ガラス繊維PC、繊維径:13μm
試験片:100×100mm、3mmtの成形品から
引張片を切り出し)

4) アスペクト比と強度

　式(2.2)からわかるように、アスペクト比(繊維長さ/繊維径)も強化材料の強度や弾性率に影響する要因である。ここで、成形品の繊維長さは分布を持っているので、一般には数平均繊維長さで表す。従って、アスペクト比も正確に表現すれば、数平均アスペクト比というべきであるが、ここではアスペクト比と表現する。**図2.29**に20%ガラス繊維PCのアスペクト比と引張強度の関係を示す[19]。一般に、アスペクト比が増大すると引張強度は大きくなるが、実際の成形では前項で述べた繊維配向の影響が加わるため、流れ方向によって挙動が異なってくる。繊維配向を軟X線写真撮影して観察した結果から判断すると、アスペクト比13.9の場合には、コア層では繊維は樹脂の流れに垂直方向に配向し、表面側の大部分では流れに平行方向に配向している。そのため、アスペクト比の大きな側では(平行方向の強度)>(垂直方向の強度)となる。一方、アスペクト比が4.3の場合には、大部分のガラス繊維は樹脂の流れに垂直方向に配

向している。そのため、（平行方向の強度）＜（垂直方向の強度）になり、アスペクト比8近辺で強度は等しくなる。このような挙動を示す理由は、アスペクト比は小さい、つまり繊維長さが短い場合には、ゲートから流入した溶融樹脂は拡大流によって、流れに垂直方向に配向するが、キャビティ内の流動過程でせん断力場では、繊維長さが短いと回転モーメントが小さいため、平行方向への配向が比較的起こりにくいためと考えられる。

2.6　ポリマーアロイ材料

　ポリマーアロイ材料開発の目的の1つとして、強度特性を改良することが挙げられる。例えば、市販されているポリマーアロイ材料とそれらの改良特性をまとめると**表2.7**の通りである。強度については、衝撃強度、耐熱強度、耐ソルベントクラック性などの改良が挙げられる。

表2.7　ポリマーアロイ材料と改良特性

アロイ成分	アロイ手法①	改良特性②							
		衝撃強度	耐熱強度	耐ソルベントクラック性	流動性	結晶特性	寸法特性	摩擦磨耗性	ガスバリア性
PPE/HIPS	a	○			○				
PPE/PA	b or c		○	○	○				
PPE/ポリオレフィン	b	○		○				○	
PC/ABS	a				○				
PC/PBT	a			○	○				
PBT/PET/GF	a					○	○		
PA/PAMXD6	a								○
PA/EPDM	b or c	○							
PA/ABS	b	○	○						
POM/TPU	a	○							
PP/EPR/無機フィラー	d	○					○		

（注）　①表（A）の相容化手法を参照。
　　　　②アンダーラインをつけた樹脂側からの改良特性を示す。

表（A）　ポリマーアロイの相容化技術

	アロイ方法	タイプ
a	単純ブレンド	A＋B
b	一方の成分を化学的に変性して、相容性を付与する。	A＋(B－X)
c	両成分に相容する相容化剤を加える。	A＋X＋B
d	その他の化学的手法	架橋化またはセミIPN（Semi Inter Penetrating Network）

（注）　Xは相容化剤または相容化変性

ポリマーアロイの強度に関しては、アロイ成分のモルフォロジーが関係する。ここで、モルフォロジーとは、本来「形態学」という意味であるが、ポリマーアロイの相構造についてよく用いられるので、ここではこの用語を用いる。

1）相構造と衝撃強度

ポリマーアロイ材料における衝撃強度の発現機構については、分散ゴム粒子によってマトリックス中で応力場が不均一となり、これらの粒子の周辺で局部的な変形を引き起こし、衝撃エネルギーを吸収することによるといわれる[20]。このときの変形は、多数分散している粒子間をつなぐように生じる多数のクレーズ(massive crazing)、あるいは多数のせん断降伏(massive yielding)に基づくものである。これらの材料を変形させると白化する(stress whitening)ことが多いが、これはクレーズによる場合と粒子―マトリックス界面におけるキャビテーション効果でボイドの生成による場合の2通りがある。衝撃強度の改良は、このようなクレーズあるいはせん断降伏がマトリックス中に分散している粒子の周りに多数発生することで、衝撃エネルギーを吸収するためとされている。しかし、実際のポリマーアロイでは、その種類によりボイドの後にせん断降伏が生じたり、クレーズとせん断降伏が混在したり、あるいはクレーズが発生した後にせん断降伏が起こることもある。

さて、ポリマーアロイの衝撃強度は、分散ゴムの粒子径や粒子壁間距離が関係する。PPE/PA/エラストマーアロイは、海(PA)、島(PPE)、湖(エラストマー)の相分離構造を示すポリマーアロイである。写真2.3に示すように、エラストマーの粒子径によって衝撃強度が変化し、同写真中央のドメイン(PPE/エラストマー)の粒子径が0.5～1μmあたりで衝撃強度は最も高い値を示している[21]。一方、PA/変性ポリオレフィンアロイでは、粒子径には関係せず、脆性から延性破壊に転移する臨界粒子壁間距離(d_c)が存在し、d_c以下では延性破壊で衝撃強度は高い値を示す。図2.30は、PA/変性ポリオレフィンアロイのd_cと衝撃強度の関係である[22]。同図からわかるように、d_cが臨界値($d_c=0.3$)より小さい領域で大きな衝撃強度を示すことが必要であることがわかる。また、PA/変性ポリオレフィンの衝撃破壊時の変形による発熱量や変形物の示差走査熱量計での測定結果から、衝撃吸収エネルギーの吸収は表2.8のような様式で起こることが確認されている[23]。つまり、クレーズの寄与は比較的小さく、ほとんどはマトリ

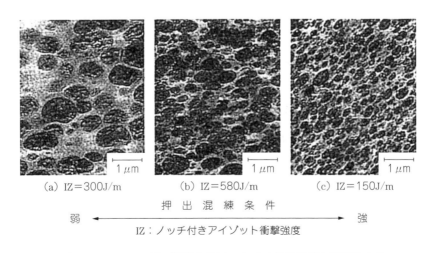

写真2.3　PPE/PA系の混練条件下における分散状態と衝撃強度[21]

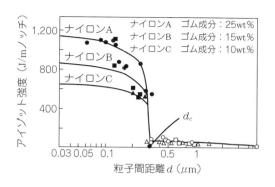

図2.30 PA/変性ポリオレフィンアロイの粒子壁間距離と衝撃強度の関係[22]

表2.8 PA/変性ポリオレフィンの衝撃吸収機構[23]

エネルギー吸収様式	寄与率
(1) 破断面形成（表面エネルギー）	～0
(2) クレーズ形成	
a. 冷延伸によるフィブリル化	7%
b. フィブリルの表面エネルギー	18%
(3) マトリックスの塑性変形	75%

表2.9 PC/SEBSのウェルド強度[24]

試料No.	SEBS[a]添加率(%)	引張強度(MPa)	破断伸び(%)
1	1	57.4	15
2	3	54.7	8
3	10	45.5	7
4	1	57.2	8
5	3	41.7	3
6	10	17.2	1

注a) 試料No.1～3は高粘度SEBS、4～5は低粘度SEBS。

ックスのせん断応力による塑性変形に基づくことがわかる。

2) モルフォロジーとウェルド強度

ポリマーアロイ材料の課題の1つとして、製品のウェルド強度、特に、引張伸びや衝撃強度が小さいことが挙げられる。非相容系ポリマーアロイでは、ウェルド強度改良のための研究がなされている。

表2.9は、PCとSEBS(スチレン・ブタジエン・スチレンブロック共重合体)とのアロイ品のウェルド強度である[24]。SEBSは高粘度タイプと低粘度タイプを用いた。**写真2.4**はウェルド面に垂直に破断し、溶剤エッチングした試料の走査型電子顕微鏡写真である[24]。試料は**図2.31**のようにウェルドラインに垂直にノッチを切り、ノッチ部分から曲げ試験したものを用いた。同写真(a)の低粘度SEBSの場合では、SEBSはフィルム状に分散しており、ウェルド部分の強度は低下することがわかる。**図2.32**は、キャビティ内でのウェルド部分の流動状態モデル図である。一方、高粘度SEBSタイプの場合は同写真(b)のように、メルトフロントで引き伸ばされるような力が加わっても分散相のSEBSが変形することなく、粒子状に分散するので同表に示したように、引張強度や破断伸びは、低粘度SEBSの場合より高い値を示すと考えられる。

また、PC/PBTアロイについては、同様な方法でウェルドラインに垂直に切り出し、この部

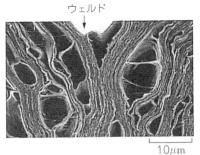
(a) 低SEBS 10wt％添加PCの
ウェルド垂直破面

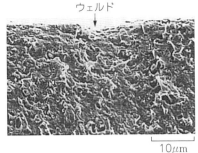
(b) 高SEBS 10wt％添加PCの
ウェルド垂直破面

写真2.4　PC/SEBS アロイのウェルド部モルフォロジー[24]
（観察法：図2.31）

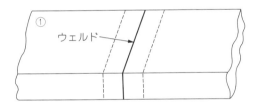

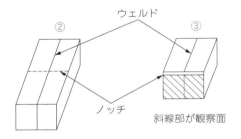

図2.31　ウェルド部の垂直破面の観察法

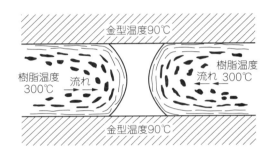

図2.32　ウェルド部の溶着モデル

表2.10　PC/PBT のウェルド強度[24]

試料 No.	PC/PBT混合率 (wt%)	引張強度 (MPa)	破断伸び (％)
1	100/0	56.8	91
2	90/10	62.7	9
3	70/30	61.7	8
4	50/50	59.8	8
5	30/70	57.8	11
6	10/90	55.9	92

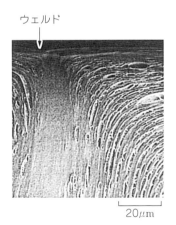

写真2.5　PC/PBT アロイのウェルド
部モルフォロジー[24]
（観察法：図2.31）

分をミクロトームで平滑に仕上げた後、溶剤エッチングでPC成分を溶出させたのち、走査型電子顕微鏡で撮影した。スキン層（表面層）近くのウェルド部分を**写真2.5**に示す[24]。この写真からメルトフロントに相当するウェルド部は、溶融粘度の低いPBTが先に流れて数μmの層となり、その後にPCとPBTが交互に層状に重なり合っていることがわかる。しかし、このようなウェルド部の相構造にもかかわらず、ウェルド強度は、**表2.10**に示すように比較的高い値を示している[24]。この理由は、コンパウンディング工程や射出成形工程での溶融混練の過程で、PCとPBTの間で、ある程度エステル交換反応が起こり、エステル交換反応生成物が相容化剤となり、PCとPBT界面の接着性をよくしているためと考えられる。

3) モルフォロジーと耐熱強度

完全相容系ポリマーアロイとしては、PPE/PSアロイがある。PPE/PSでは、ガラス転移温度は1点で示され、かつ加成性がある。**図2.33**にPPE/PSの組成比率とTgの関係を示す[25]。このアロイでは、ガラス転移温度（Tg）は組成とともに、ほぼ直線的に変化するので、耐熱強度は、組成比によって決まることになる。

半相容系ポリマーアロイの代表的なものとしては、PC/ABSがある。半相容とは、部分的に相容しているという意味であるが、PC/ABSでは、**図2.34**に示すように、性能は組成比率によってほぼ直線的に変化する傾向がある[26]。従って、PPE/PS同様に、耐熱強度は組成比率によってほぼ決まることになる。

非相容系ポリマーアロイでは、マトリックスとドメインからなる相分離構造を示す。そのため、耐熱強度は、マトリックスであるポリマーの耐熱強度に支配されるが、ドメインであるポリマー成分による補強効果も関係する。例えば、PA/PPE/エラストマーは、マトリックスはPA、ドメインはPPE、そしてドメインであるPPEの中にエラストマーが存在するモルフォロジーになっている。そのため耐熱強度は、結晶性ポリマーであるPAを非晶性ポリマーであるPPEで補強した構造になっており、PA単独の場合より耐熱強度は向上する。例えば、**図2.35**

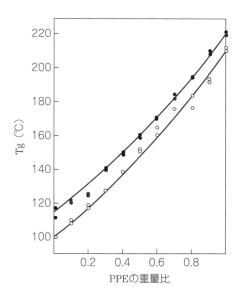

図2.33 PPS/PSアロイの組成比率と
ガラス転移温度（Tg）の関係[25]

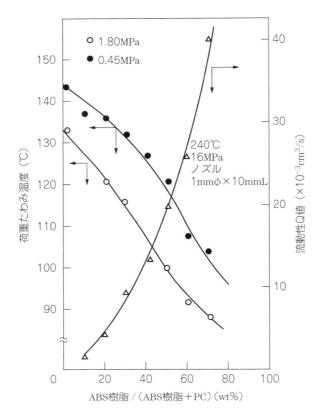

図2.34　PC/ABS アロイ組成と性能[26]

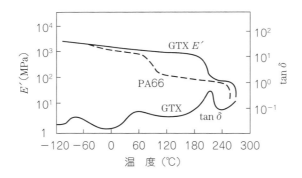

図2.35　PA/PPE アロイ（ノリル GTX）の粘弾性特性[27]

は PA66 と PA/PPE（ノリル GTX）の粘弾性特性である[27]。同図からわかるように、PA に対し、PPE/PA のほうが、高温側でも高い動的弾性率を保持していることがわかる。

4）モルフォロジーとソルベントクラック性

　ポリマーアロイ材料開発目的の1つに、有機溶剤、揮発油、油などに対するソルベントクラック性を改良することが挙げられる。例えば、PC のソルベントクラック性を改良するため、

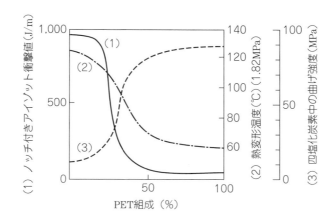

図2.36 PC/PET アロイの組成比率と物性の関係[28]

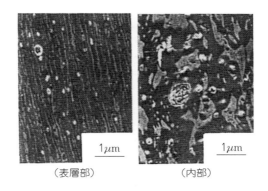

写真2.6 PC/PBT＝70/30での成形品断面のモルフォロジー[29]

PBT や PET とアロイにすることが行われている。PC とこれらポリエステルとのアロイは、非相容系アロイであり、相分離構造を示す。例えば、PC/PET アロイについて、組成と各種物性の関係を**図2.36**に示す[28]。ソルベントクラック性を評価する代用特性として四塩化炭素中の曲げ強度を測定した。PET の組成比率で、約30％を超えるあたりから、同曲げ強度は上昇しPET50％あたりで一定の値に近付く。つまり、PET の組成比率50％以上では、マトリックスは PET、ドメインは PC の層構造になるため、同曲げ強度は高くなる。また、衝撃強度、剛性、耐熱強度、成形性（流動性）などの性能バランスの点から、PC/PBT＝70/30あたりの組成の材料が使用されている。この組成では、射出成形品の断面方向のモルフォロジーは**写真2.6**のようになる[29]。成形品の表面近くでは、せん断力場でドメインである PBT は流れ方向に引き伸ばされ、層状または帯状になっている。一方、中心部の流動層ではドメインは球状に近い形状になって分散している。このような相分離構造の成形品で、ソルベントクラックが発生した場合、層状または帯状に分布している表面の PBT 成分がクラックの進展を抑えることによって耐ソルベントクラック性が改良されると推定される。この挙動は、ガラス繊維強化によって耐ソルベントクラック性を改良するメカニズムと類似している。

2.7　ナノコンポジット材料

　ナノコンポジットとは、ポリマー中にナノメータオーダ（1～100nm）の超微粒子を分散させた複合材料である。分散相がポリマーの場合、ポリマーナノコンポジット、フィラーの場合をフィラーナノコンポジットと称している。ここでは、すでに実用化されているフィラーナノコンポジットについて述べる。

　ナノコンポジットは分散相が超微粒子であるため、マトリックス中での粒子間隔が小さく、かつ粒子の表面積も大きいので、少量の添加量でも分散相の影響が大きくなる。粒子間隔及び表面積について、微粒子化にすることによってどのような効果があるか考えてみる。

　半径 r の球が体積分率 V で均一に分散していると仮定する。ここで、球は半径 r の単分散とし、体積分率は系の全体積が1のとき、V の割合で分散相が占められているとする。また、分散粒子間の距離 d は一定であるとする。このように仮定した場合の分散粒子間の距離 d と粒子の全表面積 A は以下の式で示される[30]。

$$d = \left[\left(4\pi \sqrt{\frac{2}{3V}} \right)^{\frac{1}{3}} - 2 \right] \cdot r \tag{2.3}$$

$$A = \frac{3V}{100r} \tag{2.4}$$

　式（2.3）及び（2.4）からわかるように、体積分率 V が一定の場合、粒子径 r を小さくすると、分散粒子間距離 d は比例的に小さくなり、全表面積 A は反比例して大きくなることがわかる。例えば、単純に直径が $10\,\mu m$（10^4nm）の球状の分散相を、10nm まで小さくしたとすると、直径の比は

　　　　　10nm／10 μm（10^4nm）＝1／1000

である。従って、粒子径を小さくすることによって**表2.11**のように、粒子間隔小さくなり、表面積は増大することがわかる。

　以上概念的に、ナノコンポジットについて述べたが、（株）豊田中央研究所で開発されたナイロンクレイハイブリッド（NCH）を例に、ナノコンポジットの特性について述べる[31]。NCH は、**図2.37**に示すように重合段階で、クレイの一層一層をナイロンマトリックス中に分散させたものである[31]。従来の複合材料に比較して、NCH の分散相1個の体積は 10^{-9} と小さく、同じ量を配合するとすれば 10^9 倍の個数の分散相が存在することになり、従来のミクロンオーダの複合材料では得られなかった特性が発現する。例えば、改良効果としては、引張強度や弾性率、荷重たわみ温度、線膨張係数、ガスバリヤー性などの特性が向上する。**図2.38**は NCH の分散相

表2.11　ナノコンポジットにおける微粒子化の効果
（容積分率一定で10 μm の場合を1としたときの比）

粒　子　径	粒子間距離	全表面積
10 μm（10×10^3nm）	1	1
10nm	1／1,000	1,000

第2章 プラスチックの強度と材料設計

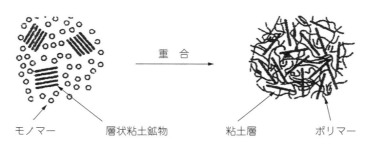

図2.37 ナイロンクレイハイブリッド(NCH)構造の概念[31]

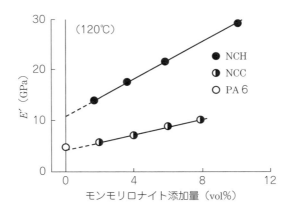

図2.38 クレイ配合量と弾性率の関係[31]

表2.12 ユニチカ(株)〈NANOCON〉の物性[32]

			NANOCON	強化ナイロン		非強化ナイロン
強化材	種類		珪酸塩シート	タルク	タルク	
	配合量	mass%	4	4	35	
	配合法		重合時添加	重合時添加	重合時添加	
比重			1.15	1.15	1.42	1.14
物性	破断伸び	%	4	4	4	100
	曲げ強度	MPa	158	125	137	108
	曲げ弾性率	GPa	4.8	2.9	6.1	2.7
	DTUL(1.82MPa)	℃	152	70	172	70

(クレイ)配合量と弾性率の関係を示す[31]。クレイの層間を開かずに分散させたNCC(ミクロン複合材料)では、配合量に対し比例的に増加している。一方、クレイ配合量をゼロに外挿したときのNCHの弾性率はナイロンの約2倍の値をとり、あたかもマトリックス自身が変性されたような特性を示す。表2.12は、PA6のナノコンポジット(ユニチカ(株)「ナノコン」)と非強化ナイロン、強化ナイロンの物性比較である[32]。同表のように通常タルク強化では数十%で達成する物性をナノコンでは数%の充填率で達成している。また、PA6に比較して比重をあまり上

げることなく曲げ強度、曲げ弾性率、荷重たわみ温度などは全般的に向上している。

引 用 文 献

1) L. E. Nielsen, （小野木重治訳）：高分子の力学的性質（*Mechanical Properties of Polymers*），p. 111，化学同人(1965)
2) 奥園敏昭，（本間精一編）：ポリカーボネート樹脂ハンドブック，p. 170，日刊工業新聞社(1992)
3) 杉江俊典，（実用プラスチック事典編集委員会編）：実用プラスチック事典，p. 434，産業調査会 (1993)
4) 中條澄：エンジニアのためのプラスチック，p. 139，工業調査会(1997)
5) Jacson, G. B., Ballman, R. L. : *Soc. Plastics. Eng.,* **16**(10), 1147(1960)
6) 高分子学会編：プラスチック加工技術ハンドブック，p. 907，日刊工業新聞社(1995)
7) 高強度高分子材料調査研究委員編：高強度高分子材料に関する調査研究報告書，p. 103(1987)
8) 高野菊雄編：ポリアセタール樹脂ハンドブック，pp. 67-68，日刊工業新聞社(1992)
9) 鈴木健一：プラスチックス，**15**(8)，65(1964)
10) 三菱ガス化学：ユーピロン技術詳報201，pp. 29-30(1967)
11) 荒井貞夫，（精機学会複合材料の精密機器への応用に関する分科会編）：精密機器用プラスチック複合材料，pp. 70-74，日刊工業新聞社(1984)
12) 佛性尚道：プラスチックス，**23**(2)，9(1972)
13) 沢江勲：工業材料，**15**(10)，39(1967)
14) T. A. Osswald, H. G. L. Menges, （武田邦彦監修）：エンジニアのためのプラスチック材料工学 (*Materials Science of Polymers for Engineers*)，p. 178, 181，シグマ出版(1997)
15) 村田泰彦，横井秀俊，長谷元弘，原田浩次：成形加工：**7**(10)，663(1995)
16) 本間精一：合成樹脂，**43**(7)，35-36(1997)
17) 奥園敏昭：第34回材料研究連合講演会前刷集，p. 117(1990. 9. 11)
18) 濱田泰以，前川善一郎，堀野恒雄，泊清隆，四辻晃，伊丹正郎，李貴雄：高分子論文集，**33**(9)，649-656(1987)
19) 奥園敏昭：高分子学会予稿集，**39**(11)，4158-4160(1990)
20) 成澤郁夫：成形加工，**3**(1)，6-8(1991)
21) 島岡悟郎，水谷誠，石井一彦：材料技術，**9**(9)，311(1991)
22) S. Wu : *Polymer,* **26**, November, 1855(1985)
23) S. Wu : *Polymer,* **26**, November, 1855(1985)
24) 奥園敏昭：プラスチックスエージ，**39**(3)，159-164(1993)
25) 伊澤槇一，原田洋，（浅井治海監修）：ポリマーブレンドの開発，p. 102，シーエムシー出版 (2000)
26) 高木喜代次：工業材料，**47**(4)，31(1999)
27) 森岡清志：プラスチックスエージ，**32**(2)，160-163(1986)
28) 本間精一：第25回高分子の基礎と応用講座テキスト，p. 43，高分子学会関西支部(1990)
29) 島岡悟郎：プラスチックス，**41**(10)，93(1990)
30) 中條澄：ナノコンポジットの世界―次世代ポリマーへの挑戦―，p21，工業調査会(2000)
31) 倉内紀雄，臼杵有光，（Plastics age encyclopedia 進歩編編集委員会編）：プラスチックスエージエンサイクロペディア2004(進歩編)，p. 89，プラスチックス・エージ(2003)
32) 小山明信：成形加工，**14**(4)，217-221(2002)

コラム 現場からのひとこと ❷
材料データと製品設計データのミスマッチ

　材料メーカのカタログの物性データは信用できないという苦言をよく耳にする。このような苦言は、主として材料を使用する設計者の立場の人から指摘されることが多い。材料データを製品の設計データとして利用しようとすると、有効な設計データにならないことによるものと思われる。また、カタログの物性データ表の註には「試験方法にもとづいた測定値の代表値であり、保証値ではない」などと書かれているので、設計する人にとっては、何を信用してよいのかとの疑問(不満)が生じる。このような材料データと設計データのミスマッチはなぜ生じるのであろうか。

　材料データは、主として材料(グレード)間の比較のためのデータを意図して取得されている。例えば、プラスチックのISO規格では、材料の機械的強度を測定するための試験片は、図に示すような多目的試験片を用いることになっている。試験片の形状はいわゆるダンベルの形をしており、ゲートは長手方向の一端に設けられ

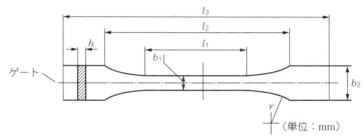

試験片の形	A	B
l_3 全長	≧150①	
l_1 狭い平行部分の長さ	80±2	60.0±0.5
r 半径	20～25	≧60②
l_2 広い平行部分間の距離	104～113③	106～120③
b_2 末端部分の幅	20.0±0.2	
b_1 狭い部分の幅	10.0±0.2	
h 厚さ	4.0±0.2	

注① 材料によっては、試験機のつかみ部での破壊または滑りを防止するため、タブ(つかみ部)の長さを大きくしてもよい(例えば、$l_3=200$mm)。

② $r = \dfrac{(l_2-l_1)^2 + (b_2-b_1)^2}{4(b_2-b_1)}$

③ l_2、r、b_1及びb_2の値で決まるが、それは示された寸法許容差の範囲内で決める。

多目的試験片の形状(JIS K7139^{-1996})

ている。引張試験にはこのダンベル片をそのまま用い、曲げや衝撃試験ではダンベル片の平行部分を切り出して用いる。ダンベル片の標準肉厚は4mmである。このような試験片を用いて材料データを測定することは、材料選定のための比較データとしては有効であるが、その材料を用いて設計する立場の人には、あまり役に立たないことが多い。例えば、次のような問題点がある。

①試験片の肉厚は4mmであるが、実際の成形品の肉厚は薄いものから厚いものまで様々である。分子配向、結晶化度などは製品肉厚の影響を受けるので、プラスチックの強度は肉厚によって変化する。

②試験片のゲート位置との関係で、材料の流れ方向の強度を測っていることになる。実際の成形品では、方向性を考慮した設計は無理なことが多い。また、製品は単純形状であることは少なく、幾何学的形状、ウェルドライン、シャープコーナなどの影響も加わる。

③強度の測定条件も規格では温度、荷重負荷速度などは、規定された条件で測定するが、実際の成形品の使用条件は様々である。

以上、試験片について、材料データを設計データに適用する場合の問題点の1例として述べたが、プラスチックは成形加工という工程で製品設計、成形条件などの要因も加わるため、材料データを製品設計のデータベースとして利用することには限界がある。

このようなミスマッチを解消するためには、製品デザインをモデルにした金型を作成し、モデル金型を用いて製品の性能データを取得する方法が有効である。そのためには、時間と金がかかるが、結果としては信頼性の高い製品を開発するには早道である。このような検討を進める場合には、ユーザと材料メーカあるいは成形メーカが共同で、モデル金型に最終製品の設計要因を盛り込むことが大切である。また、モデル金型による製品の性能と材料データの相関関係を把握することによって、さらに最適な材料の開発にも有効な情報をフィードバックできる。

第3章

プラスチックの
力学的性質

3.1 基礎的性質

1）粘弾性

プラスチックの力学的な特徴の1つとしては、粘弾性特性を示すことが挙げられる。

プラスチックが粘弾性特性を示す理由は、ポリマーは巨大分子の集合体であることに起因する。ポリマーの集合体に力が加わると、分子の原子間距離、結合角などが瞬間的に変位して弾性ひずみが発生する。しかし、時間が経過するとポリマー分子間で塑性変形(せん断降伏変形)によるひずみが生じる。前者は時間に依存しない可逆的な弾性変形であり、後者は時間に依存する不可逆な粘性変形である。粘弾性モデルは、スプリング(弾性)とダッシュポット(粘性)の組み合わせで表される。基本的なモデルとしては、**図3.1**に示すように、マックスウェルモデルとフォクトモデルで示される。同図から応力やひずみは時間の関数になっていることがわかる。ただ、ポリマーは多分子性であるため、これらのモデルを組み合わした複雑な関数として表される。また、粘弾性特性は時間だけではなく、温度によっても変化する。つまり、温度が高い場合は、分子間が塑性変形しやすいため、粘性に基づく時間依存の変形が起こりやすくなる。逆に、温度が低い場合には、弾性に基づく変形が支配的になる。このように、プラスチックの力学的特性は時間や温度に依存するため、製品設計に当たっては、粘弾性特性に基づくク

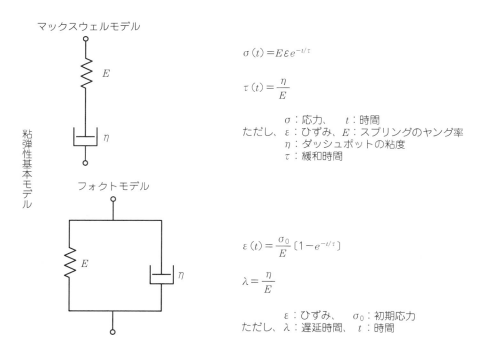

図3.1　粘弾性モデル

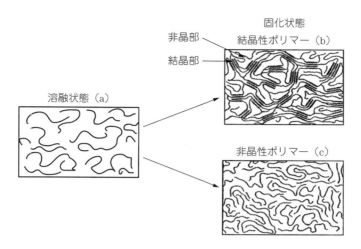

図3.2 溶融状態と固化状態

リープや応力緩和特性を考慮しなければならない。クリープ及び応力緩和については3.2.4節で述べる。

2) 結晶性プラスチックと非晶性プラスチック

　プラスチックは溶融状態と固化状態を**図3.2**に示す。同図(a)のようにランダムな分子配列状態になっている。しかし、冷却固化する過程では、結晶構造(b)をとるものと非晶構造(c)をとるものがある。前者が結晶性プラスチック、後者が非晶性プラスチックである。

　結晶性プラスチックは分子骨格に動きやすい分子鎖を持っているので、溶融状態から固化する過程でポリマー分子は規則的な配列になる。しかし、かさ高い分子鎖や絡み合いっている分子鎖は結晶部には入り込めず非晶構造をとる。そのため、同図(b)のように部分的に結晶部と非晶部が存在する形になる。結晶性プラスチックでは、次の特性がある。

　①結晶化度は、溶融状態から固化するときの冷却速度に左右される。ゆっくり冷却すると結晶化度は大きくなるが、速く冷却すると結晶化度は小さくなる。
　②結晶部は緻密な分子配列になっているため、この部分で高い強度・剛性などの特性を発現する。

　このような基本的考え方のもとに、結晶性プラスチックの強度の発現機構を考えてみる。

　結晶性プラスチックは、ポリマー分子が規則的に折りたたまれた結晶構造をとることによって分子間の結合力を高めて強度を発現している。当然のことながら、結晶化度によって強度は左右される

　一方、非晶性プラスチックでは、かさ高い分子鎖を有しているので分子の運動は制約される。そのため、冷却過程では結晶構造をとりえず、同図(c)のようにランダムな配列状態のまま固化する。非晶性プラスチックはポリマー分子がかさ高く動きにくいことで強度を発現している。

3) 結晶の融点と結晶化温度

　結晶性プラスチックを室温から徐々に温度を上げてゆくと、ある温度で結晶が融解して、急に溶融粘度が低下する。これが結晶の融点である。ポリマーは分子の長さが短いものから、長いものまで分布を持っているのでシャープな融点を示さず、結晶の融点の温度範囲は比較的広

表3.1　主なプラスチックのガラス転移温度、結晶融点

分類	樹脂名	ガラス転移温度(℃)	結晶の融点(℃)
非晶性	ポリスチレン	90	―
	メタクリル樹脂	100	
	ポリカーボネート	145	
	ポリスルホン	190	
結晶性	ポリエチレン	−125	141
	ポリプロピレン	0	180
	ポリアミド6	50	225
	ポリアミド66	50	265
	ポリアセタール	−50	180
	ポリフェニレンスルフィド	88	290
	ポリエーテルエーテルケトン	143	343

＊上記の値は測定例であり、測定方法、条件によっては異なる場合がある。

いという特性がある。

　一方、溶融状態から温度を下げてゆくと、ある温度から結晶化が始まる。この温度が結晶化温度である。結晶化温度は結晶の融点とは一致せず、一般に結晶化温度は結晶の融点より低いところに存在する。例えばポリプロピレンの例では結晶の融点より結晶化温度は約50℃低いところに存在する例がある。

4) ガラス転移温度

　ガラス転移温度(ガラス転移点ともいう)は分子の相対的な位置は変化しないが、分子鎖が回転や振動(ミクロブラウン運動)を始める温度であり、これよりも低い温度では物質は凍結状態でガラス状になる。また、一次転移点(融点)に対し、ガラス転移温度を二次転移点ということもある。**表3.1**に主なプラスチックのガラス転移温度と結晶の融点を示す。

　非晶性プラスチックでは、ガラス転移点以下では分子運動は停止するが、必ずしもガラスのように脆くなるわけではなく延性を示す材料が多い。成形加工においては、ガラス転移温度は固化温度の目安になる。また、ガラス転移温度を境に、強度はもちろんのこと屈折率、線膨張係数、熱伝導率、比熱などの物理的特性も変化する。

　結晶性プラスチックはガラス転移温度は存在するが、結晶の融点よりもかなり低いところに存在する。実用的な耐熱温度は結晶の融点が目安になる。しかし、ガラス転移点以下では、衝撃強度が急に低下する傾向があるので低温衝撃強度の評価の指標になる。

5) 動的粘弾性と転移温度

　結晶融点、ガラス転移温度などは、ポリマー分子の分子運動に関係している。このような特性を測定する方法として、DTA(示差走査熱量計)、DSC(示差熱分析計)などがあるが、ここでは動的粘弾性測定法について説明する。

　測定方法については JIS K7244−1999 で規定されている。

— 48 —

第3章　プラスチックの力学的性質

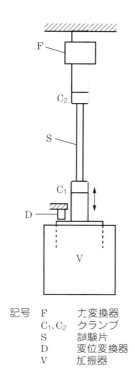

記号　F　力変換器
　　　C₁, C₂　クランプ
　　　S　試験片
　　　D　変位変換器
　　　V　加振器

図3.3　引張非共振強制振動による動的粘弾性測定装置（JIS K7244-4）

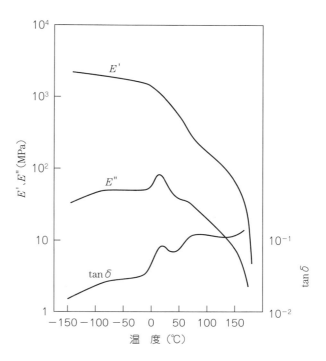

図3.4　PP（ホモポリマー）の動的粘弾性特性[1]

同 JIS には、いろいろな動的粘弾性測定法が規定されているが、ここでは、JIS K7244-4の非共振強制振動法を例として述べる。試験法は**図3.3**に示すように、試験片の一端を固定して張力を加え、一方から正弦波振動を加え、そのときの応力、ひずみ、位相差などを測定する。これらの値から複素弾性率を求める。複素弾性率 E^* は次の式で表される。

$$E^* = E' \pm iE'' \tag{3.1}$$

式(3.1)の実数部 E' は動的弾性率（貯蔵弾性率）である。虚数部 E'' は損失弾性率（動的損失）である。また、E''/E' は損失係数（$\tan\delta$）である。式(3.1)からわかるように、虚数部 E'' がないときは実数部 E' だけの場合は完全弾性体となる。虚数部 E'' は分子間の塑性変形（内部摩擦）によって弾性が失われる程度を示すものである。

両弾性率とも単位は Pa である。損失係数（$\tan\delta$）は粘性／弾性の比率を示すことになる。

低温から一定の速度で昇温してゆくと、ポリマー分子の運動に対応して E'、E''、$\tan\delta$ などの温度特性に変曲点が表れる。これらの変曲点から転移温度を測定でき、強度の温度特性を予測できる。**図3.4**は、結晶性プラスチックである PP（ホモポリマー）の動的粘弾性特性曲線である[1]。同図のように約0℃で E' は変曲点があり、E''、$\tan\delta$ はピーク値を示しており、これがガラス転移温度である。一方、約160℃で E'、E'' が急激に低下しており、これが結晶の融点である。**図3.5**は非晶性プラスチックである一般用ポリスチレン（GPPS）とハイインパクトポリスチレン（HIPS）の動的粘弾性特性である[1]。同図(a)の GPPS では約95℃にガラス転移点が存在することがわかる。一方、同図(b)の HIPS では、E'' は2つのピークがある。HIPS は PS

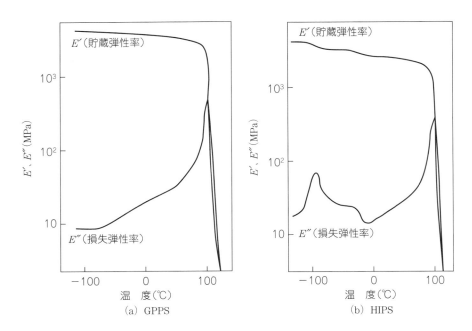

図3.5　GPPS と HIPS の動的粘弾性特性[1]

とゴム成分のポリマーアロイであるため、約95℃のピークは GPPS のガラス転移温度であり、約−100℃のピークはゴム成分のガラス転移温度の存在を示している。

3.2　各試験法と特性

3.2.1　引張特性

1) 試験法

ISO 規格に整合した JIS K7161による試験方法は、旧 JIS とは、次の点で異なっている。

第1に、試験片は**図3.6**に示した形状のものを用いる。すなわち試験片の厚みは支障のない限り4.0mm である(旧 JIS は3.2mm)

第2に、試験片の平行部に標線を入れ、試験時にこの間の変位を測定してひずみを求め、ひずみで0.0005と0.0025に対応する応力の値から引張弾性率を計算する。旧 JIS では、原点から接線を引いて、その勾配から計算していたが、誤差が大きいので、応力—ひずみ曲線の2点間の勾配から計算する方式をとっている。

第3に、引張強度のシングルポイントデータでは、次の特性値で表示することになっている。

引張弾性率：E_t
引張降伏応力：σ_t
引張破断呼びひずみ：ε_{tB}
50％ひずみ時引張応力：σ_{50}
引張破断応力：σ_B
引張破断ひずみ：ε_B

第3章 プラスチックの力学的性質

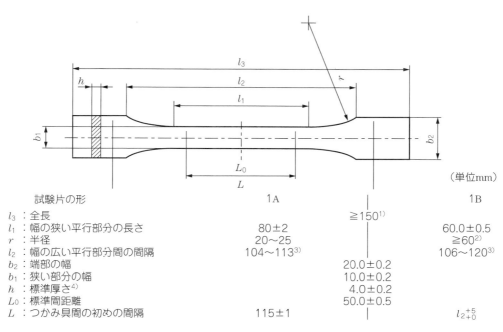

試験片の形	1A	1B
l_3：全長	≧150[1]	
l_1：幅の狭い平行部分の長さ	80±2	60.0±0.5
r：半径	20～25	≧60[2]
l_2：幅の広い平行部分間の間隔	104～113[3]	106～120[3]
b_2：端部の幅	20.0±0.2	
b_1：狭い部分の幅	10.0±0.2	
h：標準厚さ[4]	4.0±0.2	
L_0：標準間距離	50.0±0.5	
L：つかみ具間の初めの間隔	115±1	$l_2{}^{+5}_{+0}$

注）射出成形などで直接型成形する試験片は1A形多目的試験片、また、板などから機械加工によってつくる試験片1B形多目的試験片を標準（Preferred）とする。
1）材料によっては、つかみ具の中での滑りや破壊を防ぐために、つかみ部の長さを大きくする必要がある。（例えば、l_3＝200mm）
2）$r = [(l_2-l_1)^2 + (b_2-b_1)^2]/4(b_2-b_1)$
3）l_1、r、b_1及びb_2によって決まる。ただし、記載した許容範囲内であること。
4）支障のない限り優先的に使用する厚さ。

図3.6　多目的試験片の形状（1A形と1B形）

これらの特性値で引張特性を表現する理由は、応力－ひずみ曲線にはいろいろなパターンがあるため、上述のデータによって、それぞれの材料の特性を明確に表すことを意図している。
引張試験では、荷重や変位を測定し、次のように引張応力、ひずみ、引張弾性率、ポアソン比などを算出する。

（引張応力）
引張応力は、試験片の初め（応力をかける前）の断面積をもとに、次の式によって算出する。

$$\sigma = \frac{F}{A} \tag{3.2}$$

ここに、σ：引張応力（MPa）
　　　　F：測定荷重（N）
　　　　A：試験片の初めの断面積（mm²）

（ひずみ）
引張ひずみは、通常、つかみ具の移動量で求め、これを引張呼びひずみと称している。引張弾性率を求める場合には、標線間の変位を伸び計またはひずみゲージで測定することになっている。
引張ひずみは、試験片に示した標線間の距離（**図3.6**）をもとに、次の式で計算する。

$$\varepsilon = \frac{\Delta L_0}{L_0} \tag{3.3}$$

$$\varepsilon(\%) = 100 \times \frac{\Delta L_0}{L_0} \tag{3.4}$$

ここに、ε　：引張ひずみ(無次元の比または％)

L_0：試験片の標線間距離(mm)

ΔL_0：試験片の標線間の増加(mm)

引張呼びひずみの値は、初めのつかみ具間距離をもとに、次の式で算出する。

$$\varepsilon_t = \frac{\Delta L}{L} \tag{3.5}$$

$$\varepsilon_t(\%) = 100 \times \frac{\Delta L}{L} \tag{3.6}$$

ここに、ε_t：引張呼びひずみ(無次元の比または％)

L　：初めのつかみ具間距離

ΔL：つかみ具間距離

(引張弾性率)

引張弾性率は、2点の規定されたひずみの値をもとに、次の式で算出する。

$$E = \frac{\sigma_2 - \sigma_1}{\varepsilon_2 - \varepsilon_1} \tag{3.7}$$

ここに、E　：引張弾性率(MPa)

σ_1：ひずみ $\varepsilon_1 = 0.0005$において測定された引張応力

σ_2：ひずみ $\varepsilon_2 = 0.0025$において測定された引張応力

(ポアソン比)

ポアソン比は互いに直交する2方向のひずみの値をもとに、次の式で算出する。

$$\mu_n = \frac{\varepsilon_n}{\varepsilon} \tag{3.8}$$

ここに、μ_n：ポアソン比(無次元の比)

$n = b$(幅)、または $n = h$(厚さ)となり、選択した方向を示す。

ε　：縦ひずみ

ε_n：横ひずみ、$n = b$(幅)、または $n = h$(厚さ)

2) 引張特性

　引張試験による応力―ひずみ曲線のパターンは材料の特性をよく表している。**図3.7**で、脆い材料(曲線a)、降伏点を示す脆くない材料(曲線b、c)、降伏点を示さない脆くない材料(d)などがある。曲線aの場合は、破断点で亀裂が発生して破断し、脆性破壊を示す。曲線b、cは、降伏点に達するとネッキング現象を示し応力は低下し、その後塑性変形しながら応力は増大し、ついに破断点に至る。曲線dは、ネッキングを示さず、試験片の全体が伸び、延伸方向へ分子の配向するため、応力は増大し、ついには破断する。例えば、PA66などで、吸水し

第3章　プラスチックの力学的性質

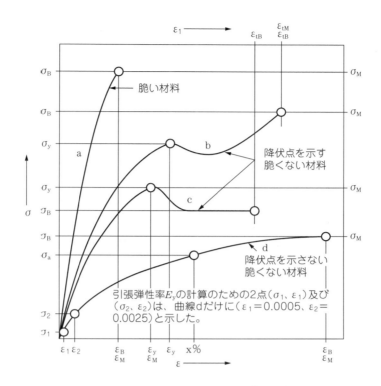

図3.7　代表的な引張応力―ひずみ曲線

た場合や高温での引張試験では、降伏を示さない曲線dの挙動を示すものがある。

図3.8はPCの引張荷重・伸びと試験片の変形状態の例である[2]。ひずみが約0.01までは弾性限界内にあり、さらにひずみが大きくなると非線形となり上降伏点A（通常上降伏点を降伏点としている）に達し、それと同時にネッキング（写真A'）が発生する。ネッキング部分では急激な分子配向により発熱し、いわゆるひずみ軟化を生じて応力はB（写真B'）、C（写真C'）及び下降伏点のD（写真D'）まで低下し、ネッキングは成長する。延伸されたネッキング部分は分子の配向により強化されるので、応力は下降伏点Dより低下することなく、ネッキングは未延伸部分に向かって成長し、ついには試験片全体が延伸・強化され、再び応力は上昇して破断に至る。

引張特性は、降伏強度は比較的ばらつきは少ないが、破断強度や破断ひずみは、ばらつきやすい傾向がある。その理由は、破断は表面傷、異物、気泡、クラックなどの欠陥部が起点になって破壊するため、試料中でのこれらの欠陥部の有無に左右されるためと考えられる。例えば、材料の劣化の程度を評価する場合、破断強度や破断ひずみの低下を指標にすることが多い。

表3.2に示すように、引張特性は温度やひずみ速度によって変化する。次にいくつかの例について説明する。

図3.9はPA66の応力―ひずみ曲線である[3]。室温では降伏点を有する特性を示すが、高温側では降伏を示さない。また、PA66の場合、吸湿率の影響も受けるが、**図3.10**のように、成形直後の試験片（吸湿水率は0.2％以下）では明瞭な降伏点が見られる[3]。しかし、吸湿率が高くなると、温度の影響と同様に、降伏を示さない応力―ひずみ特性を示すようになる。

引張特性は、ひずみ速度によっても変化する。ひずみ速度が速くなると、分子の動きがつい

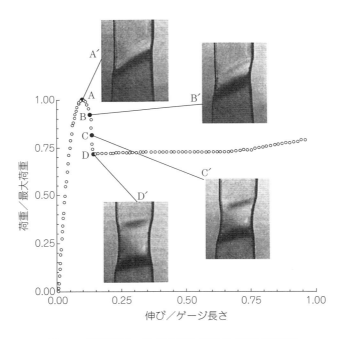

図3.8 引張荷重・伸び曲線と試験片の変形状態[2]

表3.2 引張特性に与える温度、ひずみ速度の影響

条件 項目	温度 低い	温度 高い	ひずみ速度 遅い	ひずみ速度 速い
降伏強度 破断強度	大	小	小	大
ヤング率 （引張弾性率）	大	小	小	大
破断ひずみ	小	大	大	小

て行けないので、弾性の成分の寄与が大きくなるため、引張弾性率、降伏強度または破断強度は大きくなる。反面、引張破断ひずみは小さくなる傾向がある。**図3.11**にPCとABSの降伏強度と破断ひずみのひずみ速度依存性を示す[4]。同図から、ひずみ速度の増大につれて、降伏強度の値は大きくなり、破断ひずみの値は小さくなる傾向があることがわかる。また、試験片の引張方向に直角に切り欠きが入っている場合も、ひずみ速度の増大と同様な傾向が認められる。この理由は、切り欠き底ではひずみ速度が速くためと考えられる。

3.2.2 曲げ特性

1) 試験法

2点支持、中央荷重の曲げ試験では、試験片の中央に荷重を加えると、中立軸A-A'より上側では圧縮応力が発生し、下側では引張応力が発生する。最大の応力は試験片の上面（最大圧

第3章　プラスチックの力学的性質

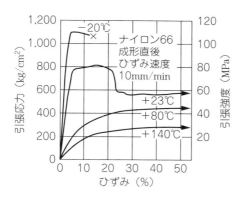

図3.9　PA66の引張応力—ひずみ曲線[3]
（温度の影響）

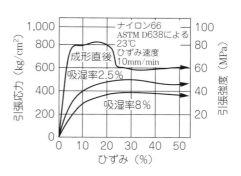

図3.10　PA66の引張応力—ひずみ曲線[3]
（吸湿率の影響）

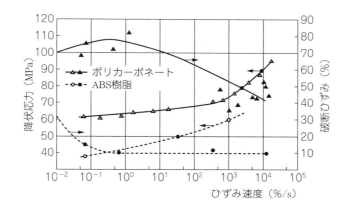

図3.11　引張降伏応力及び破断ひずみのひずみ速度依存性[4]

縮応力）と下面（最大引張応力）にそれぞれ発生する（図3.12）。プラスチックは圧縮応力より、引張応力で破壊する性質があるので、曲げ強度は試験片の下面に発生する最大引張応力（最大繊維応力という）の値で表示される。また、ひずみも試験片の下面に発生する値で表示される。曲げ弾性率も試験片下面に発生する引張応力とひずみの値から計算される。

JIS K7171の試験法では次のように規定されている。

試験片は、図3.6に示した多目的試験片の平行部分を切り出して測定する。測定冶具は図3.13のように、2点支持で試験片の中央部に荷重が負荷される。支点間距離Lは特に指定されておらず、試験したときの支点間距離Lを計測し、この測定値を用いて計算する。また、曲げ応力—たわみ曲線は図3.14のような曲線パターンに分類されている。つまり、降伏前に破壊する試験片（曲線a）、ピーク値を持つが、規定たわみ前に破壊する試験片（曲線b）、降伏点もなく、規定たわみS_c以前に破壊もしない試験片などである。ここで規定たわみS_cとは、試験片の厚さhの1.5倍に等しいたわみと定義されている。

曲げ応力や曲げ弾性率は、荷重とたわみ量を測定することによって、以下の式で算出する。
（曲げ応力）
曲げ応力は、次の式で計算する。

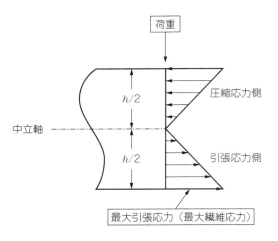

図3.12 曲げ荷重による発生応力

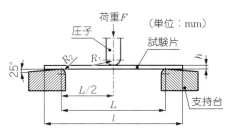

標準試験片の寸法は、次に示す通りである。
　長さ：$l=80.0\pm2.0$、幅：$b=10.0\pm0.2$、
　厚さ：$h=4.0\pm0.2$

図3.13 曲げ試験の支持台と試験片の位置（試験開始時の状態）

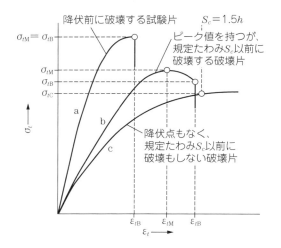

図3.14 代表的な曲げ応力—たわみ曲線

$$\sigma_t = \frac{3FL}{2bh^2} \tag{3.9}$$

ここで、σ_t：曲げ応力(MPa)
　　　　F：荷重(N)
　　　　L：支点間距離(mm)
　　　　b：試験片の幅(mm)
　　　　h：試験片の厚さ(mm)

（曲げ弾性率）
曲げひずみは、次の式で、$\varepsilon_{t1}=0.0005$と$\varepsilon_{t2}=0.0025$に相当するたわみs_1とs_2を算出する。

$$s_i = \frac{\varepsilon_i L^2}{6h} \quad (i = 1, 2) \tag{3.10}$$

ここで、s_i：たわみ
　　　　L：支点間距離(mm)
　　　　h：試験片の厚さ(mm)
曲げ弾性率は、次の式によって算出する。

$$E_t = \frac{\sigma_{t2} - \sigma_{t1}}{\varepsilon_{t2} - \varepsilon_{t1}} \tag{3.11}$$

ここに、E_t：曲げ弾性率(MPa)
　　　　σ_{t1}：たわみs_1で測定した曲げ応力(MPa)
　　　　σ_{t2}：たわみs_2で測定した曲げ応力(MPa)

2) 曲げ特性

曲げ特性は、試験片下面に発生する引張応力と引張ひずみによる特性であるので、基本的には引張と同様な特性になる。例えば、PCの引張特性と曲げ特性は**図3.15**の通りであり、ほぼ類似の特性曲線であるが、次の点で異なった挙動を示す。

①曲げ試験では厚みの中心より上側では圧縮応力が、下側では引張応力が発生するため、厚み方向では不均一な応力が発生している。

②曲げ試験では荷重変形が大きくなると、試験片は**図3.16**のような形状に変形するので、同図(a)のような曲率半径に沿った形状に変形することを前提にした材料力学の荷重－応力計算式は成り立たなくなる。そのため、降伏または破断荷重から計算した応力の計算誤差は大きくなる。つまり、曲げ破壊荷重から曲げ破壊応力を計算する場合、式(3.9)で示した材料力学の計算式を用いているが、プラスチック試験片が曲げ破壊するときの大変形のもとでは、同式は適用できないことによるためである。

②の理由から、曲げ強度の値は材料の特性を理解する上では有用であるが、設計値として利

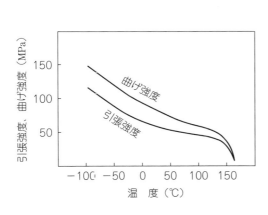

図3.15　引張・曲げ強度の温度特性(PC)

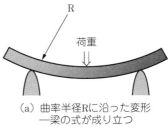

(a) 曲率半径Rに沿った変形
　　―梁の式が成り立つ

(b) プラスチックの変形
　　―梁の式は成り立たない

図3.16　梁の曲げ荷重と変形

用する場合には、引張強度をもとにするほうがよい。JIS K7140-2のシングルポイントデータの備考においても、次のように注釈されている。

「曲げ試験は、試験片の断面方向に不均一な応力を生じさせる。本来、破断するまでに非線形挙動を示す材料に対して得た曲げ強度の数値は、厚さに依存する。従って、この試験は、これらの材料には推奨できない。破断まで線形挙動が支配的な材料に対してこの試験を用いたデータを入れることは、任意である。しかし、射出成形品または強化材料の場合は、断面方向の不均一な構造によって、曲げ特性と引張特性で得られた数値は、差が出るであろうことを注記しなければならない」。

3.2.3　衝撃特性

1）各試験法
プラスチックの衝撃試験法としては、シャルピー衝撃試験、アイゾット衝撃試験、引張衝撃試験、パンクチャー試験（落錘衝撃試験）などがJISで規格化されている。

[シャルピー衝撃強度の試験法（JIS K7111-1996）]
シャルピー試験法は、シングルポイントデータのフォーマットの衝撃強度表示に指定されている。アイゾット試験法に比較して、シャルピー試験は試験片の固定台へのセットばらつきが少ないことが選定理由のようである。

試験片は、通常多目的試験片の平行部を切り出して使用する。ノッチ付きの場合は、切削でノッチ加工するが、材料規格で規定されている場合は成形によるノッチでもよいとなっている。ただ、切削ノッチと成形ノッチでは同一の試験結果は得られないとなっている。

試験片数は材料規格に規定がなければ、少なくとも10個とする。変動係数が5％より小さければ5個の試験片でよい。

試験機における打撃刃先端形状、試験片の固定台へのセット、衝撃時の振り子位置などを**図3.17**に示す。また、試験片に対する振り子の当て方としては、**図3.18**のようにエッジワイズとフラットワイズの2つがある。特別な表面効果を検討する以外は、通常エッジワイズで試験する。また、エッジワイズ—ノッチ付き試験では、ノッチ先端アールは**図3.19**のように、0.25、1.00、0.10mmの3種があるが、シングルポイントデータでは0.25mmアールを指定している。

衝撃強度は、次のように求める。
（ノッチなしの場合）
ノッチなしの試験片のシャルピー衝撃強度（単位 kJ/m²）は次式によって計算する。

$$a_{cu} = \frac{W}{hb} \times 10^3 \tag{3.12}$$

ここに、W：試験片に吸収された補正後の衝撃エネルギー（J）
（振り子の摩擦損失の補正）
h ：試験片の厚さ（mm）
b ：試験片の幅（mm）
（ノッチ付きの場合）
ノッチ付き試験片のシャルピー衝撃強度（単位 KJ/m²）は、次の式によって計算する。

第3章　プラスチックの力学的性質

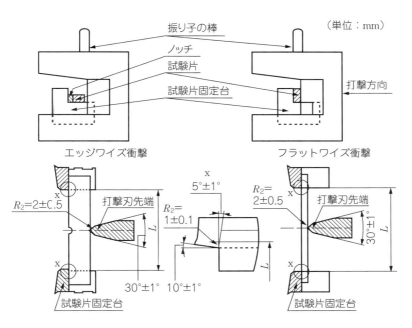

図3.17　シャルピー衝撃試験

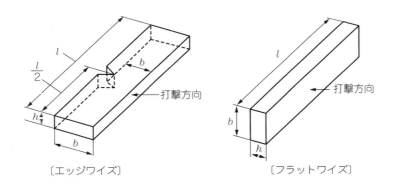

図3.18　シャルピー衝撃におけるエッジワイズ衝撃とフラットワイズ衝撃

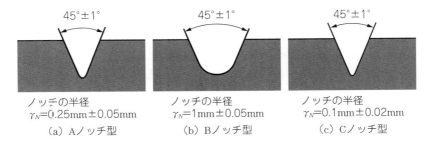

図3.19　シャルピー衝撃のノッチ形状

$$a_{cN} = \frac{W}{hb_N} \times 10^3 \tag{3.13}$$

ここに、W：試験片に吸収された補正後の衝撃エネルギー(J)
　　　　h　：ノッチ付き試験片の厚さ(mm)
　　　　b_N：ノッチ付き試験片の残り幅(mm)
試験後の試験片の破壊状態を、次の3つに分類する。
　　　　C：完全破壊またはヒンジ破壊
　　　　P：部分破壊
　　　　N：非破壊
破壊のタイプで試験結果を層別し、最も頻度の高い破壊のタイプに対して衝撃強度の平均値と対応する破壊のタイプ(C、P または N)を記録する。

[アイゾット衝撃強度の試験法(JIS K7110-1999)]
　図3.20に試験機の全体図を示す。また、図3.21に試験片支持台、ハンマーの衝撃刃及び試験片間の関係を示す。
　試験片、ノッチ加工、試験片の数などは、シャルピー試験法と同様である。また、試験片に対し振り子を当てる方向はエッジワイズとフラットワイズがあるが、通常はエッジワイズで試験する。ノッチのタイプとしては、図3.22のように0.25、1.0mm の2種類がある。
　アイゾット衝撃強度は、次の式で計算する。
（ノッチなしの場合）
　ノッチなしのアイゾット衝撃強度(単位：KJ/m^2)は、次の式によって計算する。

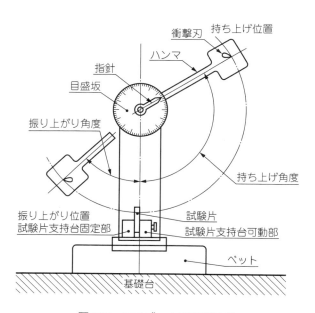

図3.20　アイゾット衝撃試験機

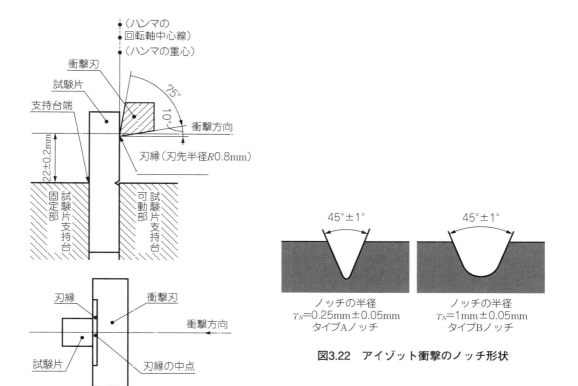

図3.21 アイゾット衝撃試験における試験片とハンマの関係

図3.22 アイゾット衝撃のノッチ形状

$$a_{iv} = \frac{W}{hb} \times 10^3 \tag{3.14}$$

ここに、W：試験片に吸収された補正後の衝撃エネルギー(J)
　　　　　　　(振り子の摩擦抵抗を補正した値)
　　　h：試験片の厚さ(mm)
　　　b：試験片の幅(mm)

(ノッチ付きの場合)
　ノッチ付き試験片のアイゾット試験強度(単位：KJ/m²)は次の式によって計算する。

$$a_{iN} = \frac{W}{hb_N} \times 10^3 \tag{3.15}$$

ここに、W：試験片に吸収された補正後の衝撃エネルギー(J)
　　　　h：ノッチ試験片の厚さ(mm)
　　　　b_N：ノッチ付き試験片の残り幅(mm)

試験片の破壊様式の表し方は、シャルピー試験法の場合と同様である。

[引張衝撃強度の試験法(JIS K7160-1996)]

この規格は、比較的速いひずみ速度で行う引張試験の1種である。試験片が軟らか過ぎたり、厚さが薄過ぎたり、また衝撃強度が大き過ぎるためにシャルピー衝撃やアイゾット衝撃による試験方法を適用できない材料に用いる。

この試験方法は、成形材料から作成した試験片または最終製品もしくは中間製品(例 成形品、フィルム、積層品、押出板、注型板など)から採集した試験片に適用する。

試験方法としては、クロスヘッドを支持枠に静止して装着するA法と振り子に固定して、振り子とともに振り下ろすB法がある。**図3.23**にA法試験法を示す。

試験片の形状としては、**図3.24**に示すように5種類の形状がある。A法には、1形試験片(ノッチ付き)及び3形試験片(ノッチなし)が望ましいが、必要な場合2形、4形または5形試験片を使用してもよい。B法には、2形及び4形試験片が望ましい。また、試験片の厚さとしては、4mm以下のものは、その厚さで試験する。試験片の厚さは4.0±00.2mmが望ましい。ノッチ

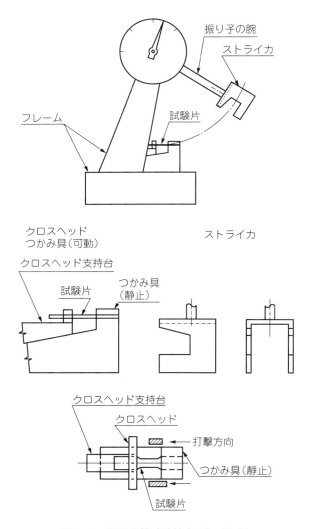

図3.23 引張衝撃試験機(A法の場合)

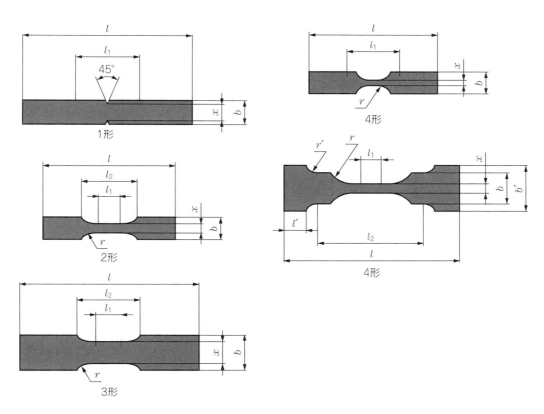

図3.24 引張衝撃試験片の形状

先端半径は1mm±0.02mm、角度は45°±1°とし、切削加工で行う。

材料規格に規定がない場合は、少なくとも10個の試験片を用いる。

ノッチなし試験片の衝撃強度E（KJ/m²）及びノッチ付き試験片の引張衝撃強度E_n（KJ/m²）は次の式で計算する。

$$E \text{ 及び } E_n = \frac{E_c}{xd} \times 10^3 \tag{3.16}$$

ここに、E_c：補正済みの引張衝撃エネルギー（J）
　　　　x：試験片平行部の最少幅（mm）またはノッチの先端間距離
　　　　d：試験片の厚さ（mm）

[パンクチャー（puncture）衝撃試験法（JIS K7211⁻²⁰⁰⁶）]

パンクチャー衝撃試験は、従来の落錘衝撃試験法と原理は同じである。パンクチャー（puncture）は打ち抜きという意味である。落錘試験では試験片をストライカで打ち抜くような状態になるので、このように命名したのであろう。

図3.25に示すような装置を用いて試験する。試料は自由支持（必要に応じて押さえ板を使用）セットして、ストライカを落下して破壊試験をする。

方法としては、次の2通りがある。

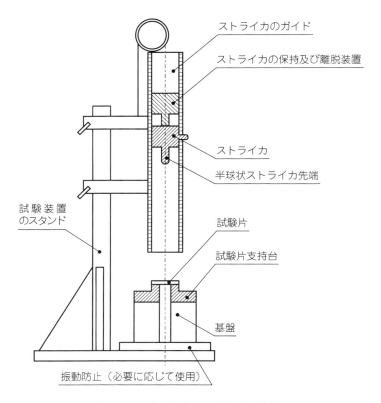

図3.25 パンクチャー衝撃試験装置

①定高さ法（1mの落下高さで、ストライカの質量を変えて試験する方法）
②定質量法（ストライカの質量一定で、落下高さを変えて試験する方法）

　試験結果は、試料が50％破壊エネルギーを求める。例えば、JIS K7211のパンクチャー衝撃試験法では、原則として20個の試料を用いて、**図3.26**（定落下高さによる方法）に示す方法で試験を行う。1個目の試料で破壊すると、2個目の試料は落下質量を下げる。2個目で破壊した場合は、さらに3個目の試料は落下質量を下げる。3個目に試料で破壊しなかった場合は、4個目では落下質量を上げる。このようにして20個目まで試験する。結果は、試料が50％破壊する破壊エネルギーを求めて衝撃強度として表している。
　また、JIS K7211-2では計装化衝撃試験法も規定されている。これはストライカの先端にロードセルをセットして、衝撃破壊時の変位と衝撃力を測定する方法である。衝撃エネルギーは変位―衝撃力曲線（**図3.27**）を積分することによって得られる。

2）衝撃強度特性

　プラスチックの衝撃強度は分子量に依存する。つまり、分子量は大きいと分子は絡み合いやすくなるため、ひずみ速度の大きい変形に対しても、塑性変形するので衝撃強度は大きくなる。**図3.28**は、PCのアイゾット衝撃の分子量依存性である[5]。同図からわかるように、3.0～3.2×10^4以下では、分子量の増加とともに値は大きくなる。一方、高分子側で低下するのは、分子量が高いため過酷な成形条件で成形することによる残留ひずみなどの影響と考えられる。
　衝撃強度は、基本的には速いひずみ速度のもとで、引張応力が集中する部分でクラックが発

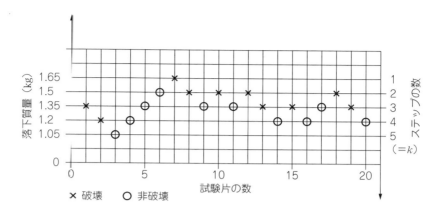

図3.26　パンクチャー衝撃試験法の例（JIS K7211）

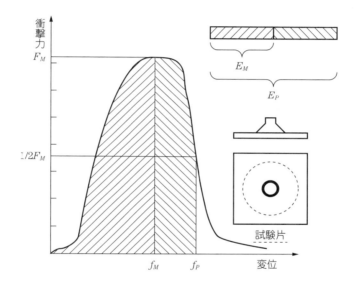

図3.27　計装化パンクチャー試験の変位―衝撃力曲線

生して、急速に伝播して破壊に至る。そのため、アイゾット衝撃やシャルピー衝撃では、ノッチ先端アールの影響を強く受ける。**図3.29**はPCのシャルピー衝撃強度の温度を変えた場合のノッチ先端アール依存性を示している[6]。先端アールが小さくなるほど、どの温度においても衝撃強度は小さくなることがわかる。このことは、実際の製品設計においても、コーナアールの大きさが製品の衝撃強度に強く影響することを示している。また、肉厚も衝撃強度に影響する。**図3.30**は各種衝撃試験法による試験片の厚み依存性である[5]。Vノッチを切った試験片ではひずみ速度が速いので、4mm～5mm以上で急に衝撃強度が低下している。この理由は、肉厚が厚い場合には、平面ひずみ状態で、多軸応力が発生するため延性から脆性破壊に移行し、衝撃強度が低下すると考えられる。一方、Uノッチや落球試験では、ひずみ速度が遅いため急激な低下は示さない。つまり、応力の多軸化とひずみ速度が衝撃強度に関係していることがわかる。

　衝撃強度については温度も影響する。**図3.31**は、PCの分子量を変えた場合、アイゾット衝

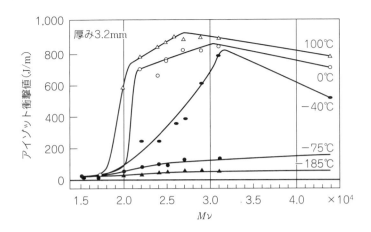

図3.28 PCのアイゾット衝撃強度の分子量依存性[5]（旧JISによる測定値）

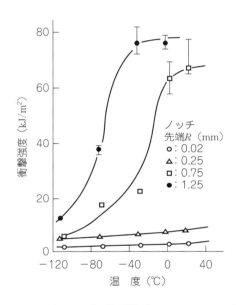

図3.29 PCのシャルピー衝撃強度のノッチアール特性[6]

撃強度の温度依存性を示している[5]。同図から、温度の高い側では延性破壊を示すが、温度の低い側では脆性破壊を示すようになり、S字カーブを示す。また、延性破壊から脆性破壊に移行する温度（遷移温度）は、分子量が高い方が低温側にシフトする。一方、吸水しやすいポリアミドでは、吸水率の影響も受ける。**図3.32**はポリアミド6と66のアイゾット衝撃強度の吸水率依存性である[7]。吸水率が高くなると衝撃強度は大きくなっている。この理由は、水分の可塑化効果によって、塑性変形しやすくなるため衝撃エネルギーを吸収するためと考えられる。

さて、通常の衝撃試験法では、破壊に要した全エネルギー量しか測定できない。試験装置に破壊するまでの荷重と変位量を計測できるようにロードセルを取り付けることによって、引張試験や曲げ試験と同様に、破壊過程での荷重と変位の挙動を調べることができる。

図3.33は、衝撃ハンマにロードセルを取り付けた計装化アイゾット試験機を用い、PCのノ

第3章　プラスチックの力学的性質

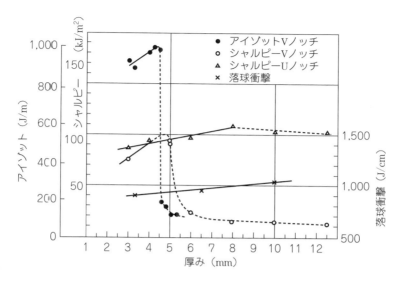

図3.30　PCの衝撃強度の厚み依存性(旧JISによる測定値)[5]

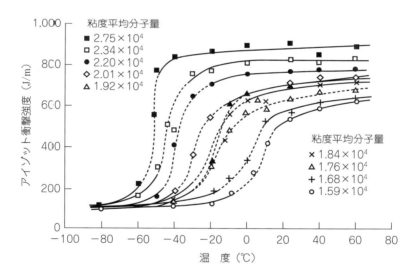

図3.31　PCのアイゾット衝撃強度の厚み依存性[5](旧JISによる測定値)

ッチ先端アールを変えたときの変位量と荷重の関係である[8]。同図の挙動から、ノッチ先端アールが大きくなると、ノッチ部分での伸びが大きくなるため、曲線の積分値として求められる衝撃強度は大きくなることがわかる。

　図3.34は、計装化落錘衝撃試験機による各種のプラスチックの荷重―変位曲線である[9]。試験条件は試験片厚さ1mm、落錘の径15mmで高さ0.75mから落下した場合である。実験したときの試験片の破壊状態と合わせて考えると、PCは重錘の「突き抜け破壊型」で、破壊するまでの変形も大きいので、衝撃強度は大きい。PPでは重錘が衝突した周囲に白化を伴った変形が生じ、試験片が円板状に打ち抜かれる「クラック破壊型」となり、衝撃強度はやや小さい。PSでは、試験片の中心からクラックが放射状に伝播する「脆性破壊型」に分類され、衝撃強

— 67 —

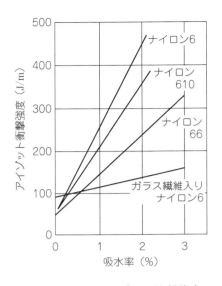

図3.32 PAのアイゾット衝撃強度の吸水率依存性[7]（旧JISによる測定値）

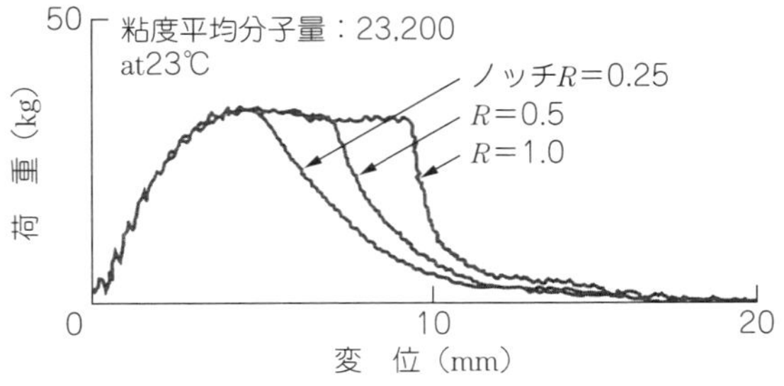

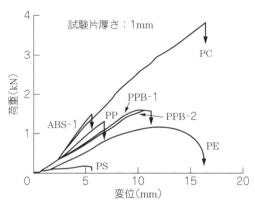

図3.33 計装化アイゾット衝撃による荷重―変位曲線[8]

PPB-1：Propylene-etylene block copolymer
　　　 エチレン含量　8.6mol%
PPB-2：Propylene-etylene block copolymer
　　　 エチレン含量　12.6mol%

図3.34　各種プラスチックの落錘衝撃における荷重―変位曲線[9]
（15mm径の落錘を高さ0.75mから落とした場合）

度も小さい。

　以上のように、衝撃強度は試験片が破壊するまでに吸収したエネルギーの大きさで表される。従って、設計データとして利用するのではなく、それぞれの材料の設計要因と衝撃特性の関係を知るために用いられる。シャルピー試験やアイゾット衝撃試験法については、それぞれの試験規格の中で、「この試験法による結果は、構造設計用のデータとして使用すべきでない。しかしながら、種々の温度、ノッチ半径及び／または厚さを変えた試験片を試験することによって材料の代表的挙動の情報を得ることはできる」となっている。

3.2.4 応力緩和、クリープ

1) 試験方法

[応力緩和（JIS K7107-1987）]

応力緩和だけの試験法はないが、JIS K7107-1987（定引張変形下におけるプラスチックの耐薬品性試験方法）の中に方法が示されている。この規格は、定ひずみ下で、空気中での応力緩和曲線と薬品中での応力緩和曲線から、それぞれの限界応力を求めてその差で耐薬品性を評価する方法である。

さて、ここでは、応力緩和曲線を求める試験方法を説明する。

試験装置は、図3.35に示す装置を用いる。通常の引張試験機でも同様な測定はできるが、微小な変形量での試験では、つかみ具でのずれも誤差原因になるので、同図のような装置でストレンゲージやコイルバネによる方法が規格化されている。空気中での応力緩和曲線を求める場合には、同図の試験液の代わりに空気雰囲気にすればよい。

試験片は、JIS K7113（プラスチックの引張試験方法）の附属書小形試験片による引張試験片の1号形試験片を用いる。平行部の形状や寸法を変えなければ、つかみ具部分の形状や寸法を変えてもよい。

測定は次の手順で行う。

①プーリを回転して、所定の初期応力 S_0 になるまで一定の速度で負荷する。

②初期応力 S_0 になったら、試験片つかみ具間の距離を測定し、直ちにタイマーを作動させる。

③荷重の減少量は、試験開始後1時間は、ほぼ連続的に、その後は12〜24時間毎に測定する。

緩和後の荷重を初期の試験片の最少断面積で除して緩和応力 S を求め、初期応力 S_0 との比 S/S_0 を時間の対数値 logt に対してプロットして、応力緩和曲線を描く。図3.36に応力緩和特性曲線を示す。

[クリープ（JIS K7115-1999）]

クリープの試験方法としては、JIS K7115（引張クリープ）とJIS-K7116（3点負荷による曲げクリープ）があるが、ここでは引張クリープ試験方法について述べる。

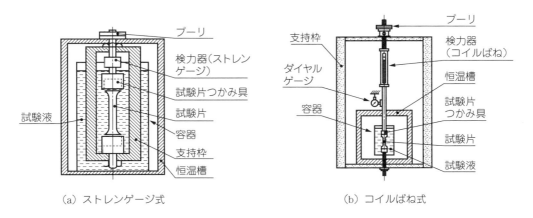

(a) ストレンゲージ式　　　　　　　(b) コイルばね式

図3.35　応力緩和試験装置（試験液のない場合は空気中での試験になる）

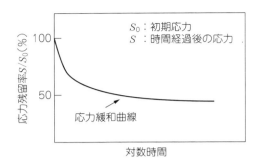

図3.36 応力緩和曲線の表し方

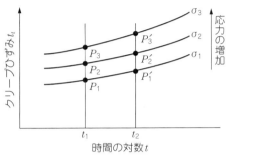

図3.37 クリープ線図

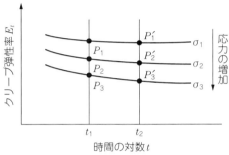

図3.38 クリープ弾性率―時間線図

試験片は、JIS K7162⁻¹⁹⁹⁴で規定された引張試験片を用いる。

クリープ変形量は、接触または非接触式の伸び測定装置を用いる。クリープ破壊試験の場合、伸び測定はカセットメータの原理で作動する非接触式で測定できるものとする。電気抵抗線形ひずみゲージは、試験する材料がひずみゲージを貼ることによって影響を受けない場合、または試験中接着剤が変質しない場合だけ適用できる。

クリープ試験結果の表し方は、次の通りである。

(クリープ線図)

経過時間の対数に対する引張ひずみをプロットする（**図3.37**）

(クリープ弾性率―時間線図)

経過時間の対数に対し、クリープ弾性率 E_t をプロットする（**図3.38**）

ここで、引張クリープ弾性率 E_t は、次の式で計算する。

$$E_t = \frac{\sigma}{\varepsilon_t} = \frac{F \cdot L_0}{A \cdot (\Delta L)_t} \tag{3.17}$$

ここに、σ ：初期応力(MPa)
　　　　ε_t ：時間 t におけるひずみ
　　　　F ：試験荷重(N)
　　　　L_0 ：初期標線間距離(mm)
　　　　A ：試験片の初期断面積(mm²)
　　　　$(\Delta L)_t$ ：時間 t における伸び(mm)

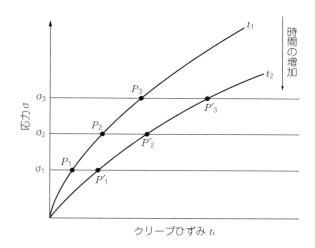

図3.39 等時応力―ひずみ線図

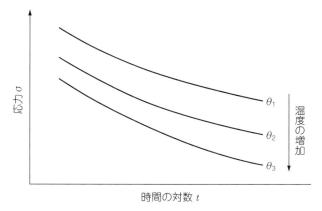

〔備考〕応力は対数目盛でもよい。

図3.40 クリープ破壊線図

(等時応力―ひずみ線図)
　いくつかの応力レベルでクリープひずみを測定し、これらのデータをもとに、ある時間後の負荷応力とひずみの関係を示す等時応力―ひずみ曲線を描く(図3.39)。
(クリープ破断線図)
　破断するまでの対数の時間と負荷応力をグラフにプロットする(図3.40)。

2) 応力緩和特性

　応力緩和は、成形工程で発生する残留応力や組立工程で発生する一定ひずみ下における応力の緩和に関する特性であり、実用的には重要な性質である。
　試験方法の説明の中でも述べたように、材料に一定のひずみを与えて保持しておくと、材料内部に発生した応力は、時間とともに一定の値まで減少する。このような現象を応力緩和という。粘弾性の3要素モデルで応力緩和の特性を表すと、図3.41の通りである。このモデルの応力とひずみの関係は次式で表される。

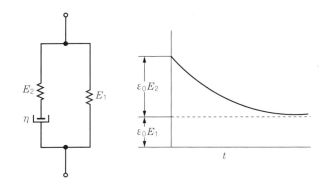

図3.41 3要素モデルと応力緩和特性

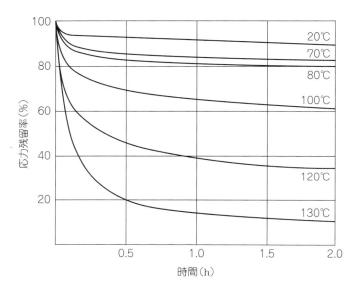

図3.42 PCの応力緩和曲線[10]
（初荷重9.8MPa、ただし120、130℃の場合は4.9MPa）

$$\sigma = \varepsilon_0(E_2 e^{-t/\tau} + E_1) \tag{3.18}$$

ここで、τは緩和時間であり、この時間が短いほど、緩和しやすいことを表す。緩和時間は、温度が高いほど短くなる。応力緩和は時間と温度に依存する。時間と温度は等価であり、いろいろな温度で測定した応力緩和曲線から、時間―温度重ね合わせの原理で、温度―時間換算係数を用いて、一本のマスターカーブで表現できる。

図3.42は、PCの引張応力緩和の曲線である[10]。時間と温度によって、緩和特性が変わることがわかる。特に120℃以上では緩和速度が速いので、PCのアニール処理温度として、120℃で行う理由を理解できる。

3) クリープ特性

材料に一定の応力を加え、そのままの状態で放置すると、材料の変形は時間とともに増加す

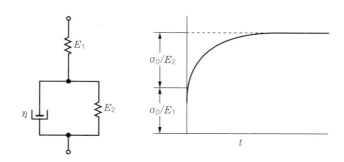

図3.43　3要素モデルとクリープ特性

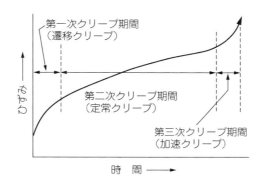

図3.44　一般的なクリープ曲線[11]

る。この現象がクリープである。例えば、粘弾性の3要素モデルは**図3.43**の通りである。この場合、応力 σ_0 とひずみ $\varepsilon(t)$ の関係は次式の通りである。

$$\varepsilon(t) = \frac{\sigma_0}{E_1} + \frac{\sigma_2}{E_2}(1-e^{-t/\lambda}) \tag{3.19}$$

ここで、λ は遅延時間であり、この時間が短いほどクリープ速度が速いことを示している。

ところで、クリープ曲線は荷重が大きい場合には、**図3.44**のように模式化される[11]。クリープ速度が次第に減少する最初の段階を第一次クリープもしくは遷移クリープ、それに続くクリープ速度が一定の段階を第二次クリープあるいは定常クリープ、最後にクリープ速度が急に増加する段階を第三次クリープまたは加速クリープという。遷移クリープでは、荷重を加えると瞬間的に弾性変形し、その後大きく変形する。遷移クリープでは、弾性変形が材料内部の粘性抵抗によって変形が遅れる遅延弾性変形によるものである。定常クリープでは、応力方向に分子鎖が部分的に配向しながら変形する段階と考えられる。加速クリープは、応力によるひずみ軟化の影響との考え方もあるが、明確な説はない。ただ、クリープ破断する前駆的現象としては、応力に垂直方向に多数のクラックが入り、成長して破壊に至るので、クリープ速度は急速に速くなる可能性はある。

クリープ曲線の事例として**図3.45**にPA6及び66[12]、**図3.46**にPCの例を示す[13]。いずれも類似した特性曲線を示している。

クリープ破壊は、荷重を加えておくと、変形するとともに、長時間経つと試験片が破壊する

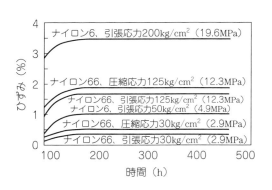
図3.45　PAのクリープ曲線[12]

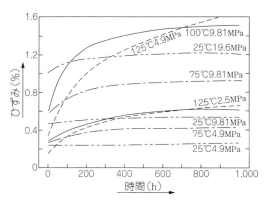
図3.46　PCのクリープ曲線[13]

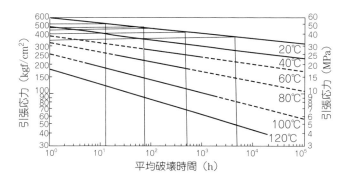
図3.47　POM（コポリマー）のクリープ破壊線図[14]

現象である。破壊の過程は、まず応力の垂直方向にクラックが発生し、このクラックが成長して破断する。従って、クリープ破断時間は、クラックが発生するまでの誘導時間とクラックが成長して破断するまでの時間の和である。クリープ破断線図は、応力─破断時間（対数）で負の勾配の直線で示される。

図3.47はPOM（コポリマータイプ）のクリープ破断線図である[14]。一般に、クリープ破断時間 t_B と応力 σ_0、の間には次のような関係がある[15]。

$$\log t_B = \log A - B\sigma \tag{3.20}$$

ここで、A、Bは温度に依存する定数

また、応力、温度などを変えてクリープ寿命試験を行い、横軸に$T(C+\log t_B)$（T：絶対温度、t_B：クリープ破壊するまでの対数時間）、縦軸に負荷応力σをとると図3.48のような1本の直線になる。このような関係をもとに、クリープ寿命を推定する方法をラルソン・ミラー法という[16]。POMについて実験した結果では、Cの値は空気中では20〜40であると報告されている[17]。

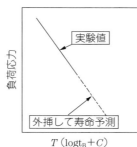

図3.48 ラルソン・ミラー法によるクリープ寿命推定法[16]

3.2.5 疲労強度

1) 試験方法（JIS K7118-1995）

JIS規格では、疲れという用語を用いているが、以下では疲労という用語を用いる。

試験機については、試験目的に応じて適切な試験機を用いる。引張・圧縮疲労試験機、回転曲げ疲労試験機、平面曲げ疲労試験機、ねじり疲労試験機などがある。

試験片については、関連規格または当事者間の協定で定められた寸法・形状のものを用いる。ただ、試験片の加工法については、試験結果に影響するので、いくつかの注意事項がある。成形する場合はゲート位置、パーティングラインなどは疲労強度に影響しないように適切に設計すること、試験片を機械加工する場合は、加工ひずみや傷を残さないようにすること、などである。

試験を打ち切る時期としては、通常次の3つがある。
① 繰り返し数10^7回未満で破壊するとき
② 繰り返し数10^7未満で剛性保持率が一定値まで低下したとき
　ここで、剛性保持率とは、最終剛性を初期剛性で除した値の百分率である（ひずみ軟化の影響）。
③ 繰り返し数10^7回までに（1）、（2）の条件を満たさなかった場合は10^7回

試験片がつかみ部において破壊するのを避けるため、つかみ具の角を丸めたり、つかみ具と試験片の間にフィルムを挟んでもよい。

疲労限度は無限回繰り返しに耐える応力の上限値であるが、プラスチックの場合には、10^7回までに疲労限度（S-N曲線で、それ以上は横軸に水平となる繰り返し応力）を示さない場合が多いので、上述のように、一般に10^7回までに破壊しない応力の上限値としている。

通常、S-N曲線は繰り返し数を対数目盛で、縦軸に応力振幅または最大応力を等間隔目盛または対数目盛で描く（**図3.49**）。

2) 疲労特性

繰り返しまたは変動する負荷応力によって、材料が破壊する現象が疲労破壊である。疲労破壊の過程は、最大応力の発生する面からクラックが発生し、これが繰り返し応力下で次第に成長して破壊に至る。基本的な機構としては、クリープ破壊と同様であるが、繰り返し応力の場合にはいくつかの違いがある。

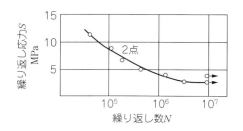

図3.49 S-N曲線

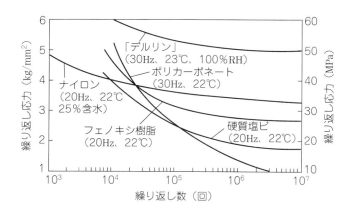

図3.50 各種プラスチックのS-N曲線[19]

1つは、繰り返し応力によって、機械的エネルギーは熱エネルギーに変わり試料自体の温度が上昇する。一般に温度上昇は繰り返し周波数と応力振幅の2乗に比例するといわれる。このような温度上昇によって、熱疲労破壊することがある。

2つは、プラスチックは繰り返し応力をかけていくと次第にひずみが増加したり、一定のひずみの繰り返しでは、応力は減少することがある。このような現象をひずみ軟化という。そのため、上述したJIS7118-1995においても、剛性保持率の低下に注目して、試験終了時期を決める方法をとっている。ひずみ軟化が起こる機構については、次のように考えられている[18]。繰り返し応力のもとで試験片の微細構造が変化することによるといわれている。非晶性プラスチックでは、変形に応じて分子鎖が少しずつ移動し、全く不規則だった構造がより秩序ある領域とボイドを含むような領域に次第に2相化するものと考えられる。また、結晶性プラスチックでは、結晶が壊れて小さくなり、非晶部が2相化していくといわれている。

一般に、結晶性プラスチックは非晶性プラスチックより疲労強度は大きい。図3.50は、各種プラスチックのS-N曲線の比較である[19]。同図から、PC、硬質PVCなどの非晶性プラスチックのほうが低い値になっていることがわかる。POM、PAなどの結晶性プラスチックなどは強固な結晶構造であるため、疲労試験の過程で発生したクラックの伝播が遅くなるため、疲労強度は大きくなると考えられる。また、分子量も大きいほうが、同様の理由で疲労強度は大きくなる。図3.51は、PCの疲労強度における粘度平均分子量の効果を示したものである[20]。分子量が高くなるほど、疲労強度は大きくなっている。

試験片の表面に傷、凹凸などがあると、この部分に応力が集中しクラックが発生しやすいため、疲労強度は低くなることがある。図3.52は、PCについて射出成形による丸棒や板状の試

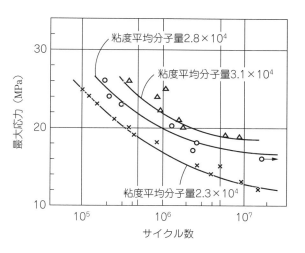

図3.51 PCの疲労強度と分子量の関係[20]

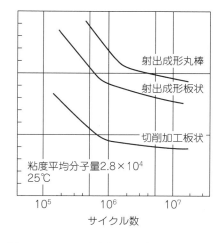

図3.52 PCの試験片加工法と疲労強度[20]

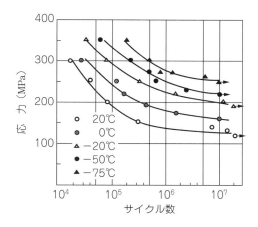

図3.53 PCの疲労強度の温度依存性[20]

験片、切削加工による試験片などを用いたときの疲労強度である[20]。切削加工試験片は表面にフライスなどで切削したときの微細な凹凸があるため、これが応力集中源になり、疲労強度は低い値になっている。

疲労強度は、試験温度にも依存する。図3.53は、PCの疲労強度と温度の関係である[20]。温度が高いほうが疲労強度は低下する。温度が高いとクラックが発生しやすく、かつその成長速度も速いため疲労強度は低下する。負荷応力が大きい場合や繰り返し速度が速い場合にも試験片の自己発熱で温度上昇するために疲労強度は低下する場合がある。

引 用 文 献

1) 中條 澄：エンジニアのためのプラスチック，p. 197，工業調査会(1997)
2) G. Buisson and K. Ravi-Chander : *Polymer*, Vol. 31, November, 2071-2076(1990)
3) 福本修編：ポリアミド樹脂ハンドブック，p. 155，日刊工業新聞社(1988)
4) 三菱エンジニアリングプラスチックス：技術資料 物性編，p. 21(1995)

5) 三菱エンジニアリングプラスチックス：技術資料　物性編，p. 31(1995)

6) I. Narisawa : *Proc. Jpn. Congr. Mater. Res*, 25, pp. 272-281(1982)

7) 福本修編：ポリアミド樹脂ハンドブック，p. 158，日刊工業新聞社(1988)

8) 奥園敏昭，（本間精一編）：ポリカーボネート樹脂ハンドブック，p. 262，日刊工業新聞社(1992)

9) 成澤郁夫，石川優，他：高分子論文集，**44**(11)，845-852(1987)

10) 三菱エンジニアリングプラスチックス：技術資料　物性編，p. 45(1995)

11) 成澤郁夫：プラスチックの強度設計と選び方，p. 90，工業調査会(1986)

12) 旭化成アミダス，「プラスチックス」編集部共編：プラスチック・データハンドブック，p. 126，工業調査会(1999)

13) 三菱エンジニアリングプラスチックス：技術資料　物性編，p. 41(1995)

14) 高野菊雄編：ポリアセタール樹脂ハンドブック，p. 158，日刊工業新聞社(1992)

15) L. E. Nielsen 著，（小野木重治訳）：高分子の力学的性質(*Mechanical Properties of Polymers*)，p. 64，化学同人(1965)

16) 成澤郁夫：プラスチックの強度設計と選び方，p. 99，工業調査会(1986)

17) 高野菊雄編：ポリアセタール樹脂ハンドブック，pp. 159-160，日刊工業新聞社(1992)

18) 大石不二夫，成澤郁夫共著：プラスチック材料の寿命—耐久性と破壊—，pp. 194-195，日刊工業新聞社(1987)

19) 旭化成アミダス，「プラスチックス」編集部共編：プラスチック・データハンドブック，p. 150，工業調査会(1999)

20) 三菱エンジニアリングプラスチックス：技術資料　物性編，p. 39(1995)

第3章　プラスチックの力学的性質

コラム　現場からのひとこと❸
曲げ強度と引張強度の違い

　曲げ強度は最大引張応力が発生する試験片下面から破壊するので、引張強度と曲げ強度は同等の値になるはずである。しかし、**表**に示すように、曲げ特性値と引張特性値を対比すると、引張強度に対し曲げ強度の値はかなり高い値を示している。また、引張弾性率に対し、曲げ弾性率は、結晶性樹脂では低い値を示し、非晶性樹脂ではほぼ同等の値を示している。このような違いはなぜ起こるのであろうか。

　曲げ応力については、すでに述べたように、試験片の下面に発生する最大引張応力（最大繊維応力）の値で示される。このときの曲げ応力の計算式は次の式によっている。

$$\sigma_t = \frac{3FL}{2bh^2}$$

　　　σ_t：曲げ応力（MPa）
　　　L：支点間距離（mm）
　　　b：試験片の幅（mm）
　　　h：試験片の厚さ（mm）

　しかし、材料力学的には、この式は荷重 F と曲げ応力 σ_t は、線形であるという前提で導かれた式である。しかし、**図**に示すようにプラスチックは降伏点（または破断点、規定たわみ点）近傍では、塑性変形（遅延弾性変形）によって、直線より下方にずれてくる。そのため、線形の関係式で計算した曲げ強度は、塑性変形も加わった真の曲げ強度より高い値を示すことになる。一方、引張強度は、降伏または破断荷重を試験片断面積で割った値である。従って、引張強度は真の曲げ強度に相当すると考えられる。そのため、曲げ強度は引張強度より見かけ上高い値を示すことになる。製品設計のデータベースとしては、引張強度から求められる許容応力を前提にすべきであろう。

表　引張強度と曲げ強度の比較

樹　脂	引張強度 （MPa）	曲げ強度 （MPa）	引張弾性率 （MPa）	曲げ弾性率 （MPa）
PC	61	93	2,400	2,300
変性PPE	55	95	2,500	2,500
PA6（絶乾）	80	111	3,100	2,900
POM	64	90	2,900	2,600

注）①使用材料：非強化標準グレード
　　②試験法：引張特性　JIS K7161^{-1994}
　　　　　　　曲げ特性　JIS K7171^{-1994}

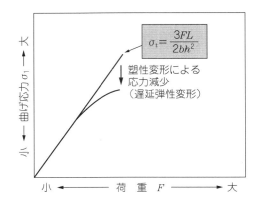

図　曲げ荷重と曲げ応力の関係

　一方、曲げ弾性率については、フックの弾性限界内のひずみとして、0.0005と0.0025に対応する応力の2点間の勾配から計算している。そのため、曲げ弾性率と引張弾性率は、非晶性樹脂ではよい一致を示している。しかし、結晶性樹脂では、引張弾性率のほうが高い値を示している。この理由は、射出成形する際に型内での結晶化挙動に関係すると考えられる。つまり、成形品の断面方向については、型内で冷却するときに型と接する表面近傍は急冷されるため非晶層になり、内部は結晶化している。曲げ試験では、最大引張応力は試験片の下面、つまり非晶層に発生するため、曲げ弾性率は引張弾性率より低くなると考えられる。

第4章

プラスチックの
ストレスクラック性

1
2
3
4
5
6
7
8
9
10
11

プラスチック成形品の割れ不良では、初期段階でクラックが発生し、それが成長して破壊に至る。衝撃破壊のように瞬時に破壊する場合でも、破断面を観察すると破壊の起点にはクラックが発生した痕跡が観察される。そのため割れ不良の原因究明では、その前兆であるクラックの発生の有無に注目して、原因の解明が行われる。

　しかし、クラックについては、次のような点で理解しにくいことが多いので、現場の技術者にとっては対応の難しい問題の1つになっている。

①クレーズ、クラック、ソルベントクラック、環境応力亀裂（ESC）などの用語があり、不良原因との関係が明確でない。

②クレーズについては学問的な研究報告は多いが、クラックについては破壊の問題の一部としてとらえられており、クラックに関する報告や技術データは比較的少ない。

③プラスチックの種類によって、クレーズまたはクラックの発生挙動が異なる。

④ソルベントクラックでは、プラスチックの種類と接解する物質の組み合わせによって異なる挙動を示す。

⑤プラスチックの粘弾性的挙動と深く関係するので、金属材料の考え方をそのまま適用できない。

⑥一定のひずみ（定ひずみ）が負荷される場合と一定の応力（定応力）が負荷される場合では、クレーズまたはクラックの発生挙動は異なる。

⑦クレーズまたはクラックの発生は確率的な現象であり、すべての製品に発生するわけではない。確率的な取り扱いをして原因究明しなければならない。

4.1　クレーズとクラック

　クレーズとクレイズという用語があるが、英語では craze であり同じ意味である。JIS ではクレーズという用語を用いているので、本書ではクレーズと表現する。また、クレーズが発生する現象をクレージングと称している。一方、クラックという言葉がある。またクラックが発生する現象をクラッキングと称している。クレーズとクラックは JIS では**表4.1**に示すように定義している。同表の定義はやや難解であるが、要は、**図4.1**のように、クレーズ（ひび割れ）

表4.1　クレーズ及びクラックの用語定義（JIS K 6900^{-1994}）

用　語	定　　義
クレーズ （ひび割れ） craze	（見かけ）密度の低い重合材料で橋かけされた識別できるプラスチックの表面またはその下の欠陥。
クラック （亀裂） crack	材料の外面またはその全厚さを貫通しているかまたは貫通していない割れ目で、重合材料ではその割れ目の壁の間は完全に引き離されている。

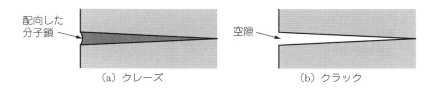

図4.1　クレーズとクラックの形態

は亀裂の中に分子の配向鎖が存在するもので、クラック(亀裂)の割れ目の中は完全に空隙になっている。

1) クレーズ

　クレーズは、応力下において発生する現象ではあるが、局部的な分子鎖の配向により、分子鎖の密度が低く、あたかもスポンジのようなボイドを含んだ構造になっている。クレーズの屈折率を測定し、Lorenz–Lorenzの式から計算したクレーズ中のボイドの含有率は40～60％で、ボイドの径は約29nmとの報告もある[1]。クレーズはその周辺におけるポリマーとの屈折率が違うため光をかざして見ると、白化現象として観察できる。しかし、微小なクラックとは厳密な区別はできないので、光学顕微鏡や透過型電子顕微鏡などで判別しなければならない。また、局部的は分子配向であるため、溶媒との接触や、ガラス転移温度以上で熱処理すると消失することで、クラックとは識別できる。

　図4.2に示すように、クレーズの発生した個所にさらに応力が負荷されると、クレーズ中のボイドが大きくなり、ボイドがつながってクラックへ成長する。従って、クレーズはクラックの前駆的現象と考えられる。

　クレーズは次の特徴がある。
①クレーズは、PS、PMMA、PCのような非晶性プラスチックに多く見られる現象である。ただ、PPやPAでも低温での変形ではクレーズが発生するとの報告もある[2]。
②クレーズは局部的な分子鎖の配向により成形品表面や内部の欠陥から発生する場合や、クラックの先端に発生する場合もある。
③クレーズには、降伏点より低いひずみで発生するもの(クレーズⅠ)と、降伏点より大きいひずみで発生するもの(クレーズⅡ)がある。
④PS、PMMA、SAN、PCなどについて、クラック先端に発生するクレーズを電子顕微鏡で観察すると、図4.3のような3種類がある[3]。
(a) PSのようにフイブリル化したクレーズⅠ
(b) SANのように大きく見かけ上均一に変形したクレーズⅡと、小さなフイブリル化したクレーズⅠが共存するもの
(c) PCのように大きな均一なクレーズⅡの中に、小さなフイブリル化したクレーズⅠが存在するもの

　クレーズの生成機構については、次の3つの段階に分かれる。すなわち、クレーズが発生するまでの開始段階、成長段階、停止段階である。クレーズが発生するまでの時間は誘導時間であり、分子量が低く、負荷応力が大きく、温度が高い場合には誘導時間は短くなる。クレーズの成長段階では、同様に分子量、負荷応力、温度などの影響を受ける。また、クレーズが成長するとクレーズ界面が増加して局部的に応力緩和が起こるので、クレーズの成長速度は徐々に遅くなる傾向がある。クレーズの停止段階では、上述のような局部的な応力緩和、クレーズ周

図4.2　クレーズがクラックへ成長するモデル

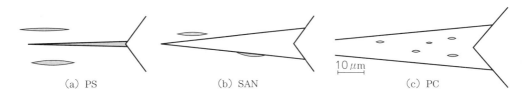

図4.3　非晶性ポリマーのクラック先端に発生するクレーズ模式図[3]

辺部がせん断変形を起こすことによるクレーズとの結合力の増加、ボイドのような不連続部分にクレーズが出会うことによる停止などがある。また、クレーズは、通常の空気中だけではなく溶剤中でも発生するとの報告もある[4]。

ポリマーアロイ材料では、クレーズを意図的に発生させて、ひずみエネルギーを吸収させることによって衝撃強度を改良している。PP、PA、POM、PCなどはゴム成分とのアロイ化によって衝撃強度を改良している。また、ABS、PPE/HIPS、PC/ABSなどもゴム成分によって衝撃エネルギーを吸収している。これらのアロイ系材料では、局部的に変形すると、変形部分が白化する現象が認められる。この現象はクレーズの発生によるものであり、ストレスホワイトニングと呼ばれている。

2) クラック

クレーズは、プラスチック製品の破壊に直ぐに結び付く危険性はないが、クラックは製品の強度の低下や破壊に結び付く。従って、製品設計上で問題になるのは、クラックのほうである。クラックは空隙であり、クラック先端アールは小さいため、応力を負荷すると応力集中によってクラックは急速に成長して破壊に至る。

クラックはクレーズが発生しクラックへと成長するケースと、最初からクラックが発生するケースがある。クレーズが発生してクラックへと成長するケースと、最初からクラックが発生するケースを区別するクライティリアは学問的にも解明されていない。筆者が経験した経験的事実からすると、次のように材料が脆性化する条件では、最初からクラックが発生することが多い。

①結晶性プラスチックの場合（結晶化度も影響する）
②非晶性プラスチックでも、分子量の低い場合または可塑剤などを添加しTgが低下している場合
③ソルベントクラックを発生させるような溶剤または薬品と接触する場合
④ひずみ速度が速い場合や応力集中を起こす欠陥が存在する場合
⑤温度が低い場合
⑥応力が多軸に作用する場合

⑦ガラス繊維、その他のフィラーなどを充填した材料の場合

プラスチック製品実用化の可否を決める上で、クラック発生の有無は重要な情報である。クラックは破壊の起点となるので、製品の寿命を予測する場合には、クラック発生の有無を観察することが多い。従って、クレーズからクラックへ成長した場合でも、または最初からクラックが発生した場合でも、製品の使用限界を調べる目的ではクラック発生の有無を観察すればよい。

クレーズの場合に開始段階、成長段階、停止段階に分けられ、クレーズの生成によって、応力は開放されて最終的には停止する。しかし、クラックの場合には、応力集中によって成長して製品が破壊する段階までクラックが進行することが多い。そのため、クラックは破壊の前駆的現象として、クラックの開始段階に注目して試験することになる。つまり、クラックが発生するまでの時間（誘導時間）、クラックを発生させない最大応力（限界応力）などに注目して試験する。一般的には、無限大時間でクラックが発生しない最大応力を限界応力として設計値とすることになる。

クラックの発生には分子量、負荷応力、温度などが影響する。また、第1章で述べたように、クラックの発生には傷、ボイド、未反応物、異物などが応力集中源になるので、欠陥部の存在もクラックの発生に影響する。

3) 温水によるクラック

プラスチック全般に見られる現象ではないが、PCでは温水中では特異なクラック（スタークラックとも呼ばれる）が発生する。クレーズと表現している文献もあるが、実際にこのような現象の起こっている試験片の破壊試験を行うと、発生個所が起点になって脆性破壊するので、ここではクラックと表現する。温水クラックは、透湿性がよく、温水で加水分解しやすいPCに特有の現象のように思われる。このクラックは次のような特徴があり、前項で述べたクラックとは明らかに発生機構は異なっている。その特徴は次の通りである。

①無応力下でも、クラックが発生する。
②クラックはランダムな方向に発生する。
③クラックは試験片の内部に発生することが多い。
④破断面には年輪状の模様が観察される。

PC試験片を温水中に浸漬すると、水分子はPC中の不均一は部分、例えば、分子鎖末端、

（a）未処理　　（b）3日間処理　　（c）5日間処理　　（d）8日間処理

写真4.1　PCの煮沸水処理後の破面写真[4]

低分子分、異物、ボイドなどの欠陥部に選択的に吸収され、吸着される水分が増加するとともに、欠陥部分での表面圧が高まり、内圧による引張応力が PC の限界引張応力以上になったときにクラックが発生すると考えられる。特に、温水の温度が高いと、この種のクラックは発生しやすくなる。クラックが発生すると見かけの表面圧は低下し一時的にクラックの成長は停止する。しかし、水分の吸着は継続しているので、再び圧は高まり、クラックは成長する。このようにクラックの成長、停止を繰り返すため、破断面に年輪状の模様が観察されると推定される。また、このような現象は、試験片の表面近傍では、欠陥部の表面圧が高まると試験片表面へむかって圧が抜けやすいので、内部層に発生すると解釈される。

　PC 射出成形品を煮沸水に1〜8日浸漬した後の破断面を観察すると、**写真4.1**に示すような状態であった[4]。写真のように、処理時間が長くなるとともに延性から脆性破壊に転じ、年輪状のクラックを起点としたほぼ円形の破壊の核が観察される。

4.2　ストレスクラック

　大気中の温度や湿度下で、プラスチック成形品に応力が存在する条件下で発生するクラックをストレスクラックと称する。また、ストレスクラックが発生する現象をストレスクラッキングと称している。

　プラスチックによっては，先行してクレーズが発生する場合もあるが、ここではクラックと表現する。学問的には、クレーズをクラックと表現するのは、正確性を欠いてはいるが、クレーズもクラックへ成長し、破壊に結び付く可能性はあるので、ここではクラックという表現をする。製品設計の立場からすれば、クレーズをクラックとして限界応力を求めれば安全側の設計基準になる。

1）ストレスクラック性の試験方法

　プラスチックのストレスクラック性を評価する方法としては、試験片に一定のひずみ（定ひずみ）または一定の応力（定応力）を負荷した状態で放置し、クラックが発生するまでの時間を測定する方法がとられる。この試験については、特に決められた試験規格はないので、試験者の創意工夫により行われている。ただ、試験方法は応力緩和試験法（JIS K7107）やクリープ試験法（JIS K7108）の方法も参考になる。

　試験片へひずみや応力を負荷する方法を原理的に示すと、**表4.2**に示す通りである。

　同表のように、引張試験と曲げ試験の方法がある。透明な材料の場合はクラックの観察は容易であるが、不透明品の場合は小さなクラックを観察することは困難である。不透明品の場合は、一定時間荷重または変形を与えた後に、試験片を取り出して強度を測定し、強度保持率または破断ひずみ保持率を測定する方法がある。また、クラックの発生はばらつきやすいので、1条件での試料数は多くして、クラック発生確率で評価することも必要である。

　定ひずみ法では、時間経過とともに応力緩和が起こるので、ある応力以下では長時間後クラックが発生しなくなるので、この最大応力を限界応力としている。定応力法では、一定の応力が常に作用しているので、クラックが発生すると、成長して間もなく破断するので、クリープ破時間を測定していることが多い。両試験法のイメージを**図4.4**に示す。

第4章　プラスチックのストレスクラック性

表4.2　ストレスクラック性の評価方法（原理）

方　法	定ひずみ法（一定のひずみを負荷する方法）		定応力法（一定の応力を負荷する方法）	
	引張法	曲げ法	引張法	曲げ法
試験法	初期長さ L に対し、ΔL だけ変形させて、一定時間後に、クラック発生の有無を観察する。	試験片のスパン中央にたわみ δ を与えて、一定時間後に試験片下面の最大繊維応力の発生する面におけるクラック発生の有無を観察する。	試験片に荷重を負荷し、一定時間後に、クラック発生の有無を観察する。	試験片のスパン中央に荷重を負荷し、一定時間後に試験片下面の最大繊維応力の発生する面におけるクラック発生の有無を観察する。
発生応力（初期応力）	$\sigma = \varepsilon \cdot E$ σ：引張応力 ε：ひずみ（$\Delta L/L$） E：引張弾性率	$\sigma_{max} = \dfrac{6t}{L^2} \cdot E \cdot \delta$ σ_{max}：最大繊維応力 δ：たわみ L：スパン間距離 t：試験片厚み E：曲げ弾性率	$\sigma = \dfrac{P}{A}$ σ：引張応力 P：荷重 A：試験片断面積	$\sigma_{max} = \dfrac{3PL}{2t^2}$ σ_{max}：最大繊維応力 P：荷重 t：試験片厚み b：試験片幅 E：曲げ弾性率 L：スパン間距離

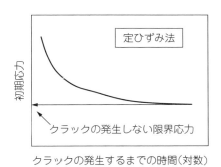 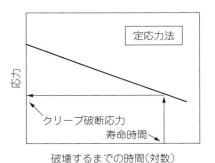

図4.4　定ひずみ及び定応力下での限界応力

2）ストレスクラック特性

　ストレスクラックは、結晶性プラスチックより非晶性プラスチックのほうが発生しやすい傾向がある。この理由は、結晶性プラスチックでは、結晶部がクラックの発生や成長を抑制すること、非晶部は応力緩和しやすいことなどによると推定される。非晶性プラスチックでは、ガラス転移温度以下においては、応力下では、欠陥部が起点になってクラックが発生すると、クラック先端で応力が集中し成長して破壊に至ることが多い。特に、温度の高い条件ではクラックが発生しやすくなる。
　クラックの発生と成長がストレスクラック性の良否を決めることになる。クラックが発生す

表4.3 ストレスクラックに影響する材料要因

クラックの発生過程	項　目	要　　因
誘導時間	分子量	分子量の大きさ、分子量分布
	分子構造	分子末端構造、分岐化、架橋化 立体規則性
	結晶性	結晶構造、結晶化度
	欠陥部	低分子分、残留不純物、ボイド、異物、傷などの存在
クラックの伝播	ポリマーアロイ 強化材料	モルフォロジー フィラーの配向

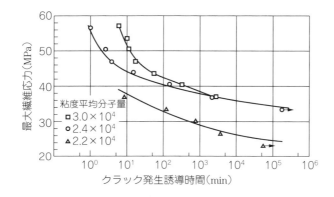

図4.5　PCのストレスクラック誘導時間に対する分子量の影響（定ひずみ下）[5]

るまでの誘導時間を長くすることやクラックの成長を抑制することによって耐ストレスクラック性は向上する。分子量、結晶化度、欠陥部の存在などがクラック発生誘導時間に影響する。また、クラックの成長に関しては、ポリマーアロイのモルフォロジーや繊維状フィラーの配向などが影響する。それぞれの要因を**表4.3**に示す。同表のように分子量は高いほうがストレスクラックは発生しにくくなる。これは、分子量が高くなると分子の絡み合いが増えるためである。**図4.5**はPCについて、定ひずみ下での分子量と誘導時間の関係を測定した結果である[5]。ここで、最大応力は初期ひずみによる応力である。定ひずみの場合には応力緩和が起こり、初期応力の値は小さくなるので、長時間側ではクラックは発生しにくくなる傾向がある。そのため、同図のように時間とともに横軸に平行に近づくような特性曲線となる。負荷応力に対しては、分子量が高いほうが大きな応力に耐え、誘導時間も長くなることがわかる。また、**図4.6**は、PCについて定ひずみ下での誘導時間と温度の関係である[5]。この試験は曲げひずみを与えてクラックが発生するまでの時間を測定したものである。温度が高くなるとひずみが小さくてもクラックは発生する。また、誘導時間も温度の上昇につれて短くなることがわかる。

　一方、定応力下でのストレスクラック性は、クリープ破断試験の場合とほとんど同じ挙動を示す。つまり、クリープ破断試験では、まず試験片にクラックが発生し、このクラックが成長して破断する。非強化のプラスチックでは、クラックが発生してから破断するまでの時間は比

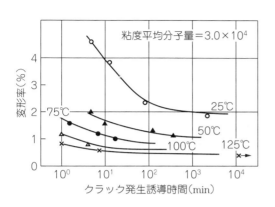 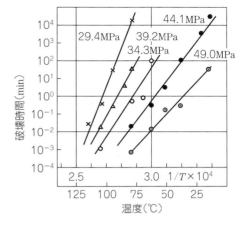

図4.6　PCのストレスクラック誘導時間に対する温度の影響（定ひずみ下）[5]　　　図4.7　PCのクリープ破断時間と温度の関係[6]

較的短いので、クラックが発生するまでの時間を測定するよりは、破断した時間で誘導時間を代用することが多い。**図4.7**は、PCについて定応力下での負荷応力とクリープ破断時間の関係である[6]。同図から、温度が高くなると、破断時間（誘導時間に相当）は短くなることがわかる。また、応力は大きいほうが当然のことながら破断時間は短くなる。

4.3　ソルベントクラック

　一般的には、環境応力亀裂とも呼ばれている。英語では Environmental Stress Cracking といい、略して ESC とも呼ばれている。応力と環境要因（化学薬品）作用でクラックが発生する現象である。実用的には溶剤だけではなく油、界面活性剤、その他の化学薬品なども同様な作用をするものがある。金属材料においても、応力と接触する薬品の共同作用で、クラックが発生することを応力腐食と称しているが、ソルベントクラックもこれによく似た現象である。ソルベントクラックは化学的クラック、ケミカルクラックとも呼ばれる。

　ソルベントクラックとストレスクラックの発生機構をイメージ的に示すと、**図4.8**の通りである。ストレスクラックは、第1章において述べたように、応力の存在下でクラックが発生する現象であるが、ソルベントクラックの発生機構は異なっている。すなわち、ソルベントクラックの発生機構は、溶剤（または化学薬品）中にプラスチック成形品を浸漬または接触すると、まず成形品中へ溶剤が浸透（拡散）する。溶剤によってポリマー分子鎖が動きやすくなりガラス転移温度は低下する。ポリマー分子が動きやすくなる状態で、応力が存在すると、この部分で局部的にひずみに急速に緩和する。このように局部的に応力緩和するときにクラックが発生すると考えられる。他の仮説としては、不均一部分への溶剤分子の選択的凝集によって、表面圧のような二次元的な圧力が高まり、プラスチックの引張破壊応力を超えたときにクラックが発生するとの考え方もある。しかし、ソルベントクラックは、応力が存在する場合に発生するという実験事実からすると、前者の考え方のほうが理にかなっていると思われる。

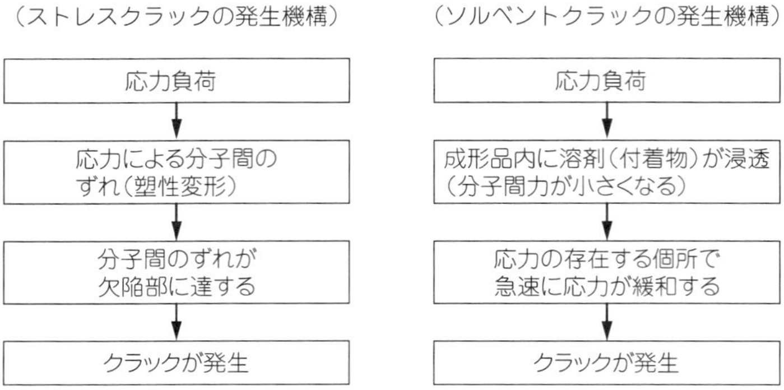

（ストレスクラックの発生機構）

応力負荷

↓

応力による分子間の
ずれ（塑性変形）

↓

分子間のずれが
欠陥部に達する

↓

クラックが発生

（ソルベントクラックの発生機構）

応力負荷

↓

成形品内に溶剤（付着物）が浸透
（分子間力が小さくなる）

↓

応力の存在する個所で
急速に応力が緩和する

↓

クラックが発生

図4.8　クラック発生機構の概念図

表4.4　ソルベントクラック性の測定法

測　定　法	主な使用目的
ベントストリップ法	材料選択
4分の1楕円法	クラック限界応力
ひずみまたは応力負荷法	クラック限界応力
C型試験法	材料選択

4.3.1　ソルベントクラックの試験方法

　ソルベントクラック性の評価は、材料をスクリーニングする方法、ストレスクラックの限界応力を測定する方法などがあり、目的によって使い分けされている。**表4.4**に主なソルベントクラック性の測定法と使用目的を示す。

1）ベントストリップ法

　ベントストリップ法は米国のベル・テレフォン社が開発した方法である。表面に非貫通切り欠きを入れた試験片をU字形に曲げて枠にセットして、所定の薬液中に浸漬して、クラックが発生するまでの時間を測定する方法である。本法は、ASTM1693やJIS Z1706（ポリエチレンビン）で規定されている。例えば、JIS Z-1706の方法は次の通りである。

　製品（ビン）側面の縦及び横の方向から、38×13mmの試験片をそれぞれ5個ずつ切り出す。試験方法を**図4.9**に示す。同図（a）のように、試験片の中央部の長辺に平行して19mm、深さ0.5〜0.6mmの切れ目を付け、切れ目を外側にして切れ目が横になるよう折り曲げ、同図（b）のように試験片ホルダーに順次10個取り付ける。試験片ホルダーを同図（c）の硬質ガラス管の中に入れて、試験片ホルダーの上端より10mmの高さまで試薬を入れて栓をする。このセットを、50℃±0.5℃に保持された恒温槽水に入れ放置する。試験片10個のうち5個に亀裂が生じるまでの時間をストレスクラッキング時間とする。ここで試薬は当事者間の協定で決めることになっている。ちなみに、ASTM1693では、環境液はノニル・フェニル・ポリオキシエチレン・エタノールを用いるとされている。

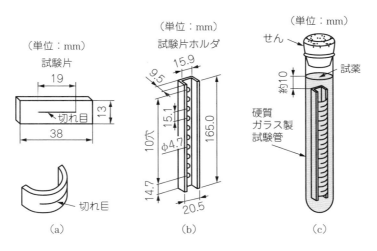

図4.9 ベントストリップ法試験片、器具

　この方法は、PE容器類に使用した場合のソルベントクラック性を評価するのに使用されており、材料(グレード)をスクリーニングするのに有効な方法であるが、ソルベントクラックの限界応力を測定する方法としては適切ではない。

2) 4分の1楕円法

　この方法もベル・テレフォン社が開発した方法で、ベルゲン(Bergen)の4分の1楕円形状の金属治具を用いる。**図4.10**に示すように、長軸10cm、短軸4cmの楕円を4つに切った形状に、板状のテストピースを取り付ける。発生するひずみ ε は次式で与えられる。

$$\varepsilon = [0.02 \times (1 - 0.0084x^2)^{-3/2}]t \tag{4.1}$$

ただし、t：板厚(mm)　x：**図4.10**に示す位置

　また、ひずみ ε によるよって発生する応力 σ(初期応力)は、フックの弾性限界では次式で与えられる。

$$\sigma = E \times \varepsilon \tag{4.2}$$

ただし、E：ヤング率(MPa)

　例えば、肉厚1mmのシートを用いて、4分の1楕円の長軸位置と発生ひずみの関係を式(4.1)から求めると、**図4.11**のようになる。このようなひずみを発生させた状態で対象の薬品に浸漬または接触させて放置すると、あるひずみ以上ではクラックが発生する。例えば、同図のように、x_1 の位置以上のひずみでクラックが発生したとすると、同図からクラックが発生する限界ひずみ ε_c を読み取ることができる。ε_c とヤング率 E から式(4.2)により限界応力 σ_c を求めることができる。ただし、このようにして求めた応力は、応力緩和を考慮していない初期応力である。

　本法では応力レベルを連続的に変えられるので、1つのテストピースで発生応力を変えることができ、クラック発生限界応力を測定できる利点がある。この試験に用いる試験片は、通常は押出成形したシートを用いることが多いので、射出成形品に適用する場合には、押出成形品と射出成形品の違いを考慮しなければならない(一般に押出成形品のほうがクラック限界応力

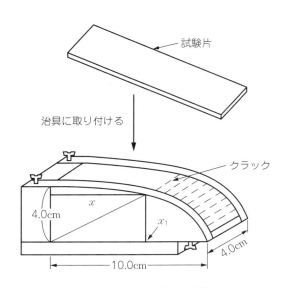

図4.10　4分の1楕円試験法　　　　図4.11　X軸の位置と発生ひずみの関係

は大きい)。

3) ひずみ負荷及び応力負荷法

試験片にひずみまたは応力を負荷した状態で、薬品に浸漬または接触することによって、クラックの発生限界応力を測定できる。試験片としては、引張試験片を用いる方法と曲げ試験片を用いる方法がある。試験に当たっては、事前に試験片の残留ひずみをアニール処理して除去する必要である。

a) 定ひずみ法

定ひずみ法は、テストピースに一定のひずみを与えて試験する方法である。この試験方法は、応力緩和が起こるので、時間とともに応力はある程度まで減少する。つまり、時間とともに応力は減少するので、長時間側ではクラックはしにくくなる傾向がある。

試験方法の概略を**図4.12**に示す。同図(a)のように、試験片を2点支持で中央部に荷重を加えて、一定のたわみを与えることによってひずみを発生させる方法と、シートのような成形品では同図(b)のように、試験片の両端を拘束して変形させることによって一定のたわみ δ を与える方法がある。たわみ δ に対応して試験片表面に最大引張応力を発生させることができる。

両端支持曲げでは、矩形断面の試験片では曲げ荷重 P とたわみ δ の関係は、次式で示される。

$$\delta = \frac{PL^3}{4Ebt^3} \tag{4.3}$$

ここで、L：スパン間距離　　b：試験片幅　　t：試験片厚み　　E：曲げ弾性率
一方、曲げ荷重 P と最大引張応力 σ_{max} (最大繊維応力)は以下の式で表される。

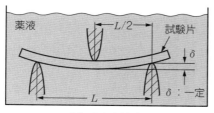
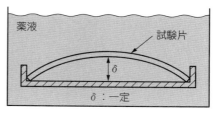

(a) 2点支持法　　　　　　　　(b) 両極拘束法

図4.12　定ひずみのソルベントクラック試験方法(曲げ試験法)

$$\sigma_{\max} = \frac{3PL}{2bt^2} \tag{4.4}$$

式(4.3)と式(4.4)から、たわみ δ と応力 $\sigma_{\max}$ の関係は次式で示される。

$$\sigma_{\max} = \frac{6t}{L^2}E\delta \tag{4.5}$$

　　t：試験片厚み、　　L：スパン間長さ

　従って、式(4.5)から、たわみ δ を変えると、式(4.5)によって応力 $\sigma_{\max}$ の値を変えることができる。

　あらかじめ、試験片にたわみ δ のレベルを変えて、最大引張応力が発生する面に対象の薬品を塗布するか、薬品中に浸漬して放置する。一定時間経過後にクラックの発生の有無をチェックすることによって、クラック発生の限界応力を測定できる。実際には、本法は定ひずみの試験であるので、4分の1楕円法と同様に、応力緩和が起こるため時間とともに応力はある程度まで減少する。従って、実際にクラックが発生するときの応力は初期応力の値より小さくなっているが、設計上では初期応力の値を用いるのがよいであろう。

　一方、引張試験片を用いたストレスクラック試験は、第3章で述べた応力緩和測定装置で、試験片を目視観察できるような装置にするか、クラックが発生する際にひずみが急に緩和するので、応力緩和特性曲線の挙動が変化する点から求める方法もある。

b) 定応力法

　試験片に荷重を負荷して、一定の応力が発生する状態でクラックの発生の有無をチェックする方法である。定ひずみ法に比較すると、一定の応力が試験片に常に負荷されているので、条件としては過酷になる。定応力法は第3章で述べたクリープ破壊試験法に準じて、試験片に対象の薬品を接触または浸漬して、試験片が破壊するまでの時間を測定する。応力レベルを変えて試験するので、薬品との接触または浸漬によるクリープ破壊時間を測定することになる。試験方法としては、曲げ試験片の場合は、式(4.4)で荷重 P を変えることによって、試験片中央に発生する応力を変えることができる。また、引張試験片の場合は、荷重の大きさを変えれば、応力の大きさを変えることができる。

4) C型試験片による方法

　大石不二夫氏らによって開発された方法で、**図4.13**に示すようなC型の試験片を用いる[6]。

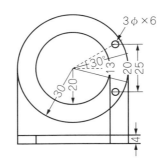

図4.13 C型試験片の形状

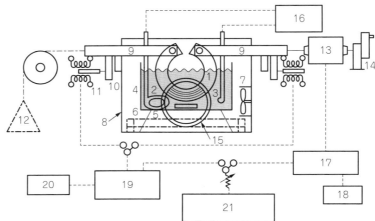

①試験片、②ヒータ、③感温部、④液槽（箱型・丸型）、⑤マグネチェック・スターラ、⑥紫外線照射ランプ、⑦ファン、⑧試験槽、⑨シャフト、⑩ストッパ(11A,11B)、⑪差動トランス、⑫分銅、⑬ロード・セル、⑭試験片を拡げるハンドル、⑮1/4波長板付偏光板、⑯温度調節器、⑰抵抗線ひずみ計アンプ、⑱ひずみ指示計、⑲差動トランス式変位計⑳変位指示計、㉑ペン書レコーダ

図4.14 C型試験片の装置[7]

この試験片は、次の利点がある。
　①試験片に曲げ変形を与えやすい。
　②円管状であるため力学的取り扱いが簡単である。
　③旋盤加工による試験片の加工が容易である。
　④チャックを浸さずに、試験片の中央部を液中浸漬しやすい。
　試験装置と試験片のセット状態を**図4.14**に示す[7]。この装置を用いれば、定ひずみ及び定応力の両方の試験を行うことができる。

4.3.2　ソルベントクラック特性

　ストレスクラックに比較して、ソルベントクラックは以下のような特徴がある。
　①クラックが発生するまでの時間が短い。
　②クラックの成長速度は速い。
　③ストレスクラックの場合より、かなり低い応力レベルでクラックが発生する。
　④薬品の影響はプラスチックの種類によって異なる。例えば、次の例がある。
　　・PC、変性PPE、ABS樹脂、PS、PVC：有機溶剤、油、グリース、可塑剤

第4章　プラスチックのストレスクラック性

表4.5　4分の1楕円法による PC のソルベントクラック限界応力[8]

系統	溶剤名	クラック限界応力(MPa)	クラックのパターン外観[b]	系統	溶剤名	クラック限界応力(MPa)	クラックのパターン外観[b]
アルコール類	メタノール	26.9	A	ハロゲン化炭化水素類	メチレンクロライド	—	D
	エタノール	25.3	A		1.2-ジクロロエタン	17.7	C
	N プロパノール	27.2	A		クロロホルム	15.4	C
	イソプロパノール	26.9	A		四塩化炭素	4.0	B
	ブタノール	25.3	A	アセタール系	テトラヒドロフラン	13.5	C
	オクタノール	26.7	A		ジオキサン	6.3	C
芳香族炭化水素類	ベンゼン	5.8	C	ケトン類	アセトン	14.2	C
	トルエン	6.7	C		メチルエチルケトン	12.3	C
	キシレン	5.8	C		メチルイソブチルケトン	5.5	C
脂肪族炭化水素類	ペンタン	23.9	A	エステル類	酢酸メチル	15.9	C
	ヘキサン	24.8	A		酢酸エチル	12.8	C
	ヘプタン	26.0	A	多価アルコール類	メチルセロソルブ	13.8	A
	シクロヘキサン	31.5	A		ブチルセロソルブ	16.9	A

a）浸漬条件　20℃　1分間浸漬
b）クラックのパターン、外観、A：応力方向に直角に小さなクラックが発生する、B：不規則方向に大きなクラックが発生する、C：膨潤溶解しながらクラックが発生する、D：溶解するのみでクラックが発生せず

　　・POM：塩酸水溶液
　　・PA：塩化亜鉛水溶液
　　・PE：界面活性剤

　表4.5は、4分の1楕円法による PC の各種溶剤に対するソルベントクラック性を調べた結果である[8]。溶剤の種類によって限界応力の値は異なっており、特に規則性も認められない。溶剤の中でも、芳香族炭化水素、ハロゲン系炭化水素、アセタール系、ケトン類などは、限界応力は低い値になっている。同表において、クラックの発生状態も観察しているが、四塩化炭素のように、低い応力でクラックが不規則に発生するものや、膨潤溶解しながら低い応力でクラックが発生するもの、メチレンクロライドのように溶解するのみでクラック発生してしまうものなど、様々である。一方、溶剤との関係では、SP 値（溶解パラメータ）との関係で限界ひずみを整理した報告もあるが、はっきりした関係は得られていない。
　温度の影響については、薬品によって複雑な挙動を示す。**図4.15**は、4分の1楕円法によるPC のソルベントクラック限界応力に対する液温の影響である[8]。同図のように、温度が上昇すると、限界応力が低下するタイプ（Ⅰ）、限界応力が高くなるタイプ（Ⅱ）、限界応力が極小値を示すタイプ（Ⅲ）、クラックを生じないもの（Ⅳ）などがある。いろいろな溶剤の温度に対する挙動を4つのタイプに分類すると**表4.6**のようになる[9]。この結果からも、溶剤の化学構造のみによっては決まらないことがわかる。例えば、塩素化炭化水素でも、四塩化炭素はタイプⅠの分類に入るが、テトラクロロエタン、1、2-ジクロロエタン、クロロホルムなどはタイプⅡに、メチレンクロライドはタイプⅣの分類に入っている。

— 95 —

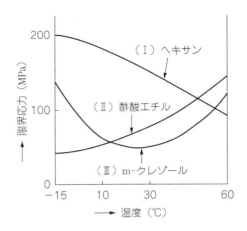

図4.15 ソルベントクラック限界応力の温度依存性[9]

表4.6 限界応力の温度依存性に基づく溶剤の分類（PC）[9]

分類	限界応力の挙動	溶 剤 例
I	温度上昇とともに限界応力の減少するもの	エタノール・ブタノール・イソプロパノール・ペンタン・ヘキサン・ヘプタン・シクロヘキサン・メチルセロソルブ・エチルセロソルブ・ブチルセロソルブ・ジイソブチルケトン・四塩化炭素
II	温度上昇とともに限界応力の増加するもの	酢酸エチル・酢酸ブチル・酢酸イソブチル・セロソルブアセテート・メチルエチルケトン・メチルイソブチルケトン・アセトン・シクロヘキサノン・ベンゾール・トルオール・キシロール・テトラクロロエタン・1,2-ジクロロエタン・クロロホルム
III	測定温度範囲内で限界応力に極少値を示すもの	m-クレゾール
IV	クラックを生じないもの	メチレンクロライド・水

引 用 文 献

1) R. P. Kambour : *J. Polym. Sci. PartA*, (2), 1159-1163(1964)
2) 成澤郁夫, (横堀武夫監修)：高分子材料強度学, p.260, オーム社(1982)
3) G. H. Micher : *J. Mater. Sci.*, (25), 2321-2334(1990)
4) M. Narkis, L. Nicolais, A. Apicella and J. P. Bell : *Polym. Eng. Sci.*, **24**(3), 211-217(1984)
5) 三菱エンジニアリングプラスチック技術資料（物性編）, p.39(1995)
6) 三菱エンジニアリングプラスチック技術資料（物性編）, p.43(1995)
7) 大石不二夫, 成澤郁夫共著：プラスチック材料の寿命―耐久性と破壊―, pp.54-63, 日刊工業新聞社(1987)
8) 本間精一, (本間精一編)：ポリカーボネート樹脂ハンドブック, p.611, 日刊工業新聞社(1992)
9) 中辻康城：色材協会誌, **39**(9), 454-464(1966)

第4章　プラスチックのストレスクラック性

コラム　現場からのひとこと ❹
分子量とは

　プラスチックの特性は分子量によって変化するので、プラスチックを扱う上で分子量は大切な値である。しかし、重さ（質量）ではあるが分子量には単位はついていない。分子量は大きいほうが分子の長さは長いことはわかるが、ふと考えると、分子量って一体何かよくわからない。

　分子量のことを説明する前に、原子量のことを説明しなければならない。

　原子の実際の質量は10^{-24}～10^{-22}g程度である。このような小さな質量で原子量を表現するのでは、実感がわかないし煩雑でもある。そこで、炭素原子の質量数12（質量数＝陽子数＋中性子数）を基準とし、他の原子の質量との相対値で表したのが原子量である。

　例えば、炭素原子1個の質量は2.0×10^{-23}g、酸素原子1個の質量は、2.7×10^{-23}gであるから、酸素の原子量は

　　　酸素の原子量 ＝（酸素1個の質量÷炭素1個の質量）×炭素の原子量
　　　　　　　　　 ＝$(2.7 \times 10^{-23}g) \div (2.0 \times 10^{-23}g) \times 12$
　　　　　　　　　 ＝16（概算の値）

となり、酸素の原子量は16となる。ここで、原子量には単位は付いていない。このようにして、炭素の原子量(12)に対する比で表したのが各原子の原子量である。原子量は比重のような数値と考えればよい。比重の場合は、$1cm^3$の水（温度4℃）の重さを1として、他の物質の重さと比較した値で表現しているが、原子量もこれと同じ考え方である。

　さて、各原子の原子量がこのように決まっているので、分子を構成する原子の組み合わせと数がわかれば、原子量をもとに分子量を計算できる。

　例えば、水であればH_2Oであるから、水素(H)の原子量は1、酸素(O)の原子量は16であるから

　　　水の分子量 ＝$(2 \times 1) + (1 \times 16)$
　　　　　　　　 ＝18

水の分子量は18となる。ここで、分子量にも単位は付いていない。

　さて、ポリマーは主に炭素、水素、酸素などから構成される巨大分子であるが、構成する元素と数がわかれば、上の例のようにして、分子量を計算できる。しかし、ポリマーの場合は、同じ長さの分子の集まりではなく分布を持っている。そのため、単純に分子量を表現できず、平均分子量で表す。溶剤に溶かして溶液粘度で測る粘度平均分子量、液体クロマトグラフィなどを用いて測る数平均分子量や重量平均分子量などがある。

第5章

プラスチックの
劣化と寿命

JIS 用語によれば、劣化(degradation)は「特性に有害な変化を伴う化学構造の変化」となっ
ている。一方、老化(ageing)は「時間の経過の中で材料に生じる不可逆的な化学構造及び物理
的作用の全体」と定義されている。これらの定義に基づいて考えると、劣化は、分子の主鎖ま
たは側鎖が切断、架橋化により性能、機能、外観などが低下することを意味する。老化は、時
間とともに結晶化、分子配向ひずみや残留ひずみの緩和などの不可逆な変化をもたらすもので
あるが、有害な影響を及ぼすものではない。本書では、劣化の概念を「成形工程や使用段階で
生じる有害な変化」として、プラスチックの劣化の問題について述べる。
　さて、プラスチックの劣化は、**表5.1**に示すように成形加工段階、使用段階などで応力、温
度、酸素、水分、紫外線、放射線、オゾン、薬品など種々の要因が関与して促進される。同表
のように、ポリマー分子の切断や架橋化、クラック発生など不可逆な変化によって劣化するこ
とがわかる。

表5.1　プラスチックの劣化要因と劣化現象及び影響

	要　因	現　　　　象	劣化による影響
設計条件	応　力	クラックの発生	応力集中による強度、伸びの低下
	時　間	他の条件との関係による	（温度との関係で決まる）
環境条件	熱	熱分解による分子切断、架橋化、クラック 色相変化	強度や伸びの低下 硬化による強度の低下 応力集中による強度の低下 黄変
	酸　素 オゾン	分解による分子切断、架橋化、クラック （熱との共同作用） 色相変化	強度や伸びの低下 応力集中による強度の低下 黄変
	水	加水分解 クラック 色相変化	分子量低下による強度低下 応力集中による強度の低下 白化
	紫外線	分解による分子切断、架橋化、クラック 色相変化、表面粗れ	分子量低下による強度低下 応力集中による強度の低下 黄変 チョーキング
	薬　品	加水分解（アルカリ薬品や酸化劣化（強酸） の促進、ソルベントクラック 色相変化、表面粗れ	分子量低下による強度低下 応力集中による強度の低下 黄変 白化 膨潤、溶解
	放射線	分子切断、架橋化 色相変化	分子量低下による強度低下 応力集中による強度の低下 黄変
	微生物	加水分解酵素による分解（例）	生分解性ポリマーへの利用

5.1 熱劣化

1）熱劣化の原理と抑制
［酸素の存在下の熱分解］

　ポリマー分子の熱劣化は、**図**5.1のように自動酸化反応によって進行する[1]。熱と酸素の存在下で、水素分子の引き抜き反応によって炭化水素ラジカル(R·)が生成する（連鎖開始）。次に、炭化水素ラジカル(R·)は酸素と反応し、パーオキシラジカル(ROO·)を生成する。このパーオキシラジカルは他の炭化水素から水素を引き抜きハイドロパオキサイド(ROOH)を生成する。ハイドロパーオキナイドは、高温下で分解してパーオキシラジカル(ROO·)やオキシラジカル(RO·)を生成し、さらにパーオキシラジカルや炭化水素ラジカルの発生を誘発する。また、この反応は銅、鉄、コバルトのような2価の酸化状態をとる金属の存在化ではハイドロパーオキサイドの分解を促進する作用がある。一方、この過程ではオキシラジカル自身の分解によって分子切断も起こる。最終的には、ラジカル同士が反応して分解は停止するが、この過程で架橋反応も起こり架橋構造となる。以上のように、分子切断、架橋構造をとることなどによって、成形品が脆化し表面に微細なクラックが発生する。

　このような熱酸化劣化を防止するため、ポリマーに酸化防止剤を添加することが行われている。酸化防止剤としては、同図の分解スキームの(2)、(3)で発生するラジカルを補足し、自動酸化の進行を止めるものと、(4)(5)で生成するハイドロパーオキサイドを無害なものに分解するものがある。前者を一次酸化防止剤（ラジカル補足剤）、後者は二次酸化防止剤（過酸化物分解剤）という。一次酸化防止剤としては、フェノール系やアミン系酸化防止剤（ヒンダードアミ

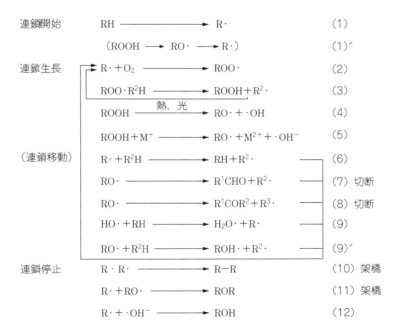

図5.1　ポリマーの自動酸化劣化スキーム[1]

ン系、芳香族アミン系)が用いられる。二次酸化防止剤としては、リン系とイオウ系酸化防止剤がある。

[酸素の存在していない状態での熱分解]

　酸素の存在しない系では激しい熱分解は起こらない。ただ、酸素が存在しないでも長時間高温に曝されると、高分子化、架橋化などにより、いわゆるゲル化が起こる。**図5.2**は、PCを真空中で加熱し、分解物を系外に除去したときのゲル発生率である[2]。成形温度領域においても、酸素の存在しない溶融状態では長時間滞留して熱履歴を受けるとゲルが生成する。このゲル成分は塩化メチレンなどの溶剤に溶けなくなる。また、**図5.3**はPC、PPE、PSなどを真空系で加熱したときのゲル生成の挙動であるが、PPO(PPE)、PSなどにも同様な傾向が認められる[3]。

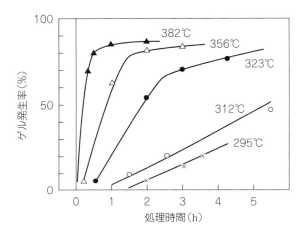

図5.2　連続真空系加熱によるゲルの発生[2]

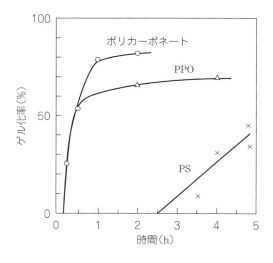

図5.3　各種樹脂の加熱によるゲルの発生[3]

2）反応速度論と熱劣化

重合反応や分解反応（解重合）には、反応速度論の考え方を適用できる。

化学反応は、分子同士の衝突によって起こるが、分子の衝突回数から逆算した反応速度は、実際の反応速度より速い。つまり、衝突するだけでは反応は起こらない。反応が起こるには分子は、ある値以上のエネルギーを持たなければならない。反応が起こるために、反応分子が持たねばならないエネルギーの閾値が活性化エネルギーである。衝突によって分子はエネルギーを獲得する場合もある。しかし、獲得したエネルギーが活性化エネルギー以下であれば、衝突は反応に結び付かない。例えば、**図5.4**では反応温度を上げると、活性化エネルギーの山を越えやすくなり反応が進む様子を示している。

このような考え方で、アレニウス（S. A. Arrhenius）は、速度定数 k を次式で表した。

$$k = A\exp\left(\frac{-E_a}{RT}\right) \tag{5.1}$$

ここで　A：頻度定数　E_a：活性化エネルギー　R：気体定数　T：絶対温度

式(5.1)で頻度定数 A は全衝突回数に対する有効衝突回数の割合を示すものである。

いま初期の物理量 P_0 が物理量 P に達する時間 t は、一次反応の場合は次式で表される。

$$\frac{\ln P}{P_0} = -kt \tag{5.2}$$

ここで、ln：自然対数

式(5.1)の k を式(5.2)に代入し t について整理すると。次の式になる。

$$\ln t = \ln\left(\frac{1}{A}\cdot\frac{\ln P_0}{P}\right) + \frac{E_a}{RT} \tag{5.3}$$

時間 t_b を寿命時間とし物理量 P_0 が一定値 P に達する時間とすると、式(5.3)の右辺第1項は定数となり、これを A' とすると、次の式になる。

$$\ln t_b = A' + \frac{E_a}{RT} \tag{5.4}$$

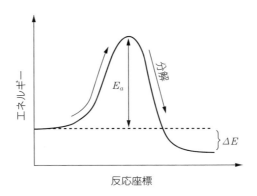

図5.4　反応の進行と活性化エネルギー

絶対温度の逆数とある値まで劣化する時間 t_b を対数でとると、直線関係になり活性化エネルギー E_a は直線の勾配を表し、反応の起こりやすさを示すことになる。熱劣化は、分解反応であるので、式(5.4)によって、高温側での劣化試験によって直線の各定数を決定すれば、低い温度領域における熱劣化寿命を予測できる。

3) ポリマーと熱分解パターン

ポリマーの熱分解反応は多数の素反応からなり非常に複雑な反応機構であるが、個々のポリマーから見ると**表5.2**のように特徴的な熱分解パターンに分類できる[4]。ポリマーの熱分解は、主鎖が切断して低分子量化し最終的に揮発物質になる主鎖切断型と、分解と同時に架橋や環化などの他の反応を起こして炭化する主鎖非切断型に分類される。また、主鎖切断型はランダム分解型と解重合型に分けられる。

ランダム分解型はラジカル的に起こる熱分解反応で、その名の通り、主鎖がランダムに切断するものをいい、分解が進むにつれて次第に鎖長が短くなって分子量は低下するが、モノマーあるいは揮発性物質の生成は少ないという特徴がある。また、この分解は主鎖の結合エネルギーに支配され、エネルギーの大きいものほど熱分解は起こりにくい。

解重合型は、弱い結合のところから主鎖の切断が起こり、この切断部からモノマーが1つずつ分離脱離するものである。この型のプラスチックでは、分解生成したモノマーは気化して系外に除かれるため、加熱減量があっても残存プラスチックの重合度はあまり変化しない。従って、物性低下も比較的小さいという特徴がある。

主鎖非切断型は主鎖炭化型と側鎖脱離型に分類される。この型でも、ある程度主鎖切断を伴うが、主鎖切断よりも側鎖の脱離、分解が優先し、さらに架橋、環化その他の反応を起こして分子全体が炭化し不溶化するもので、分子構造の変化として特徴付けられる。これらの諸反応を積極的に利用してピッチや PAN から炭素繊維が製造されている。

4) 熱分解挙動

プラスチックの基本的な熱分解挙動は、熱重量法（TGA：thermogravimetry analysis）、示差熱分析法（DTA：differential thermal analysis）、示差走査熱量法（DSC：differential scanning calorimeter）などの方法で測定できる。**表5.3**にそれぞれの測定原理とプラスチックの測定可能

表5.2　ポリマーの熱分解パターン[4]

気体生成型 （主鎖切断型）	ランダム分解型（主鎖がランダムに切れて分子量が低下する）	
	ポリエチレン、ポリプロピレン、ポリエーテル（ただし、ポリアルデヒドは解重合型）、ポリアミド、ポリエステル、ポリカーボネート	
	解重合型（主鎖の末端から、単量体が順次外れる）	
	ポリメタクリル酸メチル、ポリアルデヒド、ポリスチレン、ポリ-α-メチルスチレン、ポリ四フッ化エチレン、α, α-二置換ビニル高分子	
炭化残留物型 （主鎖非切断型）	主鎖炭化型（橋かけ、環化、芳香族化、ポリエン形成）	
	ポリアクリロニトリル、フェノール樹脂、メラミン樹脂	
	側鎖脱離型（脱ハロゲン化水素、脱オレフィン、ポリエン形成）	
	ポリ塩化ビニル、ポリ酢酸ビニル、ポリビニルアルコール、ポリ-t-ブチルアクリレート（ポリアクリル酸エステル一般）、塩素化ポリオレフィン	

第5章　プラスチックの劣化と寿命

表5.3　熱分析法の原理と関連規格

分析法	測定原理	測定規格	測定項目
熱重量法 （TG：thermogravi-metry）	試料を一定速度で加熱しながら、その重量変化を連続的に測定する。	JIS K7120-1989	・分解開始温度 ・分解中間温度 ・分解終了温度
示差熱分析法 （DTA：differential thermal analysis）	定速昇降温過程で試料と基準物質との熱挙動の差によって生じる温度差を時間または温度に対して記録する方法である。	JIS K7121-1987 ただし、分解温度については規定はない。	・融解ピーク温度 ・補外融解海師温度 ・補外融解終了温度 ・結晶化ピーク温度 ・補外結晶化開始温度 ・補外結晶化終了温度
示差走査熱量法 （DSC：differntial scanning calorimeter）	試料及び基準物質を加熱または冷却によって調節しながら等しい条件に置き、この2つの間の温度差がゼロに保つのに必要なエネルギーを時間または温度に対して記録する方法である。		

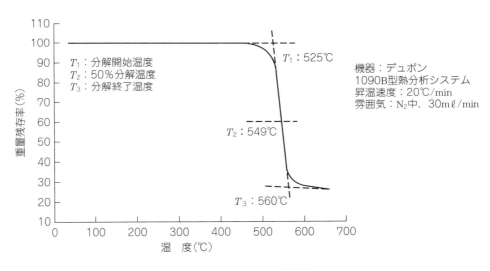

図5.5　PCのTG曲線[5]

な熱的性質を示す。**図5.5**はPCのTG曲線である[5]。同図のように、分解開始温度T_1、50%分解温度T_2、分解終了温度T_3などを測定できる。**図5.6**は、POM（コポリマー）のDSC曲線である[6]。同図のように、融解開始温度、融解ピーク温度、分解開始温度などを測定できる。

図5.7は、DTAによるPCの熱分解挙動である[7]。試料として結晶化した粉末品を用いているため結晶融解ピークも認められるが、酸素の存在下では、1つの発熱ピークと2つの吸熱ピークが観察される。発熱は分解の最初の段階であり、340℃近辺あたりから始まる酸化反応による発熱ピークとして観察される。この段階の分解は、PCのイソプロピリデン結合の酸化反応によると推定される。次に、第1の吸熱域は、解重合によるもので、分解によって発生した水酸化物や水が炭酸ニステル結合の加水分解反応を促進すると推定される。そのピークは500℃あたりにある。第2の吸熱ピークは550℃あたりに見られ、分子の結合エネルギーと熱エネルギー

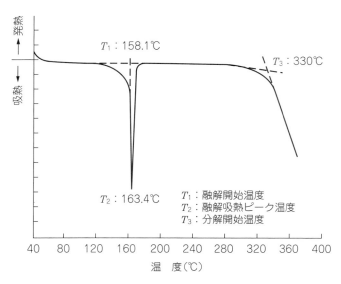

図5.6 POM の DSC 曲線[6]

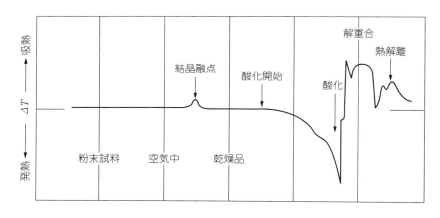

図5.7 PC の DTA 曲線[7]

が等価になり、あらゆる結合の解離が起こる領域と考えられる。以上は PC の熱分解挙動であるが、他のポリマーでも、それぞれの分子骨格によって、特有の分解挙動を示す。

ポリマーの熱分解性は、ポリマーの分子末端処理や残留不純分、配合される着色剤や添加剤などによっても影響される。また、影響の度合いはポリマーの種類によっても異なる。

例えば、POM では、ホモポリマーでは、重合時の分子末端の水酸基は熱的に不安定であるので、エステル化、エーテル化、ウレタン化などの処理で安定化している。ホモポリマーについては重合ポリマーをトリエチルアミンなどの塩基性物質を含む水の存在下で加熱溶融し不安定な末端を加水分解し、安定なエチレングリコール末端とする方法がとられている。一方、重

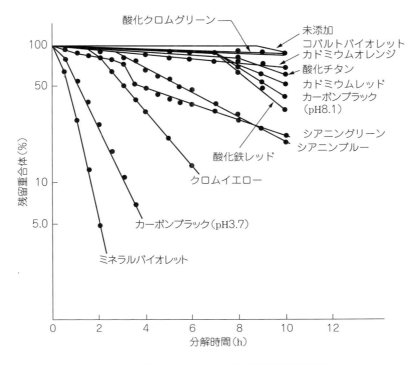

図5.8 顔料による POM の加熱重量減少特性[8]
（顔料1％、200℃）

合時に添加したアニオンまたはカチオン触媒は、解重合を促進することになるので、中和により触媒の失活が行われる。一方、**図5.8**は、POMに種々の顔料を1％添加したときの200℃における残留重合体率から熱分解性を調べた結果である[8]。同図から酸性の顔料は熱分解を促進しやすいので、中性またはアルカリ性寄りの顔料が適していることがわかる。

さて、実際の射出成形や押出成形など、プラスチックを溶融して成形する場合には、溶融温度領域では、微量の酸素は存在するが、空気中の酸素存在下に比較すれば、熱酸化劣化はゆるやかである。しかし、式(5.4)から理解できるように、熱分解は温度と時間が関係するので、溶融状態における温度と滞留時間によっては熱分解する可能性がある。このことに関しては、第7章の7.2で述べる。

5) 使用条件による熱劣化

熱による経時変化、つまり熱エージングは成形品の高次構造の変化に伴う機械的強度、熱的性質、寸法特性などの変化と熱酸化劣化の進行による物性低下の2つが挙げられる。

ニールセン(L. E. Nielsen)によれば、射出成形品のように金型内で急冷されると、徐冷された場合より多くの自由体積を含むといわれる[9]。非晶性ポリマーでは、ガラス転移温度に近い温度で熱エージングすると、自由体積があるため、分子セグメントは運動して熱力学的に安定した状態、つまりエントロピーの大きいランダムコイルの状態へ再配列する。その結果、密度の増加、引張強度の増大と引張破断ひずみの低下、衝撃強度の低下、荷重たわみ温度の上昇、寸法収縮などの現象を起こす。**図5.9**は、PCの熱エージング温度を変えたときの降伏応力―温度特性である[10]。降伏応力は50℃においても上昇するが、130～135℃において最も上昇するこ

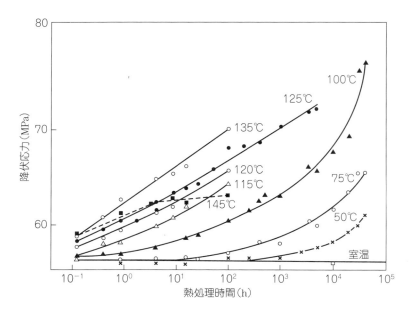

図5.9　PC の熱処理による降伏応力の変化[10]

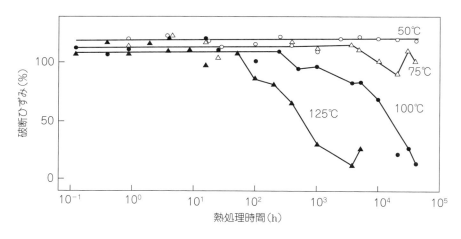

図5.10　PC の熱処理による破断ひずみの変化[11]

とがわかる。図5.10は同様に、エージング温度を変えた場合について、時間と引張破断ひずみの関係を示している[11]。100℃では120時間あたりから、125℃では80時間あたりから、引張破断ひずみが減少している。図5.11は、ABS 樹脂について90℃熱エージングによる各物性の変化であるが、同様な傾向が認められる[12]。

　一方、結晶性樹脂においては、熱エージングによる物性は非晶性樹脂より顕著な変化が認められる。つまり、結晶性樹脂では、熱エージングによって球晶サイズの増大、結晶化度の増加などのため物性が変化する。例えば、HDPE では、熱エージングによりラメラの厚みが厚くなり、結果として高温側では引張弾性率が2倍近くに上昇するとの報告もある。図5.12は、PP に

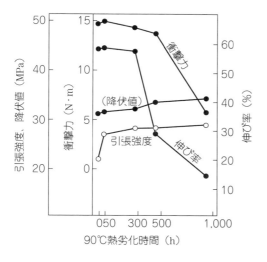

図5.11 ABS樹脂の90℃熱処理による
強度特性の変化[12]

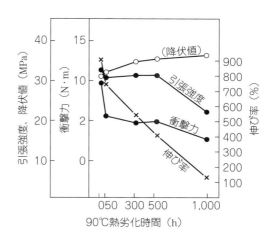

図5.12 PPの90℃熱処理による
強度特性の変化[13]

ついて90℃熱エージングによる引張特性や衝撃特性の変化を調べた結果である[13]。時間とともに衝撃強度や引張ひずみ(伸び率)の低下が目だっている。

熱エージングによる熱酸化劣化は、熱と酸素の作用によって、製品の表面から劣化が進行する。この場合の劣化も、基本的には自動酸化によって進行するが、成形するときの樹脂温度に比較すると、使用する段階での温度は低いため酸化劣化の進行はゆるやかである。現象としては、空気中の酸素と接する表面から徐々に分解が進行して、表面から分子切断による分子量の低下や架橋化が起こるため、表面層における脆化や微細クラックの発生が起きる。このように表面層にクラックが発生した状態では、クラックが応力集中源になるので、衝撃強度や引張破断ひずみは著しく低下する。

熱エージングによる劣化は、式(5.4)で示したアレニウスの式が成り立つ。UL社(Underwriters Laboratories Inc)の比較温度指数(RTI:Relative Thermal Index)は式(5.4)を利用して、高温側での熱劣化結果から、実用温度(温度インデックス)を推定している。RTIを求める方法は、機械的強度や絶縁破壊電圧などの特性の中で、熱劣化の最も起こりやすい特性を用いて評価する。まず、4点の温度で熱劣化試験をして特性値が半減するまでの時間を温度毎に求める。通常この4点の温度は、最高温度で最低500時間以上、最低温度で5000時間以上となるような温度を設定することになっている。すでにRTIの分かっているコントロール材料と比較して、以下のような手順で決める(**図5.13**)。

①コントロール材料と未知のサンプルについて、各設定温度と特性値の保持率の関係を求め、その関係から各温度の保持率が50％になる劣化時間を求める。
②両材料の50％熱劣化時間(対数)と試験温度(絶対温度の逆数)をプロットする。
③コントロール材料の認定温度から、同図のようにして、未知の材料のRTIをグラフから読みとる。

なお、UL社では、コントロール材料を用いない場合は、初期の特性値が50％まで低下するエージング時間が10万時間に相当する温度をRTIとしている。

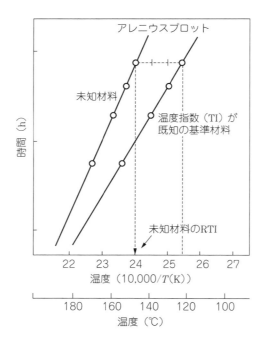

図5.13 UL社の熱劣化試験によるRTIの決め方

5.2 加水分解による劣化

　PC、PBT、PET、ポリアリレート、液晶ポリエステルなどの分子骨格にエステル結合を有するポリマーは水によって加水分解を起こす。加水分解は温度が高くなるほど著しくなり、溶融温度領域では微量水分が存在しても加水分解する。また、アルカリ性物質の存在下では加水分解は一層促進される。例えば、PCの場合は、図5.14に示すように、炭酸エステル結合に水が作用して、炭酸ガス、フェノール末端分解物、ビスフェノールAなどを生成しながら分解が進行する。加水分解によって、分子量が低下し分解ガスが発生する[14]。エステル結合を有する他のポリマーも同様の機構で分解する。

1) 成形時の加水分解
　PC、PBT、PETなどの成形時において加水分解が起こらない限界吸水率は、表5.4に示す通りである。これらの吸水率は、室温下で放置したときの平衡吸水率に比較し、約10分の1であり、成形する場合には、これらの限界吸水率まで予備乾燥する必要がある。限界吸水率を超える場合には、成形時に加水分解を起こし、銀条のような成形不良が発生するとともに分子量が低下して強度が低下する。

　図5.15は、PCの加水分解による分子量低下を液体クロマトグラフィ(GPC)で測定した結果である[15]。材料はグレイに着色したPCを用い、未乾燥と120℃・4hr乾燥の場合について射出成形後の分子量分布を比較した。この結果からわかるように、未乾燥PCでは加水分解によって、低分子量分が多くなり、しかも分子量分布の広さを示す値(重量平均分子量／数平均分子

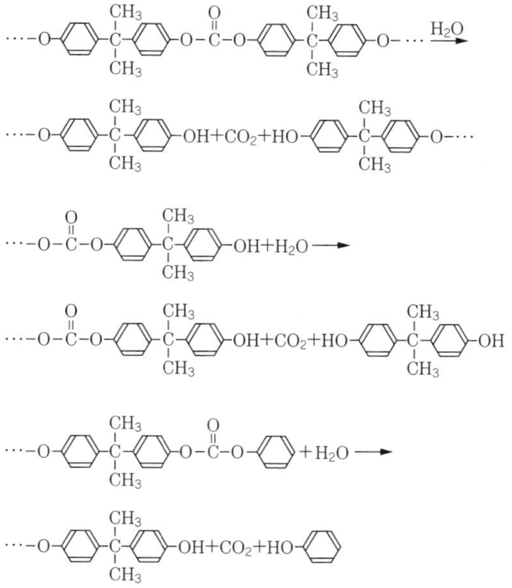

図5.14　PCの加水分解スキーム[14]

表5.4　成形時の加水分解しない限界吸水率

樹脂名	限界吸水率(%)
PC	0.015〜0.02
PBT	0.01〜0.02
PET	0.005〜0.01

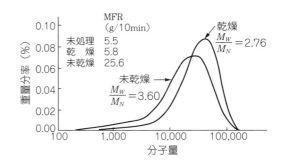

図5.15　PCの予備乾燥の有無と分子量分布[15]

量)も2.76から3.60となり、分布もブロードになっている。また、成形品のメルトフローレート(MFR)も5.8g/10minから25.6g/10minに増大している。図5.16は、PBTについて材料の吸水率と成形したときの強度の関係である[16]。吸水率が大きいと加水分解して分子量が低下するため、引張、衝撃などの強度が低下している。

2) 使用時の加水分解

PC、PBT、PETなどは室温水中や常温・常湿などのもとでは、ほとんど加水分解することはないが、高温、高温・高湿などの条件では、加水分解するので使用温度には限界がある。

これらの樹脂では、加水分解によって分子量が低下することによる強度の低下と、同時にクラックが発生して応力集中源になることも強度低下の大きな要因となっている。

図5.17は、非強化PBTについて、相対湿度と温度を変えて引張強度及び破断ひずみの時間変化を測定した結果である。温度や湿度が高くなると短時間でも強度の低下が目立っている[17]。

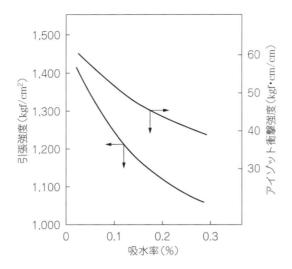

図5.16　GF強化PBTの物性に対する吸水率の影響[16]

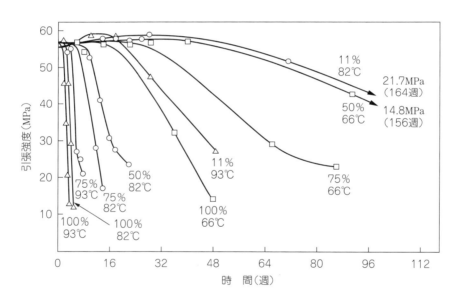

図5.17　温度、湿度を変えたときのPBTの引張強度の変化[17]
　　　　（非強化PBT）

また、これらのデータをもとに、アレニウスプロットして、強度が初期値の50%に低下するまでの時間（半減期）を求めている。**図5.18**は、いろいろな湿度雰囲気における引張強度の半減期を示したものである。また、水蒸気分圧を用いた式として、次の式が提案されている。

$$\log(t^{\frac{1}{2}}) = A + \frac{B}{T} - C \log(P_水) \tag{5.5}$$

ここで、$t^{\frac{1}{2}}$＝物性の半減期（hr）

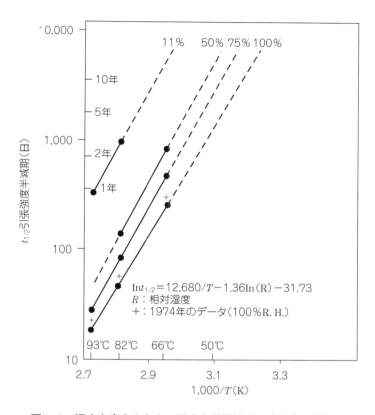

図5.18 湿度を変えたときの温度と引張強度の半減期の関係[17]

T：絶対温度(K)
$P_{水}$：環境の水蒸気分圧(mmHg)
$A、B、C$：材料に基づくパラメータ

次に、PCについて、水温を変えて温水浸漬した試験片の引張性質を**図5.19**と**図5.20**に示す[18]。図19のように、引張破壊が延性から脆性に移行する時間は、120℃（0.1MPaの水蒸気中）では約100時間、105℃と75℃では約1000hr、75℃の片面浸漬では20,000hr、40℃では20,000hr以上となっている。興味ある結果は、両面浸漬と片面浸漬では、片面の方が延性から脆性に移行するまでの時間が、はるかに長いことである。これは、片面の場合は、反対面は空気に曝されている状態であるため、加水分解は温水接触面からのみ起こっている。加水分解よりは熱酸化劣化に耐性を有するPCの特性が表れている。また、**図5.20**の破断ひずみは**図5.19**の破断応力より、早い時期に低下し始めるが、これは温水中ではクラック（スタークラック）が発生するため、クラックが応力集中源になって引張破断ひずみの低下が早い時期から起こると考えられる。また、PCについて、湿度と温度を変えて処理した場合、処理時間と数平均分子量の関係は**図5.21**のようになり、数平均分子量が14,000より低くなると脆性破壊を起こす[19],[20]。破断ひずみは同図に示すように変化し、数平均分子量が14,000で延性破壊から脆性破壊へ移行する。相対湿度100％の場合について、延性・脆性移行時間（対数）と絶対温度の逆数をプロットすると、**図5.22**に示すように直線となり、アレニウスの式が成り立つ。これらの結果から38℃における脆性・延性転移時間は5年と推定できる。ガラス繊維強化PCの場合は、**図5.23**のように

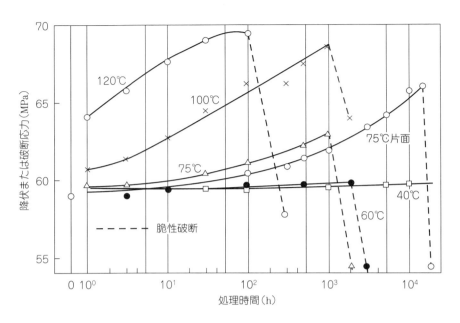

図5.19　PCの温水処理による引張降伏または破断強度の変化[18]

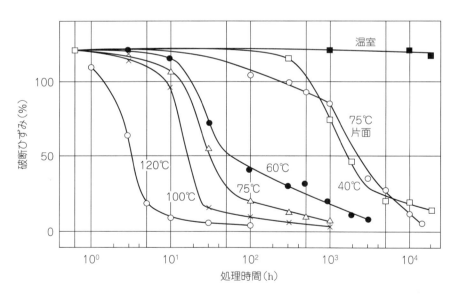

図5.20　PCの温水処理による破断ひずみの変化[18]

曲げ強度保持率では、25℃においても若干低下が認められる。この理由は、水に浸漬すると、PCと繊維の界面に水分が浸透して接着力を低下させるためと推定される。一方、75℃や100℃の高温側では非強化PCほど急激な強度低下を示さない。これは、強度低下の1つの要因である温水によるクラックの成長がガラス繊維によって抑制されるためと考えられる。

第5章　プラスチックの劣化と寿命

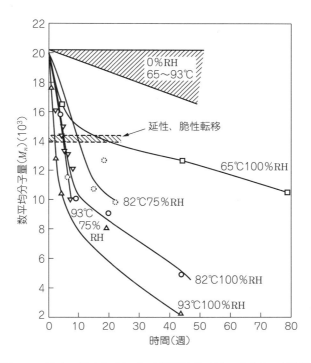

図5.21　湿度・温度処理による数平均分子量の変化（PC）[19)、20)]

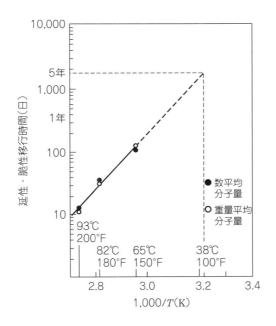

図5.22　相対湿度100％における温度と延性—脆性転移時間の関係（PC）[19)、20)]

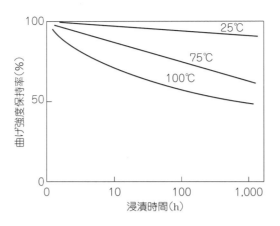

図5.23 ガラス繊維強化PC(30%)の温水処理による曲げ強度保持率の変化[18]

5.3 紫外線による劣化

1) 劣化の原理と抑制

グロッツス・ドレーバー(Grotthus–Draper)の法則(光化学の第1法則)によれば、「物質によって吸収した光のみが光化学反応を起こす」となっている。言い換えれば、光化学反応には、まず光エネルギーを吸収することが必要である。また、エネルギーを吸収した分子が反応するとは限らず、そのエネルギーが他の分子に移動して反応する、いわゆる増感作用もある。

さて、物質には固有の吸収波長領域があり、その吸収エネルギーがその物質分子に作用して変化を起こす。光の波長とエネルギーの関係は表5.5の通りであり、吸収される波長が短いほど作用が激しくなることがわかる。ポリマーに光線を当てる場合、太陽光線では劣化現象を示す波長は約400mμ以下である。表5.6は、各種ポリマーを劣化させる波長を示しているが、290〜370mμあたりの波長領域であることがわかる[21]。

ポリマーの紫外線劣化では、紫外線による純粋な分解反応ではなく、空気中の酸素が関与する。つまり、紫外線によって遊離ラジカルが生成すると、引き続いて酸素によって自動酸化反応が進行し劣化する。劣化のスキームとしては、次のようになる[22]。

$RH + h\nu \rightarrow R\cdot + \cdot H$
$R\cdot + O_2 \rightarrow ROO\cdot$　　　　　　　活性化
$ROO\cdot + RH \rightarrow ROOH + R\cdot$
$2ROOH \rightarrow R\cdot + ROO\cdot$　　　　　連鎖開始

あるいは

$RH + h\nu \rightarrow RH*$
$RH* + O_2 \rightarrow ROO\cdot$ (中間過程を経て)

第5章　プラスチックの劣化と寿命

表5.5　光の波長とエネルギー

波長（mμ）	750	650	590	575	490	455	395	300	200
アインシュタイン（kcal）	38.0	43.9	48.3	49.6	58.2	62.7	72.2	95.0	143

注）光量子1molのエネルギーをアインシュタインという。各波長のアインシュタインは、「コラム　現象からのひとこと⑤」に示した波長λとアインシュタインの関係式に、各波長の値を入れて計算した値である。

表5.6　プラスチックを劣化させる波長[21]

材　　料	波長（mμ）
ポリエステル	325
ポリスチレン	318
ポリエチレン	300
ポリプロピレン	310
ポリ塩化ビニル	310
塩ビ—酢ビ共重合体	322〜364
ホルムアルデヒド樹脂	300〜320
硝酸セルローズ	310
ポリカーボネート	295
ポリメチルメタアクリレート	290〜315

$$ROO\cdot + RH \quad \rightarrow \quad ROOH + R\cdot$$

　このように酸素の存在下では紫外線劣化も自動酸化劣化を伴う。また、劣化を促進する他の要因としては温度と水分がある。紫外線が関与する一次過程では温度の影響は小さいが、引き続いて起こる二次過程の自動酸化反応では温度や湿度が大きく影響する。

　紫外線による劣化を防止する方法としては、紫外線吸収剤、光安定剤、光遮蔽剤などをポリマーに添加する方法（またはこれらの添加剤を併用）がある。

　例えば、ベンゾフェノン系紫外線吸収剤に光が当たると、フェノール性水酸基の近くのカルボニル基（またはトリアザール基）が共鳴構造をとり、光のエネルギーを吸収し振動エネルギーに変換する。その後振動エネルギーは熱、光、蛍光などのエネルギーに変換し、ポリマーの発色団が紫外線により励起されるのを防止する。エネルギーを放出すると紫外線吸収剤はもとの構造に戻る（図5.24）。このような効果を有する紫外線吸収剤としては、サルシレート系、ベンゾフェノン系、ベンゾトリアゾール系、シアノアクリレート系、ニッケル錯塩などの種類がある。

　光安定剤は、紫外線吸収能はなく、劣化によって発生するヒドロペルオキシドラジカルの安定化、安定N-オキシルの再生を伴う有害ラジカルの補足除去などの機能を有するもので、ヒンダードアミン系（HALS）がある。

　光遮蔽剤としては、無機充填剤、有機及び無機顔料があり、これらをプラスチックに混入すると、紫外線を表面で遮断するために光劣化を抑制する。原則的には、これらの物質が紫外線

— 117 —

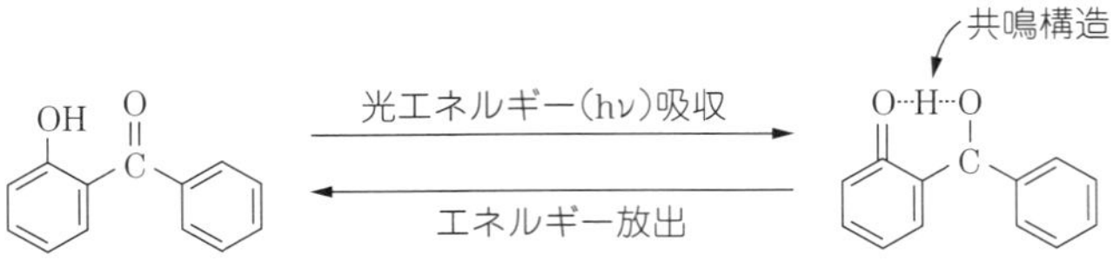

図5.24　紫外線吸収剤の紫外線吸収機構
（ベンゾフェノン系の場合）

表5.7　耐紫外線暴露試験方法

規　　格	名　　　　　称
JIS K7219⁻¹⁹⁹⁸	プラスチック─直接屋外暴露、アンダーグラス屋外暴露及び太陽集光促進暴露試験方法
JIS K7350-1⁻¹⁹⁹⁵	プラスチック─実験室光源による暴露試験方法─第1部：通則
JIS K7350-2⁻¹⁹⁹⁵	プラスチック─実験室光源による暴露試験方法─第2部：キセノンアーク光源
JIS K7350-3⁻¹⁹⁹⁶	プラスチック─実験室光源による暴露試験方法─第3部：紫外線蛍光ランプ
JIS K7350-4⁻¹⁹⁹⁶	プラスチック─実験室光源による暴露試験方法─オープンフレームカーボンアークランプ

を吸収する効果であるから、吸収能が大きいものほどよい。カーボンブラックはすべての材料に最もよい遮蔽剤である。

2) 耐紫外線性の試験方法
　プラスチックの耐紫外線暴露試験方法としては、**表5.7**のJISがある。

［促進暴露試験］
　促進暴露試験の代表的な方法としては、キセノンアーク光源（JIS K7350-2⁻¹⁹⁹⁵）によるもの、カーボンアークランプ（JIS K7350-4⁻¹⁹⁹⁶）によるものがある。この2つの方法による暴露条件の比較を**表5.8**に示す。選択する条件にもよるが、基本的にはブラックパネル温度、相対湿度、水噴霧サイクルなどは同じである。波長分布は、キセノンアーク光源は290mμ以下の紫外線を含んでいないが、カーボンアークランプは290mμ以下の紫外線も含んでいる。地表における太陽光線の波長別分布は290mμ以下の波長は含まれていないので、キセノンアークのほうが、太陽光線の波長分布に近いといわれている。また、わが国で普及しているサンシャインカーボンアーク促進暴露試験法の波長分布も、**図5.25**のように290mμ近辺の紫外線を多く含んでいる[23]。紫外線カーボン、サンシャインカーボンの場合は、短波長側の紫外線を含んでいるため紫外線劣化を短時間で評価するには効果がある。一方、紫外線蛍光ランプによる促進暴露試験法は（JIS K7350-3⁻¹⁹⁹⁶）は太陽光線中の特定の紫外線領域に相当する分光出力を得ることができるもので、ランプとしては、Ⅰ型とⅡ型がある。Ⅰ型は300mμ未満の放射が、全放射出力の2%未満の紫外線蛍光ランプ（UV-Aランプ）、Ⅱ型は300mμ未満の放射が、全放射出力の10%を超える紫外線蛍光ランプ（UV-Bランプ）である。一般には、UV-AとUV-Bを組み合わせて用いるのが望ましいとされている。また、その他の試験条件としては、**表5.9**に示すような2つの試験モードがある。このように紫外線蛍光ランプ促進暴露法は、紫外線放射照度を使

第5章 プラスチックの劣化と寿命

表5.8 キセノンアークとカーボンアーク促進暴露試験の比較

<table>
<tr><th colspan="2">試験方法
項目</th><th colspan="2">キセノンアーク促進暴露試験方法
(JIS K7350-2-1995)</th><th colspan="6">カーボンアーク促進暴露試験方法
(JIS K7350-4-1996)</th></tr>
<tr><td rowspan="7">波長分布</td><td colspan="2">人工光源暴露試験の
相対放射照度の分布
(A法)</td><td colspan="2">人工光源アンダーグラス暴露
試験の相対放射照度の分布
(B法)</td><td colspan="6">特定波長におけるガラス製フィルタの分光透過率
(使用前)</td></tr>
<tr><td>波長
(nm)</td><td>相対放射照
度の分布[1]
(%)</td><td>波長
(nm)</td><td>相対放射照
度の分布[2]
(%)</td><td colspan="2">Ⅰ形</td><td colspan="2">Ⅱ形</td><td colspan="2">Ⅲ形</td></tr>
<tr><td>290〜800</td><td>100.0</td><td>300〜800</td><td>100.0</td><td>波長
(nm)</td><td>透過率
(%)</td><td>波長
(nm)</td><td>透過率
(%)</td><td>波長
(nm)</td><td>透過率
(%)</td></tr>
<tr><td>290以下</td><td>0[3]</td><td>300以下</td><td>0</td><td>255</td><td>≦1</td><td>275</td><td>≦2</td><td>295</td><td>≦1</td></tr>
<tr><td>290〜320</td><td>0.6±0.2</td><td>300〜320</td><td>0.1未満</td><td>302</td><td>71〜86</td><td>320</td><td>65〜80</td><td>320</td><td>≧40</td></tr>
<tr><td>320〜360</td><td>4.2±0.5</td><td>320〜360</td><td>3.0±0.5</td><td>≧360</td><td>>91</td><td>400〜700</td><td>≧90</td><td>400〜700</td><td>≦90</td></tr>
<tr><td>360〜400</td><td>6.2±1.0</td><td>360〜400</td><td>6.0±1.0</td><td colspan="6"></td></tr>
<tr><td colspan="5">注1) 290〜800nmの範囲の放射照度を100%とする。
2) 300〜800nmの範囲の放射照度を100%とする。
3) A法によるキセノンアークは、290nm以下の光を少量放射する。ある場合には、これが屋外暴露では生じない劣化反応をもたらすことがある。</td><td colspan="6"></td></tr>
<tr><td>ブラックパネル
温度</td><td colspan="4">(参考)65±3℃ または100±3℃</td><td colspan="6">63±3℃</td></tr>
<tr><td>相対湿度</td><td colspan="4">(50±5)% または(65±5)%</td><td colspan="6">(50±5)%</td></tr>
<tr><td>水噴霧サイクル</td><td colspan="4">水噴霧時間　18分±0.5分
水噴霧停止時間　102分±0.5分</td><td colspan="6">水噴霧サイクル

水噴霧時間(min)　水噴霧停止時間(min)
18±0.5　　　　　102±0.5
12±0.5　　　　　48±0.5</td></tr>
</table>

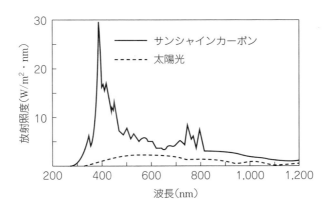

図5.25　サンシャインカーボンアークと太陽光の分光波長照度分布[23]
　　　　（サンシャインカーボンアーク：ガラスフィルタなし。試料
　　　　面は光源中心から480mm）

— 119 —

表5.9　紫外線蛍光ランプ促進暴露試験の試験モード(JIS K7350−3⁻1996)

モード	方　　　　法
試験 モード1	試験片を、ある期間紫外線に暴露し、続いて照射なしの期間をとるサイクルを繰り返す。 推奨条件：63℃±3℃のブラックスタンダードの温度で、4時間照射、次いで、照射なし、ブラックスタンダードの温度50℃±3℃で、水分凝縮状態で4時間暴露する。
試験 モード2	紫外線連続照射の下で試験片に水を噴射するサイクルを繰り返す。 推奨条件：ブラックスタンダード温度50℃±3℃及び相対湿度(10±5)％で、5時間の紫外線照射し、次いで、紫外線照射への連続暴露下に、ブラックスタンダード温度20℃±3℃で、1時間の水噴射を行う。

表5.10　屋外暴露試験法と装置及び暴露場所(JIS K7219⁻1998)

方法	名　　称	装置の概略	暴　露　場　所
A法	直接暴露法	—	樹木や建物から十分離れた広い場所でなければならない。南面45°の場合は、赤道及び東西方向に隣接する暴露台を含めて仰角20°には障害物はなく、また、極方向には仰角45°以上には障害物があってはならない。南面30°以下の暴露の場合には、仰角20°以上に障害物があってはならない。
B法	アンダーグラス屋外暴露法	図5.26	
C法	太陽集光促進屋外暴露試験法	図5.27	フレネル集光型暴露法は、乾燥した天気のよい年間3500時間以上の日照時間があり、年間の日中の平均相対湿度が、30％以下の場所で使用されるのが最もよい。C法を使って強めた光を照射する試験を行うための最低条件は、太陽に垂直な面での直接照射と全天照射との比は0.8とする。

用条件に合わせた試験モードに設定して材料または材料処方のスクリーニングに用いることを目的にしている。

[屋外暴露試験法]
　屋外暴露試験方法はJIS K7219⁻1998に規定されている。方法としては、直接屋外暴露法、アンダーグラス屋外暴露法、太陽集光促進暴露試験法などがある。それぞれの装置の概略、試験場所などを、**表5.10**、**図5.26**、**図5.27**に示す。
　直接屋外暴露法は、最も一般的に行われている暴露試験法である。風、雨、日光などの自然環境に試験片を直接暴露する試験である。ただ、屋外暴露では、太陽光(紫外線)、温度、湿度、天候(雨、風、雪)や空気中の塵埃、ガスなどの環境要因によって、劣化の程度は異なってくる。標準的な暴露試験場所としては、米国ではフロリダ、アリゾナ、国内では千葉県銚子市、沖縄県宮古島などで行われている。
　アンダーグラス屋外暴露試験法は、**図5.26**のように試験片を板ガラスで覆った試験箱内に取り付け、板ガラスを透過して日光に暴露する試験法である。これは窓越しの太陽光を想定した暴露試験法である。
　太陽集光促進暴露試験法は、**図5.27**のように太陽光の方向に追跡し、太陽光をフレネル反射鏡で集光する部位に試験片を保持枠に取り付けた状態で暴露する試験法である。太陽に追尾して集光する方法であるので、通常の屋外暴露試験より加速促進劣化ができる方法である。

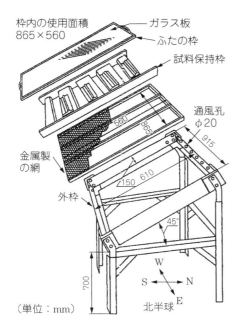

図5.26 太陽光によるアンダーグラス屋上暴露試験装置の例

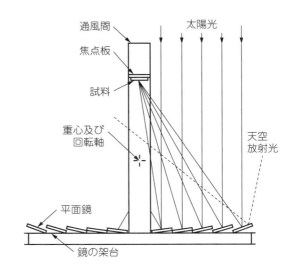

図5.27 フレネル反射鏡太陽集光促進暴露試験装置（光学系の概要）

3) 耐候性特性

　プラスチックを屋外で使用する場合には、太陽光(特に紫外線)以外に、温度、湿度、天候(雨、雪、風など)や空気中の塵埃、ガスなどの外的環境も加わって劣化が起こる。これらの外的環境を含めた抵抗性を耐候性という。また、太陽光や屋内で使用する光線(白熱灯、蛍光灯、水銀灯、殺菌灯)に対する抵抗性を耐光性または耐紫外線性という。ここでは、前者の耐候性を中心に述べる。

　プラスチックは紫外線によって照射表面から劣化が進行する。紫外線照射によって分子量低下、架橋化などによって脆化し、表面から微細なクラックが発生する。同時に脆化した表面がチョーキング、白化、黄変などの現象を示し劣化が進行する。

　紫外線劣化の挙動として、チョーキングを示しながら劣化するタイプと、表面が白化または黄変現象を示しながら劣化するタイプがある。前者のタイプとしては、PE、PP、PA、POMなどがある。後者のタイプとしては、PS、ABS、PC、PET、PBTなどがある。

　写真5.1はPOMに紫外線照射したときの表面における微細なクラック発生状態である。この時点では、クラックとともにチョーキング現象も示している。**図5.28**は、PC試験片をウエザーメータ処理した後に、表面側から削り出し、表面からの深さと極限粘度(分子量の代用特性)の関係を測定した結果である[24]。同図から、照射時間が長くなると表面側から劣化が進行する様子がうかがわれる。屋外暴露においては、同様に紫外線によって成形品の表面層が劣化して、ぼろぼろになり、雨や風で表面の劣化層が流されたり、飛ばされたりして、さらに内部へと劣化が進行する。

　促進劣化と屋外暴露の関係については、プラスチックの種類によって異なる。例えば、PCについて、サンシャインウェザー促進試験と屋外暴露試験による劣化を**図**5.29、**図**5.30に示

写真5.1 紫外線照射(フェードメータ)による表面のクラック発生状態(POM)

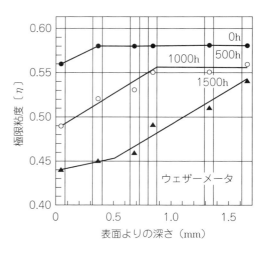

図5.28 厚み方向での促進暴露劣化の挙動（PCの場合)[24]

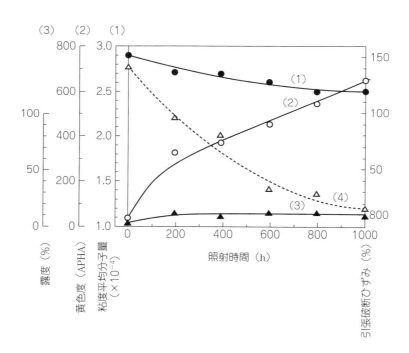

図5.29 PCフィルムのサンシャインウェザーメータ促進暴露試験結果[25]
（厚み0.2mm）

す[25]。両図とも、性能としては、粘度平均分子量、APHA（黄色度に相当）、引張破断ひずみ、霞度などについての劣化の挙動を示したものである。両図の比較から、促進暴露試験と屋外暴露試験の対応を読みとることができる。このことについては、5.5.2で述べる。一方、試験片の厚みの影響もある。図5.31は、試験片厚みが3.2mmのときの屋外暴露データである[26]。図5.30の試験片厚み200μの屋外暴露に比較すると、肉厚3.2mmのほうが劣化は起こりにくいこ

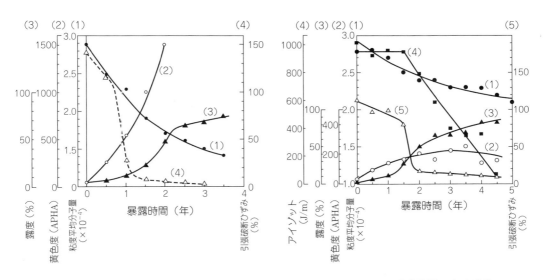

図5.30　PCフィルムの屋外暴露結果
（厚み0.2mm）[25]

図5.31　PCの屋外暴露による劣化
（厚み3.2mmの場合）[26]

表5.11　各種プラスチックが50%以上劣化する屋外暴露期間[27]

屋外暴露月数	引張強度	伸び率	衝撃力
2カ月以内		HDPE、LDPE PP、ABS	ABS樹脂
4カ月以内	SAN	HIPS	PC、PP
6カ月以内	POM	POM	
6カ月超過（上限不明）	HDPE、LDPE PP、PC、HIPS PMMA、ABS	PMMA SAN	AS樹脂、PMMA HIPS POM LDPE、HDPF

とがわかる。

一方、各種プラスチックについて、屋外暴露による劣化で、初期物性が50％まで低下する屋外暴露時間に注目して分類すると**表5.11**の通りである[27]。PMMAは、全体的に優れているが、他のプラスチックは、評価する物性項目によって、ランクが分かれている。

以上述べたことを含め、促進暴露や屋外暴露のデータを利用する場合には、次の点を配慮しなければならない。

①試験片厚みの影響
②屋外暴露場所の天候の差
③屋外暴露した年での天候の順不順の差
④試験機の差
⑤試験する特性の選び方による違い

5.4　その他の劣化

1）放射線照射による劣化

　紫外線より波長の短い放射線としてはX線やガンマー線（γ線）がある。これらの放射線は紫外線よりさらに波長は短いので、エネルギーは大きい。これらの放射線による劣化の原理は、紫外線と同様であるが、エネルギーは大きいので劣化しやすい。

　γ線は医療器具の滅菌に使用されることもあり、プラスチックの照射劣化に関するデータは比較的多い。

　例えば、各種プラスチックに0.27×10^6rad/hrの線量率でγ線を真空中6×10^6radで照射した場合、発生ガスのモル比は**表5.12**の通りである[28]。ポリマーの分子構造によって、分解発生ガスの組成は異なっている。例えば、PCの場合には、一酸化炭素や二酸化炭素が検出されることから主鎖の切断が起こっている。また、分解ガスの発生量では、ポリエステル系、ポリスチレン、ハロゲン化ポリエチレンなどは少ないが、PE、PP、POMなどは発生量が多く不安定である。

2）オゾン劣化

　地表の太陽光の波長は約300mμ以上の波長であるが、高度160kmに達すると紫外部は200mμまでのスペクトルが得られる。酸素（O_2）は240mμ以下の短波長によって解離して活性酸素（O）になる。大体90km以上の高度ではこの解離作用が強くなるためOとして存在することになる。70km以下ではO_2とOによってオゾン（O_3）が生成する。O_3は光線の内、特定波長部200

表5.12　ガンマ線照射による各種プラスチックの分解発生ガス（μmol/g）[28]

ポリマー	CO_2	H_2	CO	メタン	エタン	ブタン	ブテン	メチルクロライド	ペンテン	メタノール
ポリカーボネート	32.5	1.5	66.0							
ポリエステル1	56.3	33.5					4.6	4.0	1.6	
ポリエステル2	82.0	18.0								
ポリエチレン（高密度）	3.0	92.0	5.0							
ポリエチレン（低密度）	1.0	91.0	1.0		2.0	3.5	1.5			
ポリプロピレン	1.0	95.0	1.0	3.0						
6-6ナイロン	5.0	71.0	24.0							
11ナイロン	1.0	66.0	29.0	4.0						
塩素化ポリエーテル	8.7	85.8					1.4	3.8	0.3	
ポリアセタール	69.0	7.5		15.0						2.0

注）6Mrad in vacuum

第5章　プラスチックの劣化と寿命

～300mμ を吸収する。従って、70km 以下の高度で生成する O_3 のため、この層を通過した光は 300mμ 以下の短波長紫外線をカットすることになる。また、O_3 は短波長紫外線を吸収し、そのエネルギーによって分解するが、微量な O_3 は対流によって地表に到達する。この微量な O_3 の影響で、二重結合を有するポリマーでは分解が起こる。O_3 によるポリマーの分解作用は二重結合に作用して、次のようなオゾナイトになり、オゾナイトはさらに分解する[29]。

$$C=C + O_3 \longrightarrow C \diagdown \!\! \begin{smallmatrix} O-O \\ \\ O \end{smallmatrix} \!\! \diagup C$$

二重結合　オゾン　　オゾナイト

従って、ゴムのように二重結合を有するポリマーは O_3 によって分解する。天然ゴムがオゾンによって劣化するスキームは、次の通りである。

$$-C(CH_3)=CH- \xrightarrow{O_3} \ \cdots$$

　(A)　　(B)　(C)　(D)

同スキームからわかるように、オゾナイトを経過してカルボニル基が生成する。また、分解物(c)同志が再結合すると、レビュリン酸ジパーオサイドが生成しさらに分解は進行する。

　以上のように、自然環境でのオゾンによる劣化は、微量な量であるので、二重結合を有するゴムのようなポリマーに限られる。

3) 微生物による分解

　一般のプラスチックは、微生物の酵素によって劣化することはないが、生体高分子、多糖類、たんぱく質などは酵素によって分解される。プラスチックについても、環境負荷の低減という観点から、微生物による分解を意図的に起こすポリマー(生分解性プラスチック、グリーンプラスチック)の開発が進められている。これらのポリマーの開発について述べることは本章の目的ではないので、分解に関する原理の記述にとどめたい。

　微生物の酵素作用に適した反応形態は加水分解である。従って、加水分解される分子結合を持つものは生物劣化可能なポリマーではある。ただ、芳香族系のポリエステルやポリアミドでは生物分解性は認められない。脂肪族ポリエステルや脂肪族ポリアミドは、微生物の酵素作用によって生物劣化を示す[30]。

　例えば、ポリカプロラクトンはかなりの高分子量でも生物分解性を示す。ただ、ポリカプロラクトンの実用性能は低いので、この点を改良するためにアミド結合やウレタン結合を導入して性能を改良している。

　一般に、生物分解性を有するポリマーのつくり方としては、上述の化学合成系以外に微生物産生系、天然物利用系などもある。

　また、生物分解性ポリマーは、酵素(菌体外酵素)によって、低分子量化合物に分解し、好気

— 125 —

表5.13　生分解性プラスチックの分解性評価法のJIS

規　格	名　　称
JIS K6950^{-2000}	プラスチック—水系培養液中の好気的究極分解度の求め方—閉鎖呼吸計を用いる酸素消費量の測定による方法
JIS K6951^{-2000}	プラスチック—水系培養液中の好気的究極分解度の求め方—発生二酸化炭素量の測定による方法
JIS K6953^{-2000}	プラスチック—制御されたコンポスト条件下の好気的究極分解度及び崩壊度の求め方—発生二酸化炭素量の測定による方法

的分解（酸素の存在下）では最終的に水と二酸化炭素に、嫌気的分解（酸素が存在しない条件下）では、メタンと二酸化炭素に分解される。生分解性ポリマーの好気的分解については、**表5.13**に示す生分解度の測定法がJIS化されている。

5.5　プラスチック製品の寿命評価法

プラスチック製品の寿命は、様々な使用条件のもとで製品の要求性能・機能を満足しなくなる終点（エンドポイント）までの時間として評価される。従って、寿命を推定する方法には、一般的な方法があるわけではなく、製品の要求性能・機能によって寿命の考え方は異なってくる。

5.5.1　寿命の終点の考え方

寿命は、単に材料の劣化によるだけではなく、応力の存在、または使用段階における摩耗、傷付き、薬品との接触などにも影響される。

基本的には、性能・機能の低下は次の原因により起こる。

①応力の存在下でクラックが発生する、または破壊する。

②環境要因のもとで、プラスチックが劣化（分解）して強度が低下する。

③プラスチックに意図的に添加した成分がフリードすることによって性能・機能が低下する。

④その他、寸法、外観などが変化して使用目的に耐えなくなる。

これまでプラスチック製品の寿命評価に取り入れられてきた製品寿命の終点に関する考え方を整理すると次の通りである。

①初期強度の50％にまで低下する時間

正確な基準があるわけではないが、初期強度の50％に低下する時間を寿命とする考え方がある。例えば、熱エージング寿命では降伏応力、破断応力、破断ひずみなどの値が初期値の50％まで低下する時間を寿命として、各温度にける劣化時間を求めて、アレニウスの式から実用温度を求めている。

②延性破壊から脆性破壊へ移行までの時間

図5.32に示すように、延性破壊状態を示す材料が脆性破壊に移行する時間として、延性—脆性転移点近傍における（延性または脆性破壊数／全試料数）が50％に達する時間を求める方法がとられる。

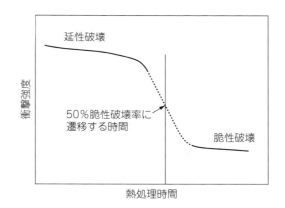

図5.32 延性破壊から脆性破壊に遷移する寿命時間とする場合

③クラックが発生するまでの時間または破壊するまでの時間
　クラックは破壊に結び付く前駆的現象と考えて、クラックが発生すると寿命と考え、クラックが発生するまでの時間で評価する方法である。定応力下で行うクリープ破壊では試料が破断した時間を寿命と考える。
④特性値が、ある値まで低下する時間
　平均分子量、極限粘度、MI値、色相、黄色度、光線透過率、霞度などが、ある値まで変化する時間または初期値からの差が、ある値になるまでの時間を寿命とする考え方である。これは、それぞれのプラスチックの特性が関係するので、一定の基準があるわけではない。

5.5.2　寿命予測法

1）熱劣化、加水分解の予測

　アレニウスの反応速度論の考え方は、重合反応だけではなく、熱劣化（熱分解）や加水分解などの分解（解重合反応）にも適用できる。
　一般に、室温近傍の温度では材料の劣化寿命の評価には時間がかるので、高温下で劣化試験をして、理論式を用いて、低温側の長時間側の寿命を推定する方法がとられる。ただ、プラスチックの場合には、必ずしも理論式のように直線性を示さないこともあるので、理論式の適用性について、事前に検証してみる必要がある。また、反応速度論をベースとする理論式は、本来確率的現象として扱わねばならないので、実験により検証する場合は、試料の個数を多くして、データは確率値として取り扱うことも忘れてはならない。
　さて、熱エージング劣化寿命はアレニウスの式から誘導される次式を用いて求める。

$$\ln t = A' + \frac{E_a}{RT} \tag{5.6}$$

　　t　：初期値からある値まで低下する時間
　　A'：定数　　　E_a：活性化エネルギー
　　R　：気体定数　　T：絶対温度

　式(5.6)において、高温下で物性値が初期値の50％まで低下する時間 t を実験によって求め、

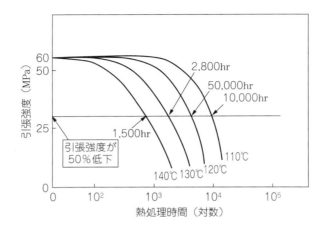

図5.33 熱処理による50%劣化時間

表5.14 熱処理温度と初期引張強度の50%に低下する時間

温度(絶対温度 T)	$1000/T$(K)	初期引張強度の50%に低下する時間
140℃ (413K)	2.42	1,500hr
130 (403K)	2.48	2,800hr
120 (393K)	2.54	5,000hr
110 (383K)	2.61	10,000hr

定数 A'、E_a などを決定すれば、低温側における寿命を推定できる。一般には、実験値を外挿して寿命を予測する方法がとられている。熱劣化寿命や加水分解については、5.1節において述べたが、次に寿命予測例について述べる。

[熱劣化寿命予測例]

あるプラスチックについて、110℃、120℃、130℃、140℃の4温度で熱処理を追った後、引張強度を測定した結果を図5.33に示す。同図から強度が50%に低下する時間は、表5.14に示す値になる

これらの値を、タテ軸に50%破壊するまでの時間 t(対数)、ヨコ軸に熱処理温度及び絶対温度の逆数($1000/T$)をとり、図5.34に示すように上記の測定結果をプロットする。同図の点線は、アレニウスの式が成り立つと仮定して測定値を直線外挿した線である。この材料について、10年の熱劣化寿命を持つための最高連続使用温度を予測してみる。10年は(24hr)×(365日)×(10年)＝87,600hrであるから、同図から70℃と読みとれる。

[加水分解寿命予測例]

あるプラスチックについて、60℃、75℃、100℃、120℃の4温度の温水に浸漬しのち引張強度を測定したところ、図5.35の測定結果であった。同図から、引張強度が50%に低下する時間は、表5.15の値になる。

これらの値を、タテ軸に50%破壊するまでの時間 t(対数)、ヨコ軸に温水温度及び絶対温度

第5章 プラスチックの劣化と寿命

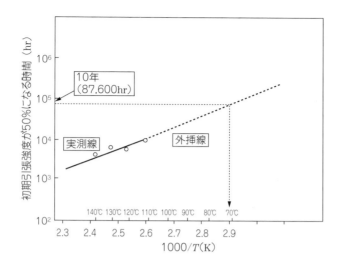

図5.34 アレニウスの式による熱劣化の予測例

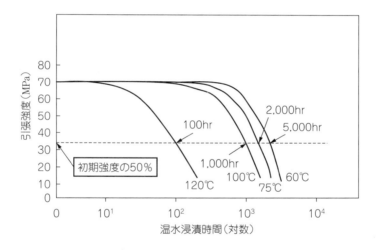

図5.35 蒸気または温水処理による50%劣化時間

表5.15 蒸気、温水処理による初期引張強度の50%低下時間

温度(絶対温度 T)	$1000/T$ (K)	初期引張強度の50%に低下する時間
120℃ (393K)	2.54	100hr
100　(373K)	2.68	1,000hr
75　(348K)	4.03	2,000hr
60　(333K)	3.00	5,000hr

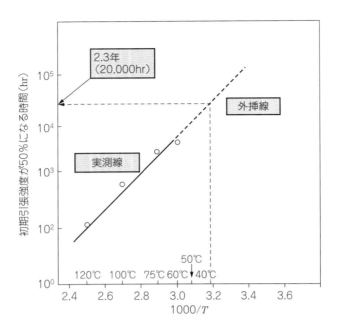

図5.36 アレニウスの式による加水分解劣化の予測例

の逆数($1000/T$)をとり、**図5.36**に示すように上記の測定結果をプロットする。同図の点線は、アレニウスの式が成り立つと仮定して測定値を直線外挿した線である。この材料について、40℃の温水浸漬の寿命時間を予測すると、同図のように約20,000時間(2.3年)となる。

2) 使用中の温度が変化する場合のトータル寿命の予測

いろいろな温度条件下で使用する場合のトータル時間での寿命を推定するには、次の式がある。この式は、直接被害則またはマイナー則と呼ばれる方法であり、金属材料では、疲労寿命の予測などに広く応用されている。

$$\frac{1}{L} = \frac{1}{(\sum L_n/x_n)} \tag{5.7}$$

ただし、L：推定寿命
　　　　L_n：ある温度における推定寿命
　　　　x_n：L_nに対する時間割合

プラスチックでは、使用中に異なった温度で使用される場合、トータル寿命の予測に利用された例がある[31]。例えば、**表5.16**に示すケースについて、式(5.7)を用いてトータル寿命を計算する。ただし、各温度における寿命時間は、あらかじめ熱劣化寿命時間から求めたデータである。

$$\frac{1}{L} = \{1/(3.5/0.025)\} + \{1/(25/0.045)\} + \{1/(550/0.23)\} + \{1/(1000/0.70)\}$$

となる。

上記の式から寿命Lを計算すると

第5章　プラスチックの劣化と寿命

表5.16　プラスチックの使用温度、寿命時間、
使用時間割合

使用温度(℃)	寿命時間(ヶ月)	使用時間の割合(%)
130	3.5	2.5
110	25	4.5
80	550	23
常温	1,000以上	70

$$L \fallingdotseq 107 \text{ヶ月（約9年）}$$

となる。

3)　促進暴露試験結果から屋外暴露寿命の予測

　屋外暴露寿命を予測するには、促進暴露試験法が用いられている。この場合、促進暴露試験処理の何時間が屋外暴露の何年に相当するかが問題である。

　5.3の3)で示したサンシャイン促進暴露結果と屋外暴露試験結果の測定例をもとに、屋外寿命評価の考え方について述べる。

　この試験は同一のPCフィルム（厚み0.2mm）を用いてサンシャイン促進暴露試験と屋外暴露試験を行った結果である。図5.29の結果（サンシャイン促進暴露試験）と図5.30の結果（屋外暴露試験）をもとに、PCの各寿命基準に対応する促進暴露時間と屋外暴露時間をまとめ、この結果から促進係数と屋外暴露1年に相当する促進暴露時間を求めた。ここで、寿命評価基準としては、これまでの屋外使用実績から、次の基準を設定した。

　A)　PCの物性低下の指標：平均分子量が初期値から2000低下する。
　B)　色相が黄色くなって商品価値がなくなる指標：APHAが100に達する
　C)　透明材料の透視性が失われる指標：霞度(ヘイズ)が10%に達する
　D)　衝撃強度が低下する指標：初期値の50%に低下する

　これらの基準をもとに、屋外暴露試験結果とサンシャイン促進暴露試験の結果の対比を表5.17に示した。同表から、寿命評価基準(A、B、C、D)によって、促進暴露試験と屋外暴露試験の相関性が異なることがわかる。同表で、促進係数で見ると、A＜D＜C＜Bの順で大きくなっている。また、屋外暴露1年に相当する促進暴露時間は、Aでは1250時間、Bでは100時間、Cでは150時間、Dでは475時間となっている。これらの結果から、どのような寿命基準で評価するかによって、屋外暴露寿命に対応する促進暴露照射時間が異なることがわかる。促進暴露試験法で屋外暴露寿命を予測する場合には、対象製品についてどの特性が製品寿命として重要であるか考慮して評価する必要がある。

4)　クリープ破壊寿命の予測

　クリープ破壊は、一定の応力を負荷しておくと、長時間後に破壊する特性である。クリープ破壊応力は、負荷する応力が大きいほど破断時間は短くなる。また、環境温度は高いほうが破壊時間は短くなる。逆にいえば、負荷応力が小さく、使用温度が低くなると、クリープ破壊時間は長くなるので、実験的には試験時間が長くなるため寿命の予測が難しくなる。このような場合、アイリング(H. Eyring)の破壊の速度論から導かれた理論式を用いてクリープ破壊寿命

表5.17　促進暴露試験と屋外暴露の関係
—5.3節、3)項の図5.29と図5.30の対比—

寿命評価基準	サンシャイン促進暴露試験(hr)(a)	屋外暴露試験年(hr)(b)	促進係数 b/a	屋外暴露1年に相当するサンシャイン促進暴露時間(hr)
A(粘度平均分子量) 初期分子量より2000低下するまでの時間	250	0.2 (1,752)	7.0	1,250
B(APHA(黄色さ)) APHAが100に達するまでの時間	50	0.5 (4,380)	87.6	100
C(霞度) 霞度が10%に達するまでの時間	150	1.0 (8,760)	58.6	150
D(引張破断ひずみ) 破断伸びが初期値の50%に低下するまでの時間	380	0.8 (7,007)	18.4	475

表5.18　負荷応力とクリープ破壊時間

負荷応力(MPa)	クリープ破壊時間(hr)
50	10
45	70
40	400
35	4,000

を予測する方法がある。

　負荷応力 σ とクリープ破壊時間 t_B の間には、次の関係がある。

$$\log t_B = A - B\sigma \tag{5.8}$$

　ただし、A 及び B は温度に依存する定数

　式(5.8)を用いて、高応力側での短時間クリープ破壊時間データから、低応力側におけるクリープ破壊寿命を予測することができる。

　例えば、あるプラスチック材料について室温でクリープ破壊時間を測定したところ、**表5.18**に示す結果であった。

　これらの測定値をタテ軸に負荷応力(MPa)、ヨコ軸(対数)に破壊時間をプロットすると、**図5.37**のようになる。同図の点線は、式(5.3)が成り立つと仮定して直線外挿した線である。例えば、この図をもとに、10年のクリープ破壊に耐える負荷応力を求める。10年は時間に換算すると87,600hrであるから、同図から、約27MPaと読み取れる。

　また、クリープ破壊では、負荷応力 σ、温度 T(絶対温度)、クリープ破壊時間 t_B について、$T(\log t_B + C)$(C：材料による定数)をヨコ軸(対数)、タテ軸に負荷応力 σ をとると1本の直線に乗るという理論式がある。この場合、定数 C の値は材料毎にあらかじめ実験で決めておか

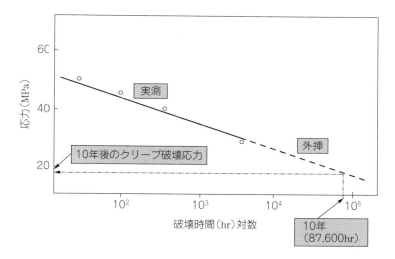

図5.37　10年後のクリープ破壊応力の予測例

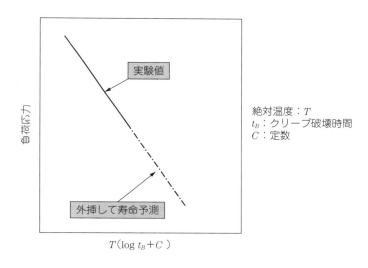

図5.38　ラルソン・ミラー法によるクリープ寿命推定法

ねばならない。この理論式を用いてクリープ破壊寿命を推定する方法をラルソン・ミラー法という。**図5.38**にラルソン・ミラー法によるクリープ破壊寿命の予測方法を示す。ラルソン・ミラー法では、材料に関する定数 C 値を決めておけば、任意の負荷応力と温度についてクリープ破壊時間を予測できる利点がある。

5) 加速劣化試験による寿命推定

理論式を用いて寿命を予測することは、現実的には困難なことが多い。例えば、実際の製品では、次のことを配慮しなければならない。
　①強度ばらつき(破壊は確率的現象)
　②複合的要因(応力、温度、化学的要因)
　③成形加工上の要因(ウェルド、コーナアール、成形時の劣化など)

表5.19　加速試験方法

分　類	試験方法	評　価　方　法
ヒートサイクル試験法	・ヒートサイクル試験 ・温湿度サイクル試験 ・ヒートショック試験	温度や湿度を変化させることにより、成形品に膨張、収縮によるストレスを繰り返し発生させて、クラックの発生や損傷の有無をチェックする。
環境劣化試験	・熱処理試験 ・高湿度処理試験 ・温水処理試験 ・薬品浸漬試験 ・塩水噴霧試験 ・耐候性試験 ・紫外線照射試験	それぞれの環境に一定時間放置し、劣化させた後、外観変化、クラック発生や損傷の有無などをチェックする。
ストレスクラック試験	ソルベントクラック試験	試験片または成形品を、薬品に接触または浸漬した後、一定時間後にクラックや損傷の有無をチェックする。
	クリープ破壊試験	試験片または成形品に一定の荷重を負荷して放置した後、クラックまたは損傷の有無をチェックする。
動的寿命試験	疲労試験	荷重、負荷速度、繰り返しサイクルなどを実使用と同じ条件にして、損傷するまでの繰り返し数を測定する。
	摩擦摩耗試験	摺動、回転、スラストなどの状態で、摩耗速度や荷重を実際の使用条件に合せて、摩耗回数または摩耗距離と摩耗量または損傷の有無の関係をチェックする。
	歯車試験	歯車形状、回転速度、負荷荷重などを使用条件に合せて、時間と歯の摩耗または損傷の関係を測定する。

④二次加工要因

⑤製品の組み立て条件

　そのため、加速寿命試験による信頼性評価が行われる。加速寿命試験法は使用条件を厳しくした条件で製品寿命を信頼性評価する方法がとられている。ただ、本法は、絶対的評価基準はないので、それぞれのケースについて実績データを積み重ねて、評価基準をつくる必要がある。加速寿命評価法の例を**表5.19**に示す。これらの評価法の中で高温加速試験やヒートサイクル試験法はプラスチック製品によく用いられている。

　高温加速試験は、**図5.39**に示すように、高い温度で処理すると、短時間でクラックが発生する特性を利用している。室温下ではクラックが発生するのに時間がかかるので、プラスチック製品に大きな応力（残留応力、組み立て時の発生応力）が存在しても出荷段階では異状を発見できないことがある。同図からわかるように、同じ応力の存在下では、室温ではt_1時間でクラックが発生するが、高温ではt_2時間で発生するので、短時間でクラック発生の有無を評価できる。もちろん、この方法は、プラスチックが熱変形をする高い温度では適用できない。

　ヒートサイクル試験は、次のような条件下での信頼性評価に有効である。

①組み立て部品で、プラスチックと相手材の線膨張係数の差によって応力が発生する。

　この発生応力によるクラックの発生の有無を調べる。

②ヒートサイクルの過程で、成形品の厚み方向で温度勾配が生じるため、熱膨張または収縮差が生じる。これによって応力が発生する。特に、プラスチックは熱伝導率が小さいので、ヒートサイクルの過程で温度勾配による応力が発生しやすい。このように繰り返しによる

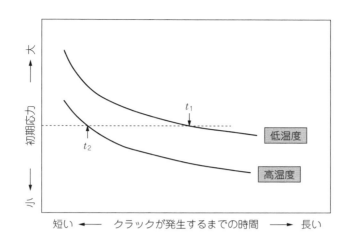

図5.39 クラック発生限界応力と温度の関係

応力と製品に内在する応力が組み合わさった時にクラックするかチェックする。

また、疲労試験、歯車試験、摩擦摩耗試験など動的寿命試験は、試験片を用いた試験では、寿命を推定することは困難であるので、実用条件に近い装置を製作して寿命試験をすることが多い。

疲労試験は、JIS規格による材料疲労試験法では応力負荷の繰り返し速度が速いので、試験片が自己発熱し、温度上昇により破壊応力が低下することがある。また、試験片の加工法の影響もある。実際の製品の場合には、手製の試験機を用い、負荷応力、繰り返し数を実使用に合わした条件で実験することが多い。

歯車試験も、疲労試験の場合と同様であるので、実際の歯車の使用条件に合わして手製の試験機で試験することが多い。特に歯車では、相手歯車の材質、試験歯車の寸法精度なども寿命評価に関係するので、実使用条件に合わせなければならない。

摩擦摩耗試験は、試料の表面あらさ、面圧、摺動速度などが関係するので、実用条件に合わした条件で寿命試験をするほうがよい。

6) 市場回収品、実装試験品などによる寿命評価法

基本的には、市場で使用されている製品を回収するか、モデルを製作して実装試験後のサンプルを回収して、データを時系列的に整理して、外挿して寿命予測する方法である。長期信頼性の要求される自動車部品などのプラスチック化では、このような寿命予測法が取り入れられている。

①類似製品で過去の使用実績データをもとに評価する方法

市場で使用実績のある製品で、類似製品がある場合には、以下のデータから寿命を予測する。

a) 類似製品について、当初製品化する場合に取得した評価データと市場での製品実績を調べる。
b) 類似製品で、市場で使用中のサンプルを回収し、使用期間と物性劣化の経時変化を調べる。
c) 類似製品と、開発する製品の製品設計、使用条件、設定寿命などの違いについて検討し、寿命を推定する。

②モデルを製作して、製品に取り付けて実装試験をする。

　この場合には、次のことを配慮しなければならない。

a) 加工法によってモデル自体の強度と実際の成形品の強度とは異なることがある。例えば、丸棒、板材などから切削加工する場合には、素材は高分子量のグレードを使用することが多いこと(強度は大きい)、モデルの表面には切削による微細な凹凸があること(応力集中による低下)などを考慮しなければならない。

b) 何個か実装試験にかけ、一定のインターバルで取り外し、製品の劣化の経時変化を追跡し、寿命を予測する。

引 用 文 献

1) 西澤仁，(日本合成樹脂技術協会監修)：やさしいプラスチック配合剤—製品性能と成形加工性向上のための基礎知識—, p. 72, 三光出版社(2001)
2) 三菱エンジニアリングプラスチックス：ユーピロン技術資料　物性編, p. 62(1995)
3) 三菱エンジニアリングプラスチックス：ユーピロン技術資料　物性編, p. 63(1995)
4) 向井淳二，金城徳章：技術者のための実学高分子, p. 221, 講談社(1981)
5) 本間精一，桜井正憲：プラスチックスエージ, **33**(5), 121-128(1987)
6) 本間精一，桜井正憲：プラスチックスエージ, **33**(5), 121-128(1987)
7) 三菱エンジニアリングプラスチックス：ユーピロン技術資料　物性編, p. 5(1995)
8) 鈴木健一：プラスチックス, **15**(8), 65(1964)
9) L. E. Nielsen, (小野木重治訳)：高分子の力学的性質(*Mechanical Properties of Polymers*), p. 13, 化学同人(1965)
10) 三菱エンジニアリングプラスチックス：ユーピロン技術資料　物性編, p. 23(1995)
11) 三菱エンジニアリングプラスチックス：ユーピロン技術資料　物性編, p. 23(1995)
12) 鈴木健一：日本ゴム協会誌, **42**(2), 132(1969)
13) 鈴木健一：日本ゴム協会誌, **42**(2), 132(1969)
14) F. C. Schilling et al.：*Macromolecules.* **14**, 532(1981)
15) F. C. Schilling et al.：*Macromolecules.* **14**, 532(1981)
16) 湯木和男編：飽和ポリエステル樹脂ハンドブック, p. 86, 日刊工業新聞社(1989)
17) 湯木和男編：飽和ポリエステル樹脂ハンドブック, pp. 308-310, 日刊工業新聞社(1989)
18) 三菱エンジニアリングプラスチックス：ユーピロン技術資料　物性編, pp. 64-65(1995)
19) R. J. Gardner, J. R. Martin：*SPE Tech. Pap. Annu. Tech. Conf.*, **21**, 328-331(1978)
20) R. J. Gardner, J. R. Martin：*J. Appl. Polym. Sci.*, **24**, 1260-1280(1979)
21) 西澤仁，(日本合成樹脂技術協会監修)：やさしいプラスチック配合剤—製品性能と成形加工性向上のための基礎知識—, p. 90, 三光出版社(2001)
22) 電気学会有機材料劣化専門委員会編：高分子材料の劣化, pp. 4-8, コロナ社(1958)
23) 山口富三雄：合成樹脂, **44**(7), p. 41(1998)
24) 三菱エンジニアリングプラスチックス：ユーピロン技術資料　物性編, p. 95(1995)
25) 三菱エンジニアリングプラスチックス：ユーピロン技術資料　物性編, p. 94(1995)
26) 三菱エンジニアリングプラスチックス：ユーピロン技術資料　物性編, p. 94(1995)
27) 鈴木健一：日本ゴム協会誌, **42**(2), 80(1969)
28) V. J. Krasmansky, B. G. Achhammer and M. S. Parker：*SPE Trans.*, 133-138(1961)
29) 電気学会有機材料劣化専門委員会編：高分子材料の劣化, p. 351, コロナ社(1958)
30) W. Schnabel, (相馬純吉訳)：高分子の劣化—原理とその応用—(*Polymer Degradation*), pp. 183-196, 裳華房(1993)
31) 高野菊雄編：ポリアセタール樹脂ハンドブック, p. 171, 日刊工業新聞社(1992)

コラム　現場からのひとこと❺
紫外線、X線、ガンマ（γ）線などを照射すると、なぜ劣化するか？

　理由は、ポリマー分子の結合エネルギーより、紫外線、X線、γ線などのエネルギーが大きいからである。これをもう少し、科学的に考えてみる。

　さて、物質からエネルギーが波動として空間に放出されることを放射（または輻射）という。物質から放射される放射線の波長を図に示す。

　光化学反応では、次の法則がある。
①物質は、光を吸収する場合にのみ反応は起こる（光化学の第1法則）
②放射によって物質がエネルギーを放出したり、吸収したりする場合には、エネルギーに最小単位があって、その整数倍だけが放出または吸収する。最小エネルギー単位をエネルギー量子 ε（光量子）といい、次の式で表される（量子説）。

$$\varepsilon = h\nu \tag{1}$$

ここで、ν：振動数（秒$^{-1}$）　h：プランクの常数（6.62×10^{-27} erg・秒）

　光の吸収は常に光量子を単位として行われ、吸収は常に分子や原子が一時にただ一個の光量子を取り込む形で起こる（光化学の第2法則—アインシュタイン（A. Einstein）の光化学当量の法則）。

　ここで、1粒の光量子のエネルギーは $h\nu$ であるが、光量子1モルのエネルギー（E）は次の式で示される。

$$E = Nh\nu \tag{2}$$

ただし、N：アボガドロ数（6.02×10^{23}）

　式(2)に $\nu = C/\lambda$（C：光の速度 2.998×10^{10} cm/sec、λ：波長）、1cal＝4.18×10^7 erg などの関係を式(2)に代入して、1モルのエネルギーと光の波長の関係で表すと、次の式になる。

$$\begin{aligned}
E（1モル）&= (6.02 \times 10^{23})(6.62 \times 10^{-27}) \\
&\quad (2.998 \times 10^{10})/(4.187 \times 10^7 \lambda) \\
&\quad [\text{cal}\cdot\text{cm/mol}] \\
&= 2.8535/\lambda\,[\text{cal}\cdot\text{cm/mol}] \\
&= 28535/\lambda\,(\text{kcal}\cdot\text{m}\mu/\text{mol}) \tag{3}
\end{aligned}$$

　例えば、式(3)に紫外線（290mμ）、X線（0.1mμ）、γ線（0.001mμ）などの波長の値を代入すると、それぞれ98kcal/mol、28.5×10^4 kcal/mol、28.5×10^6

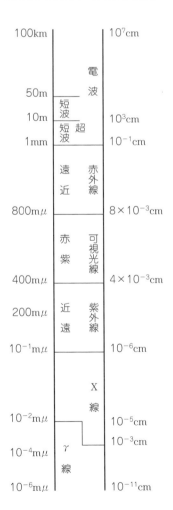

kcal/mol となる。ところで、炭素結合（－C－C－）の結合エネルギーは83kcal/mol）、－C－H の結合エネルギーは85kcal/mol であるから、紫外線以上の短波長放射線エネルギーは、これらの分子結合エネルギーを上回っているので、これらの放射線を吸収する場合は分解が起こる。

第6章

プラスチックの
製品設計

本章では、製品設計について、強度設計、形状設計、要素設計に分けて解説する。

6.1　強度設計

　プラスチック成形品の強度や変形に関する製品設計では、材料力学に基づく計算式を用いて使用の可否を検討することが多い。そのためには、材料の設計データベースと適切な計算式を用いて計算することが必要である。
　材料の設計データベースは、一般の強度性能データをそのまま用いるのではなく、応力の種類、安全率などを考慮した設計値を採用しなければならない。材料力学の計算式は、いくつかの前提や仮定のもとに導かれた式である。当然、それらの前提や仮定から外れる場合には、計算結果は実際の使用時の結果とは誤差が生じることはある。

1）強度設計に必要な材料データベース

［許容応力］
　使用寿命内で材料が破壊しないためには、その材料が受ける応力の最大値が、ある値以下になるように設計しなければならない。そのための応力を許容応力という。許容応力 σ_a は、安全率を S、材料の破壊強度を σ_B とすると

$$\sigma_s = \frac{\sigma_B}{S} \tag{6.1}$$

で表される。安全率の決め方は、材料の均一性（欠陥部の存在）、応力見積もりの正確性、応力の種類、使用条件との関連（温度、時間）などによって変化する。参考値として、**表6.1**にアンウィンの提案した安全率を示す[1]。この表には、プラスチックの値は示されていないが、鉄、鋼などの安全率の値に準じている。

表6.1　各種材料の安全率[1]

材　料	安　　全　　率			
	静荷重	動荷重		変化する荷重あるいは動荷重
		片振	両振	
スチール	3	5	8	12
鋳物	4	6	10	15
木材	7	10	15	20
れんが、石材	20	30	—	—

第6章　プラスチックの製品設計

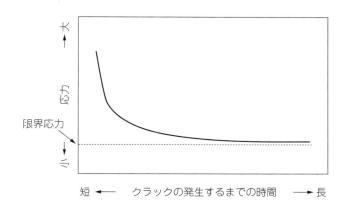

図6.1　定ひずみでのストレスクラック限界応力

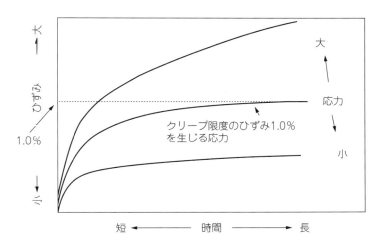

図6.2　クリープ限度のひずみ1.0％を生じる応力

　安全率から許容応力を求める方法以外に、プラスチックでは次の方法で許容応力を求める方法がある。

　一定のひずみが負荷されている状態では、図6.1に示すように応力緩和によって応力は減少するので、長時間後にはクラックが発生しなくなる限界応力が存在する。この限界応力 $σ_c$ を求め、これを設計値とする。

　一定の応力が持続的に負荷されているときには、クリープ変形する。経験的に、プラスチックではクリープ変形ひずみが1.0％になるクリープ限度応力を設計応力としている（図6.2）。金属材料ではクリープ変形ひずみが0.1％になるクリープ限度応力を設計応力としているが、プラスチックの場合はその10倍のひずみに対応するクリープ限度応力をとっている。

　一定の応力が持続的に負荷されるクリープ破壊については、破壊応力は長時間側では低い値になるので、使用寿命に応じて限界応力を決めなければならない（図6.3）。このことについては、第5章の5.5.2の4）で述べたので参照されたい

　疲労破壊は、S-N曲線の疲労限度応力 $σ_c$ を設計応力とする。ただ、プラスチック材料は疲労限度を示さないことが多いので、繰り返し回数10^7回における応力を疲労限度応力としてい

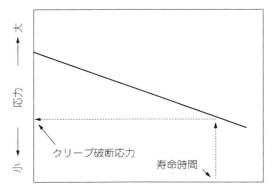

図6.3　定応力のクリープ破壊応力

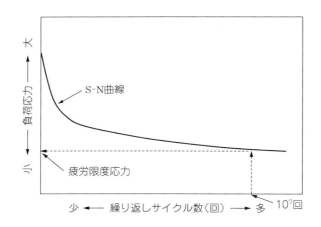

図6.4　疲労限度応力から許容応力を求める方法

る(**図6.4**)。

[ヤング率]
　ヤング率は縦弾性係数、引張弾性率とも呼ばれる。設計計算データベースとしてはヤング率の値は必要である。ヤング率の測定法については、第3章の3.2.1の1)で述べたので参照されたい。プラスチックのヤング率は大体以下の範囲にある。
　　　非強化プラスチック：2～5GPa
　　　ガラス繊維強化プラスチック：5～20GPa

[ポアソン比]
　物体がある方向から力を受けると、1つの方向からのひずみは、ポアソン比の関係によって、他の方向のひずみに影響するので、設計データベースとしてポアソン比の値が必要である。
　ポアソン比の測定法については、3.2.1の1)において説明したので参照されたい。
　引張において物体の体積が不変であれば、ポアソン比は理論的に0.5になる。しかし、実際

第6章　プラスチックの製品設計

表6.2　各種材料のポアソン比[2]

材　料	ポアソン比	材　料	ポアソン比
アルミニウム	0.33	PS	0.33
銅	0.35	PMMA	0.33
鋳鉄	0.27	PE	0.38
軟鉄	0.28	ゴム	0.49
ガラス	0.23		

に引張応力が作用すると物体の体積は増加し、ポアソン比は0.5以下になり、大抵の物体は0.2〜0.5の間に入る。いろいろな材料のポアソン比を**表6.2**に示す[2]。金属材料の場合は0.25〜0.35の間にあり、ガラスは0.14、ゴムは0.5に近い値である。プラスチックの場合は、大体0.3〜0.4の間にある。

2)　材料力学による計算

　材料力学による実際の計算例は、本章の6.3(要素設計)で解説するので、ここでは計算式を用いるときの注意点について述べる。

　材料力学の計算式による結果を過信してはいけない。計算結果は目安程度に考え、次の点に注目するとよい。

　①強度やたわみには、どのような材料特性値や寸法が関係するか知ることができる。

　②計算式は1乗で効く項よりは、2乗や3乗で効く項のほうが効果は大きい。

　また、実際に計算結果を利用する場合には、次のことも配慮する必要がある。

①弾性限度以上の応力による破壊

　弾性限度以上の遅延弾性領域や塑性領域における破壊では、弾性理論をベースとした計算式は当てはまらないことになる。プラスチックは、弾性限度内で破壊するケースは比較的少ない。また、実際の製品では、1方向からの応力だけでなく、2方向または3方向からの応力を受けている。このように応力の多軸化によって脆性破壊することもある。

②破壊は速度過程

　材料力学の計算式では、計算の解は1つであるが、実際の破壊はばらついて起こる。第1章の1.2で述べたように、破壊現象は速度過程である。速度過程は、ポテンシャルの山を越えることによって、原子ないし分子が1つの安定な配列から次の安定な配列に移る過程をいい、ポテンシャルの山を越えるか超えないかは確率的な現象である。

　プラスチックも破損は速度過程と考えられるので、確率的に扱わなければならない。例えば、一定の応力を負荷すると、ある時間後に破壊が起こる。しかし、その場合に試験片の全部が同時期に破壊することはなく、負荷開始後に破壊するまでの時間はある範囲にばらついて起こる。従って、破壊応力または破壊するまでの時間にはばらつきがあるので、破壊確率または破壊しない確率などをパラメータとして検討しなければならない。

③成形加工工程における強度低下

　プラスチックは射出成形、押出成形、ブロー成形など、いろいろな成形方法によって成形できることに最大の特徴があるが、この工程における設計条件、成形条件などによって強度は変化する。例えば、ウェルドライン、シャープコーナなどの設計や熱分解、分子配向、残留ひず

— 143 —

みなどの成形条件によっても成形品の強度は変化する。

6.2 形状設計

1）肉厚

金属材料に比較して、プラスチックのヤング率は小さいので、荷重による変形が大きいことが問題になる。荷重による変形を小さくするには、製品厚みを厚く設計することが有効である。

例えば、片持ち梁の場合では（**図6.5**）、たわみ量δ（変形量）は次の式で示される。

$$\delta = \frac{4Pl^3}{Ebh^3} \tag{6.2}$$

ただし、δ：たわみ量　　P：荷重　　l：梁の長さ　　E：曲げ弾性率　　b：梁の幅
　　　　h：梁の厚み

式(6.2)から荷重Pに対するたわみ量δは、肉厚hの3乗に反比例することがわかる。例えば、肉厚を2倍にすると、たわみ量は8分の1になる。

また、金属材料（曲げ弾性率E_1、肉厚h_1）の製品を、同一形状でプラスチック（曲げ弾性率E_2、肉厚h_2）に置き換える場合、同一のたわみ量δに抑えるには、梁の長さl、梁の幅bなどは同一の場合には、式(6.2)から

$$\frac{4(Pl^3)}{E_1 b h_1^3} = \frac{4(Pl^3)}{E_2 b h_2^3} \tag{6.3}$$

式(6.3)から

$$E_1 h_1^3 = E_2 h_2^3 \tag{6.4}$$

であるから、プラスチックに置き換えた場合の厚みh_2は

$$h_2 = h_1 \sqrt[3]{\frac{E_1}{E_2}} \tag{6.5}$$

となる。

例えば、ヤング率200GPa（E_1）、肉厚1mm（h_1）の板金の製品を、曲げ弾性率2.5GPa（E_2）のプ

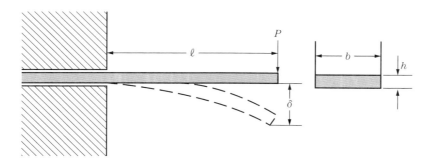

図6.5　片持ち梁の荷重とたわみ

ラスチック材料に代替する場合、同じたわみ量に抑えるための肉厚 (h_2) は

$$h_2 = 1 \times \sqrt[3]{\frac{200}{25}} = 4.3 \text{mm}$$

となる。従って、肉厚4.3mmにすれば同じたわみ量になる。ただ、肉厚を厚く設計すると、成形時にひけが発生しやすくなるので、あまり厚くできない。そのような場合には、リブを付けることでも、肉厚を厚くすると同じ効果がある。また、結晶性プラスチックでは製品肉厚が厚いと、金型内で冷却する時間が長くなり、結晶化度は高くなるので、強度・剛性は相対的には大きくなる。

2) コーナアール

成形品のコーナアールが小さいと応力集中による割れや残留ひずみが発生しやすい。

コーナアール R と応力集中の関係を図6.6に示す[3]。R/T (T：肉厚) の関係から、応力集中係数は $R/T = 0.5$ あたりからなだらかになる。つまり、肉厚の50%程度の R を付けると応力集中係数はかなり小さくなることがわかる。また、コーナアールが小さいと、成形時に残留ひずみも発生しやすくなる。

コーナアールに関する設計の原則及び注意事項をまとめると次の通りである。
① コーナには、0.5mm程度のアールを付ける。
② コーナ以外に、突き出しピン跡、パーティングライン、ねじの谷部、ばり仕上げ跡なども応力集中の原因になるので、金型設計上の対策をとる必要がある。
③ コーナアール依存性の大きい材料では、応力集中しやすいので、コーナアールは大きめにとる。

3) リブ

製品の剛性を上げる目的で製品肉厚を厚くすると、ひけが発生しやすくなる。また、成形サイクルが長くなり、成形コストのアップになるので制約がある。そのため、リブを設けて剛性を上げる方法がとられている。ただ、リブの設計では、次の点に注意しなければならない。
① リブの設計によっては、型内の流動状態が変化してウェルドラインが発生することがある。
② リブの反対側から衝撃力などが加わるとリブの基部で応力集中を起こし、脆性破壊しやす

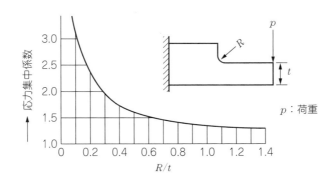

図6.6　コーナアールと応力集中係数[3]

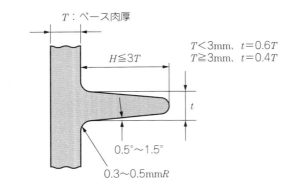

図6.7 リブの設計基準[4]

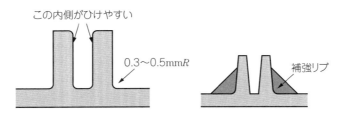

図6.8 ボスの設計

くなる。
③リブを設けた側と反対面にひけが発生したり、そりが発生することがある。

以上のことから、リブとしては、**図6.7**に示す形状を標準とする[4]。

4) ボス

位置決め、固定、圧入、ねじ接合などのためにボスを設けることがある。

位置決めや固定のボスでは、外力がかかるとボス基部に応力が集中して破損することもある。

圧入や接合用ボスは下穴が設けられる。成形時に下穴の内面がひけると、部分的ではあるが内径寸法が大きくなり、圧入やねじ接合で引抜強度や締め付け破壊強度が低くなる。

以上の点から、ボスの設計では、次の点に注意しなければならない(**図6.8**)。
①穴のあるボスの場合、穴内面のひけを防止するため金型コアピンの冷却を行う。
②ボスの基部には0.3〜0.5mm$R$ 程度のアールを付ける。
③ボスの倒れを防ぐため、縦リブで補強する。ただし、縦リブの肉厚はボス肉厚の3分の2以下にする。

5) ウェルドライン

ウェルドラインを大別すると、**表6.3**に示す4種類がある。

タイプⅠは、型内で溶融樹脂が合流するときに発生するもので、強度低下に最も影響する。タイプⅡは、溶融樹脂が合流した後、他の方向に向かって流れるもので、外観的には色むらなどの不良の原因になるが、強度への影響は比較的少ない。タイプⅢは、部分的に肉厚が薄い個所がある場合に、この部分の充填が遅れるため、最後に充填した部分にウェルドラインが発生

第6章　プラスチックの製品設計

表6.3　ウェルドラインの発生原因と発生状態

タイプ	発生原因	発生状態
I	両側から流れてきた溶融樹脂がウェルド部で突き当たる。	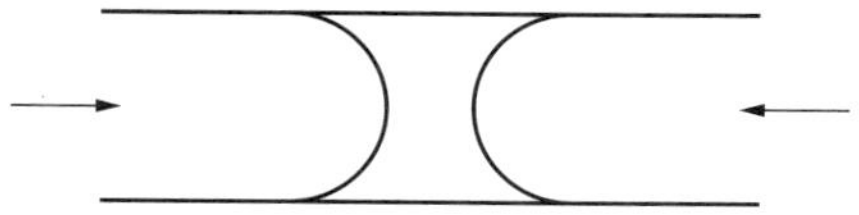
II	溶融樹脂がウェルド部で合流した後、他の方向に流れる。	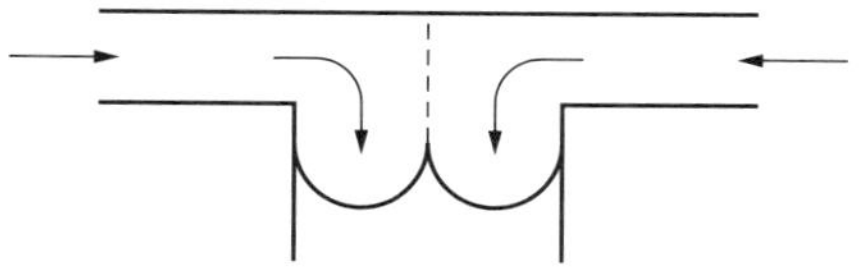
III	局部的に肉厚の薄い個所がある場合、周辺の厚い部分が先に充填し、最後に薄い個所が充填した個所に発生する。	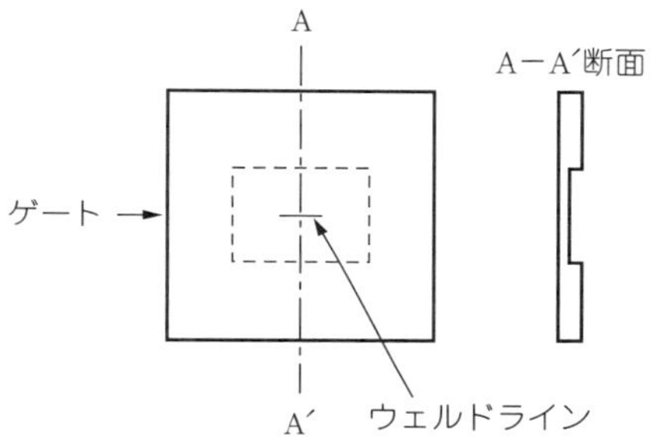 A　A－A´断面　ゲート→　A´　ウェルドライン
IV	スプル、ノズルなどで冷えた樹脂がキャビティに入った場合に発生する。	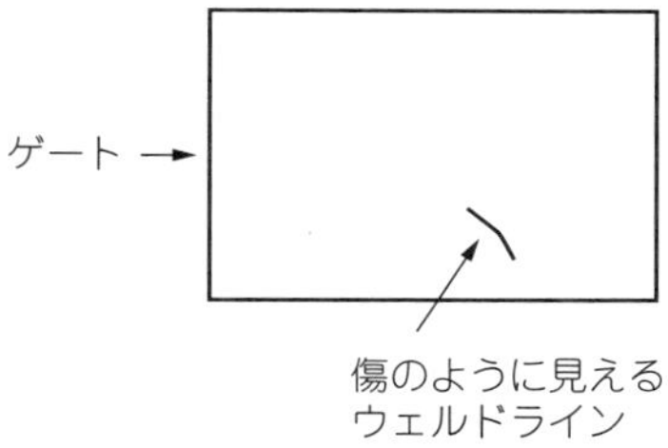 ゲート→　傷のように見えるウェルドライン

するので、強度低下に大きく影響する。タイプIVはノズル側で冷えた樹脂が、次のショットでキャビティに入った場合に発生するものである。このタイプのウェルドラインは、目視では表面の傷のように見えるものであるが、ウェルド部がノッチのような作用をするため、割れの起点になることがある。

次に、強度低下に最も影響するタイプIのウェルド部の強度について述べる。

ウェルド強度が低下する原因としては、次のことがある。

①ウェルド部では、ウェルドラインに平行に分子配向が起きる（図6.9）。

②溶融樹脂から発生するガス分、金型に塗布した離型剤などが、合流するウェルド部分に集まることにより溶融樹脂の溶着が不完全になる。

②流動先端の溶融樹脂が冷えて溶着が不完全になる。肉厚が薄い場合に多く認められる。

③①または②に関連してウェルド部の断面は、V溝状になり応力集中しやすい（図6.10）。

—147—

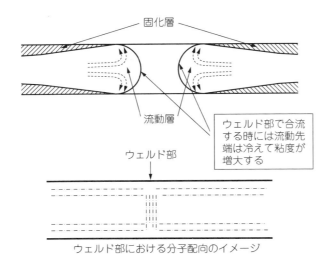

図6.9 ウェルドラインの発生原理

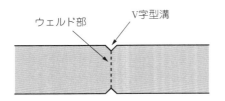

図6.10 ウェルド部表面に発生するV型の溝（離型剤、ガスなどによる）

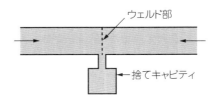

図6.11 捨てキャビティを設けることによるウェルド強度の改良

　以上のような原因で、ウェルド部分は強度、とりわけ衝撃強度、クリープ破壊強度、疲労強度などが低下しやすい。
　タイプⅠのウェルドラインには次の対策がある。
①強度を必要とする個所にウェルドラインが発生しないように、ゲート位置を適切に選定する。
②肉厚分布の調整やゲート位置を選ぶことによって、ウェルド部分の溶着断面積を大きくする。
③ウェルド部分にガスベントをとる。
④図6.11のように、捨てキャビを設けて、ウェルド部分の溶融樹脂を流し込む。

6.3　要素設計

6.3.1　成形インサート

　射出成形するときに、金型にインサート金具を装着し、溶融樹脂で金具を被覆し一体化する方法である。インサート金具は冷却時のプラスチックの収縮力によって固定される。しかし、

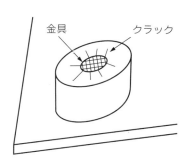

図6.12 インサート金具周囲の
クラック発生状態

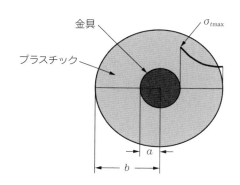

図6.13 金具周囲に発生する
最大引張応力 σ_{tmax}

収縮力は金具周囲のプラスチック層に残留応力を発生させる。インサート部の設計が不適正な場合には、図6.12のように残留応力によって金具周囲に放射状にクラックが発生する。なお、本項ではクラック発生に関する問題であるので、残留応力という表現を用いる。

1) 金具周囲に発生する残留応力

金具周囲プラスチック層に発生する残留応力は、金属材料で行われている焼きばめ円筒の外筒に発生する応力と同じ発生原理である。焼きばめ円筒の外筒に発生する応力計算式を用いて、金具周囲のプラスチック層(外筒に相当)に発生する応力の大きさを計算で推定できる。プラスチック層に発生する残留応力(引張応力)は金具と接する内縁に最大引張応力が発生する(図6.13)。金具の圧縮変形は無視できるので、最大引張応力 σ_{tmax} は次の計算式で表される。

$$\sigma_{tmax} = E\,(\alpha_p - \alpha_i)\,\Delta T \left/ \left(1 + \frac{\nu}{W}\right)\right. \tag{6.6}$$

ここで、σ_{tmax}：最大引張応力(MPa)　E：ヤング率(MPa)
　　　　α_p：プラスチックの線膨張係数(mm/mm/℃)
　　　　α_i：金具の線膨張係数(mm/mm/℃)
　　　　ΔT：プラスチックの固化温度と室温の温度差(℃)
　　　　ν：プラスチックのポアソン比
　　　　W：$\{((b/a)^2+1)\}/\{((b/a)^2-1)\}$
　　　　a：金具半径　　　　b：ボス外径

例えば、以下の値を用いて、金具径(a)がϕ5mm、ボス外径(b)がϕ10mm の場合について最大引張応力 σ_{tmax} を計算する。ただし、以下の値を用いて計算する。

　　プラスチックのヤング率：2,300MPa　ポアソン比：0.38
　　プラスチックの線膨張係数：7.0×10^{-5}mm/mm/℃
　　金具の線膨張係数：1.6×10^{-5}mm/mm/℃
　　固化温度：145℃　　室温：25℃

プラスチックの固化温度以上に金具を予熱する場合には、式(6.6)にこれらの値を代入して計算する。

$$b/a = 2$$

$$W = (2^2 + 1)/(2^2 - 1)$$
$$\quad = 1.67$$

$$\sigma_{t\max} = E(\alpha_p - \alpha_i)\Delta T \Big/ \left(1 + \frac{\nu}{W}\right)$$

$$\quad = 2,300 \times (7.0 \times 10^{-5} - 1.6 \times 10^{-5}) \times (145 - 25) \Big/ \left(1 + \frac{0.38}{1.67}\right)$$

$$\quad = 12.1\text{MPa}$$

金具を全く予熱しない場合には、金具の線膨張係数 α_i は0と考えられるので、次のように計算する。

$$\sigma_{t\max} = E\alpha_p\Delta T \Big/ \left(1 + \frac{\nu}{W}\right)$$

$$\quad = 2,300 \times (7.0 \times 10^{-5}) \times (145 - 25) \Big/ \left(1 + \frac{0.38}{1.67}\right)$$

$$\quad = 15.7\text{MPa}$$

以上の計算結果からわかるように、金具を予熱するときの残留応力は12.1MPa、金具を全く予熱しない場合は15.7MPa となる。ただし、これらの応力は、初期応力であり、実際には応力緩和が起こるので、これらの値よりは小さくなる。

2) インサートクラックと対策
［金具周囲のプラスチック層の肉厚］
　金具周囲のプラスチック層に発生する最大引張応力は、前述のように計算できる。例えば、PC の場合について、インサートの材質を鉄、真鍮、アルミニウムを用いたときの金具と接する内縁に発生する最大引張応力を、式(6.6)を用いて計算すると、**図6.14**の通りである。ただし、計算には以下の式を用いた。
　線膨張係数：**表6.4**
　ヤング率：2,300MPa
　固化温度：145℃（ガラス転移温度）　　室温25℃
　ポアソン比：0.38
　同図からわかるように、線膨張係数の大きいアルミ、真鍮、鉄の順に発生応力は小さくなっている。また、注目すべきは、ボス外径／金具径(b/a)の比で見ると、応力の値は b/a が2あたりまでは大きく低減し（金具周囲の肉厚は金具半径と同じ場合）、それ以上でも徐々に低減するが4以上ではほとんど低減しない。つまり、応力の低減に効果のある肉厚は、大体金具の半径ないしは直径と同じ肉厚までであるといえる。また、応力の大きさは線膨張係数の小さい鉄インサートの場合でも12〜16MPa である。また、応力緩和が起こるので、実際の値はこの応力より小さくなる。PC のストレスクラック限界応力（室温）は約20MPa であるので、この程度の残留応力ではクラックは発生することはない。しかし、現場では、しばしばクラック発生トラブルに遭遇する。それは、以下に述べるような要因が関係するからである。

— 150 —

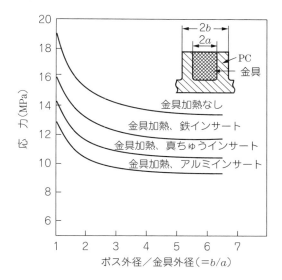

図6.14 インサート金具に接する樹脂層に
発生する最大引張応力(計算値)

表6.4 PC及びインサート材質の線膨張係数

材質	線膨張係数 (×10⁻⁵mm/mm/℃)
PC	7.0
鉄	1.6
真鍮	1.9
アルミ	2.4

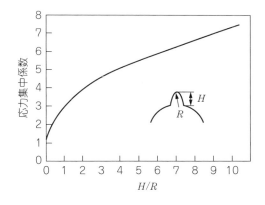

図6.15 インサート金具のシャープエッジと
応力集中係数

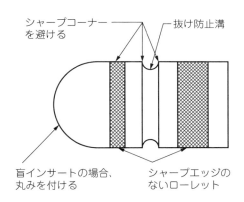

図6.16 理想的なインサート金具形状

[金具周囲のシャープエッジによる応力集中]

金具には、抜け防止や回り防止の目的でローレットや溝を設けるが、シャープエッジがあると応力集中源になりこの部分からクラックが発生することがある。また、図6.15はシャープエッジ先端アール(H/R)と応力集中係数の関係である。Rが小さいと応力集中係数が大きいことがわかる。従って、インサート金具としては、図6.16のようにシャープエッジのない形状が理想である。

[切削油によるソルベントクラック]

金具を加工するときには、切削油を使用することが多い。切削油が付着しているとPS、ABS、変性PPE、PCなどの非晶性プラスチックではソルベントクラックが発生する。切削油が金具に付着したままでインサート成形すると、残留応力でソルベントクラックが発生する。

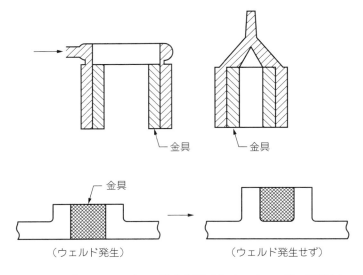

図6.17 ウェルドラインの発生を避けたインサート部の設計例

使用する前には、金具は揮発油などで洗浄してから使用する必要がある。

[ウェルドラインの影響]
　インサート金具周囲のプラスチック層にはウェルドラインが発生することが多い。ウェルドラインが発生していると、この部分からクラックが発生することがある。ウェルド部からクラックが発生するケースとしては、離型剤の影響によるウェルド部の溶着不足、金具周囲の樹脂層の肉厚の薄過ぎ、使用時にインサート部に大きな外力がかかる場合などである。ウェルドラインの発生を避けた設計例を図6.17に示す。

[金具の予備加熱]
　インサートの残留応力を小さくするため、成形する前に金具を予備加熱することが行われている。予備加熱する効果は、金具をプラスチックの固化温度以上に加熱・膨張させ、固化温度から室温まで冷却する際の金具の収縮分だけ応力を小さくすることにある。この効果については、図6.14に示したように、金具を加熱した場合と、加熱しない場合を比較すれば、残留応力の軽減効果がわかる。当然のことながら、金具でも、線膨張係数の大きいアルミニウムのほうが予備加熱による残留応力の軽減効果は大きい。ただ、実際の成形では、小さな金具であれば、成形するときの溶融樹脂の熱で金具の温度は上昇するので、予備加熱の効果はそれほど認められない。比較的大きな金具をインサートする場合は、金具周囲の溶融プラスチックの熱容量は小さいため金具の温度上昇はそれほど期待できない。そのため予備加熱の効果は大きくなる。

6.3.2　プレスフィット（圧力）

　図6.18のように、プレスフィットはプラスチックのボス下穴より少し大きめの金具を圧入して固定する方法である。金具はボスを押し広げることで発生する面圧によって固定される。プレスフィットでは、しめしろ ΔD を適切に設計することが大切である。

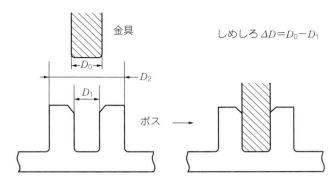

図6.18 プレスフィット

1) しめしろ ΔD の設計

プラスチックボスに発生する最大引張応力は、インサート成形と同様に金具と接触するボス内縁に発生する。しめしろ ΔD と最大引張応力 σ_{tmax} は次の式で表される。

$$\Delta D = \sigma_{tmax} \frac{D_0}{E} \left(1 + \frac{\nu}{W}\right) \tag{6.7}$$

ここで σ_{tmax}：最大引張応力 D_0：金具径 E：ヤング率 ν：ポアソン比

$$W = \left\{1 + \left(\frac{D_0}{D_2}\right)^2\right\}\left\{1 - \left(\frac{D_0}{D_2}\right)^2\right\}^{-1}$$

D_2：ボス外径

例えば、外径 $D_2\phi30\mathrm{mm}$ の円筒形成形品に、金具径 $D_0\phi25\mathrm{mm}$ を圧入する場合、成形品の内径をいくらにすればよいか計算する。ただし、使用するプラスチックの許容引張応力 σ_t は20MPa、ヤング率(E)は2,500MPa、ポアソン比 ν は0.38とする。

$D_0/D_2 = 25\mathrm{mm}/30\mathrm{mm} = 0.83$
$W = (1 + (0.83)^2)/\{1 - (0.83)^2\}$
  $= 5.45$
$\Delta D = (20\mathrm{MPa} \times 25\mathrm{mm})/2,500\mathrm{MPa}\{1 + (0.38/5.45)\}$
  $= 0.21\mathrm{mm}$

従って、しめしろ0.21mmであるので、ボス下穴径 D_1 は

$D_1 = D_0 - \Delta D$
  $= 25\mathrm{mm} - 0.21\mathrm{mm}$
  $= 24.79\mathrm{mm}$

となる。

2) プレスフィットの注意点

［寸法公差］
プレスフィットの設計では、ボス下穴径や金具の寸法公差を考慮しなければならない。

プレスフィットによる発生応力を計算する場合には、最大しめしろで発生する応力が、許容応力以下になるようにしなければならない。最大しめしろは次式で与えられる。

$$\text{最大しめしろ} = \text{金具の最大許容寸法} - \text{ボス下穴の最小許容寸法} \quad (6.8)$$

一方、金具の引抜力やトルク抵抗を計算する場合には、最小しめしろで計算した値が、要求値を満足するようにしなければならない。最小しめしろは次式で与えられる。

$$\text{最小しめしろ} = \text{金具の最小許容寸法} - \text{ボス下穴の最大許容寸法} \quad (6.9)$$

[応力緩和]

プレスフィットでは、ボスに発生する応力は定ひずみ状態(一定のひずみが発生した状態)であるので、時間が経つと応力が緩和する。そのため、圧入時に発生した初期応力は、時間とともにある程度減少する。ストレスクラックの点では安全側になるが、引抜力やトルク抵抗などは小さくなるので注意しなければならない。

[線膨張係数]

金具をプレスフィットする場合には、線膨張係数は金具よりプラスチックのほうが大きいので、温度が上昇すると実質的にしめしろが小さくなるため、引抜力やトルク抵抗が小さくなるという難点がある。

[成形加工上の注意事項]

ボスの下穴は、原則として抜き勾配は0でなければならない。穴の深さを深くすると離型性が悪くなるので、穴の深さは経験的に金具径の1.5～2倍程度以下にするのがよい。

また、図6.19に示すようにボス下穴の内面にはひけが発生しやすい。ひけが発生すると、実質的にしめしろが小さくなるので引抜力が低下する。対策としては、コアに冷却溝を設けることであるが、細いコアの場合には冷却溝を設ける余裕がないので、ヒートパイプなどを利用して冷却する方法がよい。また、ゲート位置をボス近くに設けることも大切である。

ボスの下穴周囲には、成形時にウェルドラインが発生することがある。ウェルド部の強度は弱いので、クラックが発生しやすい。特に、ガラス繊維強化材料では、ウェルド部での補強効果はないので注意しなければならない。ウェルド強度が問題になりやすいのは、金具周囲の肉厚が薄い場合である。可能であれば、ボス肉厚は金具径の2分の1以上にするのがよい。逆に、あまり厚くすると、上述のように穴の内面がひけるので注意を要する。

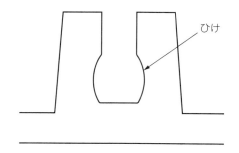

図6.19　プレスフィットのボス下穴内面のひけ

6.3.3 熱圧入法

熱圧入法は、金具をあらかじめ加熱してプラスチック下穴に圧入する方法である。金具を加熱する方法は加熱ブロックに接触させる方法と高周波誘導加熱する方法があるが、ここでは熱圧入法を例に説明する。

金具をプラスチックの融点以上に加熱しておき、これを金具外径より小さく設計した下穴に圧入して固定する方法である。この場合、金具表面にローレットのような溝を設けておけば、この溝に溶融した樹脂が流れ込んで固化することによって保持力が得られる。

例えば、金具を圧入するときの金具の引抜強度やクラック発生の有無を調べた結果を**表6.5**に示す[5]。この表から、しめしろが大きいほうが引抜強度は大きくなるが、大き過ぎるとクラックが発生することがわかる(金具径10.5mmの場合)。従って、しめしろを適切に設計するこ

表6.5 熱圧入におけるしめしろと引抜強度、クラック発生の関係[5]

金具径 (mmφ)	試験片 ボス径 (mmφ)	試験片 下穴径 (mmφ)	試験片 金具周囲肉厚 (mm)	試験片 しめしろ (mm)	条件[a] 金具温度 (℃)	条件[a] 加圧力 (kgf)	引抜強度[b] (kg) 圧入深さ 5 (mm)	引抜強度[b] (kg) 圧入深さ 10 (mm)	引抜強度[b] (kg) 圧入深さ 15 (mm)	耐クラック性[c] 処理条件 室温放置[d]	耐クラック性[c] (75℃)放置[d]	耐クラック性[c] (120℃)放置[d]	耐クラック性[c] ヒート[e]サイクル放置
5.5	10	5.5	2.3	0.2	250	16.7	167	245	300以上	0/5	0/5	0/5	0/5
	10	5.3	2.4	0.3	250	16.7	242	308以上	—	0/5	0/5	0/5	0/5
	10	5.1	2.5	0.4	250	16.7	267	309以上	—	0/5	0/5	0/5	0/5
10.5	15	10.6	2.2	0.2	250	26.3	257	338	499	0/5	0/5	0/5	0/5
	15	10.4	2.3	0.4	250	26.3	223	441	568	0/5	0/5	0/5	0/5
	15	10.2	2.4	0.6	250	26.3	373	507	615	3/5	3/5	5/5	5/5

(注) a) 加圧時間は10秒に統一して行った。
　　 b) 試料数5本の平均値。
　　 c) 圧入深さ15mmの場合について測定した。
　　 d) 放置時間は300時間。
　　 e) ヒートサイクル条件は−20℃、300mm⇄120℃、30mm10サイクル。

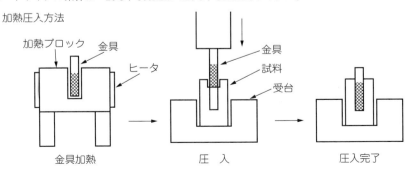

加熱圧入方法

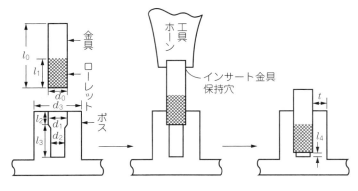

図6.20 超音波圧入方法

とが大切である。

　超音波圧入は、**図6.20**に示すように、金具に超音波振動を加えることによって、金具と接触するプラスチックとの摩擦熱によって溶融させて圧入する方法であり、原理的には熱圧入と同じである。

6.3.4 ねじ接合

　プラスチック成形品のねじ接合法としては、成形品のボルト、ナットによる締め付け、成形品の雌ねじの締め付け、プラスチックボルトの締め付け、成形品のボスの下穴へのセルフタップねじでの締め付けなどがある。

1）ねじ締め付けトルクと締め付け荷重

　図6.21に示すように、ナットをトルク T で締め付けると、ボルトには軸荷重 Q が発生する。トルク T と軸荷重 Q の関係は、メートル並目ねじの場合には。簡易的に次式で表される。

$$T = Q \left(\frac{d_2}{2}\right) \left\{1.16\mu + 1.16\tan\phi + \mu_1\left(\frac{d_n}{d_2}\right)\right\} \times 10^{-3} \qquad (6.10)$$

　　ここで、T：締め付けトルク(N·m)　Q：軸荷重(N)
　　　　　d_2：おねじの有効径(mm)
　　　　　μ：かみ合ったねじ山の摩擦係数
　　　　　ϕ：ねじ山のリード角($\tan\phi = P/\pi d_2$)
　　　　　P：ピッチ(mm)
　　　　　μ：かみ合ったねじの摩擦係数
　　　　　μ_1：締め付け物またはワッシャの間のナットの摩擦係数
　　　　　d_n：座面の平均半径$((B + d')/2$
　　　　　d'：被締め付け物の穴径(mm)

　式(6.8)からわかるように、締め付けトルク T と軸荷重 Q の関係は、かみ合ったねじ山の摩擦係数 μ とナット座面と被締め付け物の摩擦係数 μ_n の値がわかれば、他はボルト、ナットのねじ寸法に関係するので、T と Q の関係がわかる。

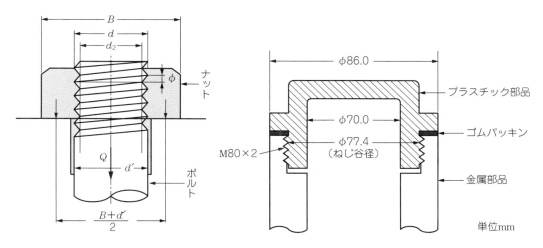

図6.21　ねじの締め付け　　　　図6.22　計算に用いたねじの寸法

図6.22に示すように、ねじ成形品を金属製ねじ部品に締め付けるときの許容締め付けトルクを計算する。計算には、次の値を用いる。

ねじ：メートル並目ねじM80×2（ピッチ P　2.0mm）
有効径 d_2：ϕ78.7mm）
ねじ外径 d_3：ϕ80mm
ねじ谷底径 d_1：ϕ77.4mm
プラスチック成形品内径 d_0：ϕ70mm
かみ合ったねじ山の摩擦係数 μ：0.25（プラスチック―鉄）―実測値
リード角（$\tan\phi$）：0.0081
座面の平均径 d_n：83.0mm
パッキンと金属との摩擦係数：0.40―実測値
プラスチックの許容応力 σ_a：14MPa（14N/mm^2）

まず、式(6.10)に各値を代入して T と Q の関係を計算する。

$$T = Q\,(78.7\text{mm}/2)\{1.16 \times 0.25 + 1.16 \times 0.0081 + 0.40 \times (83.0\text{mm}/78.7\text{mm})\} \times 10^{-3}$$
$$= 0.028Q\ (\text{N·m})$$

一方、軸荷重 Q とプラスチック成形品に発生する引張応力 σ の関係は、次式である。

$$Q = \{\pi(d_0/2)^2 - \pi(d_1/2)^2\} \times \sigma \tag{6.11}$$

今許容応力 σ_a で与えると、許容荷重 Q_a は次のように計算できる。

$$Q_a = 0.028\{\pi(d_0/2)^2 - \pi(d_1/2)^2\} \times \sigma_a$$
$$= \{3.14(77.4\text{mm}/2)^2 - 3.14(70.0\text{mm}/2)^2\} \times 14(\text{N/mm}^2)$$
$$= 12.0\ (\text{kN})$$

であるから、許容締め付けトルク T_a は

$$T_a = 0.028 \times Q_a$$
$$= 0.028 \times 12 \text{(kN·m)}$$
$$= 0.336 \text{(kN·m)}$$

となる。従って、トルクは0.336kN·m以下で締め付ければ、プラスチック成形品に発生する引張応力は許容応力以下になる。ただし、実際には、コーナ部に発生する応力集中を考慮しなければならない。

2) ねじ接合の設計

[通しボルト接合]

成形品に設けられた穴をボルトで締め付ける場合、締め付けトルクが大き過ぎると、締め付け部周辺から放射状にクラックが発生することがある。このようにクラックが発生する理由は、ボルトで締め付けると、図6.23のように締め付け力によって成形品側に圧縮応力が発生する。圧縮応力が作用している円筒部を影響円筒と呼ぶと、この影響円筒は、ポアソン比の関係で周囲のプラスチック層を押し広げるように作用する。つまり、影響円筒の周囲のプラスチック層は、あたかもインサート金具周囲のような応力状態になり、影響円筒と接する内縁に最大引張応力が発生する。この最大引張応力が限界応力以上になるとクラックが発生する。表6.6はPC成形品の締め付けトルクとクラック発生の関係である[6]。同図から、締め付けトルクが大きくなるとクラックが発生し、しかも温度が高くなるほど、低い締め付けトルクでもクラックが発生することがわかる。

締め付け部にクラックが発生しないためには、次の対策がある。
① 締め付けトルクの大きさを規制する。
② ワッシャーを使用して、圧縮応力を分散して単位面積当たりの応力を小さくする。
③ 穴周囲にウェルドラインが発生しないように設計する。
④ 不適切な締め付けを避ける（図6.24）。

[成形品の雌ねじ強度]

メートル並目ねじを例にとると、雌ねじと雄ねじのかみ合い状態を図6.25に示す。同図で引っかかりの高さ H_1 は雄ねじと雌ねじのかみ合っている長さである。従って、引っかかり率は

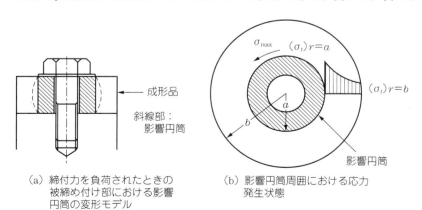

(a) 締付力を負荷されたときの被締め付け部における影響円筒の変形モデル

(b) 影響円筒周囲における応力発生状態

図6.23 被締め付け体の応力発生状態

表6.6 締め付けトルクと被締め付け体（PC）のクラック発生の関係[6]

締め付けトルク (N·m)	放置温度とクラック発生率				
	室温 (24〜35℃)	50℃	75℃	100℃	125℃
1.0					
2.0				0/12	0/12
3.0		0/12	0/12	1/12	1/12
4.0	0/12	2/12	2/12	6/12	12/12
5.0	0/12	3/12	12/12	12/12	
6.0	2/12	12/12			
クラックの発生しない締め付けトルク (N·m)	5.0	3.0	3.0	2.0	2.0

(注) ①試験片形状

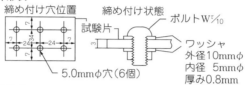

②締め付け放置時間　1,000h

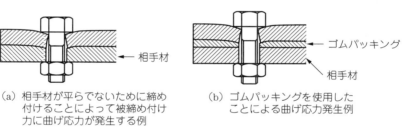

(a) 相手材が平らでないために締め付けることによって被締め付け力に曲げ応力が発生する例

(b) ゴムパッキングを使用したことによる曲げ応力発生例

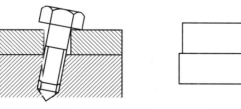

(c) ボルトのタップ穴が傾いていることによる偏心荷重

(d) ボルト穴と下穴が芯ずれしている場合

図6.24　ねじ締め付けのよくない例

次の式で表させる。

$$引っかかり率 = \frac{D(雄ねじの外径) - D_1(雌ねじの内径)}{2 \times H_1(引っかかり高さ)} \tag{6.12}$$

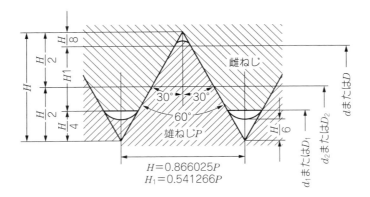

図6.25 雄ねじと雌ねじのかみ合い状態(メートル並目ねじ)

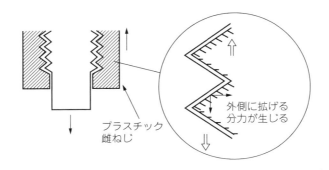

図6.26 雄ねじに荷重が作用した場合の雌ねじに発生する分力

図6.26のように雄ねじと雌ねじのかみ合いで軸方向に荷重が作用すると、ねじ山は図のように分力によって、雌ねじを外側に押し広げる力が発生する。外側に押し広げられると、ひっかかり率は小さくなるので、結果として引き抜き力は小さくなる。

プラスチックの雌ねじでは、相手の雄ねじとしっくりと嵌合するように設計するほうがよい。

[セルフタップねじ接合]

セルフタップねじ締結部の設計では、強度だけではなく成形性や組立時の作業性も考慮しなければならない。図6.27にセルフタップねじのボス設計基準を示す。セルフタップ用ボスの設計上の注意点は次の通りである。

①セルフタップねじとしてはねじ山を切削するVカット付きが適している(図6.28)。

②引っかかり率は大きく設計するほうが引抜強度は大きくなる。反面、大きなねじ込みトルクを必要とするので作業性が悪くなる。また、ボスを押し広げる力が大きくなるので、ボス部から放射状にクラックが発生しやすい。このような点から、引っかかり率としては、50%〜60%程度になるように下穴を設計するとよい。なお、セルフタップネジについては、引っかかり率の定義はないが、ここでいう引っかかり率は次の式で計算するものである。

$$引っかかり率 = \frac{セルフタップねじ外径 - 下穴の直径}{セルフタップねじ外径 - セルフタップねじ谷径} \quad (6.13)$$

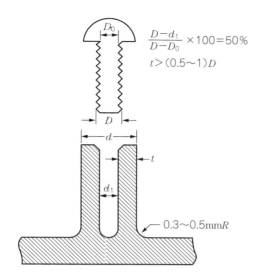

図6.27　セルフタップ接合ボスの設計例

図6.28　Vカット付きセルフタップねじ

③ねじ周囲のボス肉厚は、ねじの呼び径の0.5～1.0倍以上にする。これは、ねじ込むことによってボス穴を押し広げる力が発生するので、ボス内径に発生する応力をできるだけ小さくするためである。
④成形時の残留ひずみや応力集中を防ぐため、ボス基部には0.3～0.5mmRをとる。
⑤下穴の入り口部は皿状または曲面状にして、ねじ込みのときのガイド及び穴にかけめくれを発生させないようにする。
⑥組立時の締め付けトルクはねじ込み破壊トルクの50%～60%以下を目安とする。

6.3.5　接着

接着部は強度の弱点になる要因の1つである。
接着部に負荷される応力には、引張、圧縮、曲げ、せん断などがある。接着部の強度に最も影響する要因としては応力集中がある。設計に当たっては応力のかかり方を考慮し、できるだけ応力集中の少ない形状に設計しなければならない。**表6.7**は引張、圧縮、曲げなどに対する応力集中の度合いを種々の接着部形状について比較したものである。応力集中の比較的少ない接着形状としては、突き合せ、二重傾斜重ね合わせ、スカーフなどの接着形状がある。また、応力集中はこのような接着部の形状だけでなく寸法効果の影響も大きい。例えば、重ね合わせ接着では引張力が作用すると、**図6.29**のように偏差ひずみと曲げモーメントが発生し、接着端に応力が集中する。また、接着端におけるせん断応力や引張応力に対し、重ね合わせの長さ、被接着体の厚みと弾性率、接着剤のせん断率と接着層の厚さなどが複雑に影響する。

6.3.6　塗装

塗料との組み合わせにもよるが、塗膜側に引張応力が発生するような衝撃力がかかると脆性破壊することがある。一般に塗料の密着性を上げるためには、成形品の表面を溶剤（シンナー）

表6.7 接着部の形状と応力集中比較

接合方法	形状	応力集中 引張	応力集中 圧縮	応力集中 曲げ
突き合せ		小	小	大
重ね合せ		大	大	大
オフセット重ね合せ		大	大	大
傾斜重ね合せ		大	大	大
二重傾斜重ね合せ		小	小	中
さし込み重ね合せ		大	小	大
傾斜さし込み重ね合せ		中	小	大
二重重ね合せ		大	中	小
二重突き合せ重ね合せ		中	小	大
スカーフ		小	小	大

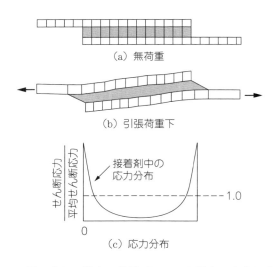

図6.29 重ね合わせ接合に荷重がかかった場合の応力発生状態

第6章 プラスチックの製品設計

表6.8 塗装品の面衝撃強度測定例

供試材料：PC
試験方法：直径102mm、厚さ3.2mm の円板の片面に塗装し、塗面の反対側に先端5R の重錘(2.3kg)を2m の高さから落下させる。10枚の試料について試験し、延性変形または延性破壊と脆性破壊する枚数を測定する。

塗料の種類	衝撃試験結果	
	延性変形または延性破壊枚数	脆性破壊枚数
塗装なし	10	0
アクリル系	10	0
アクリルウレタン系	3	7
アミノアルキド系	10	0
ポリウレタン系	9	1
アルキドフタル酸系	10	0
エポキシ系	10	0
塩ビ・酢ビ共重合系	5	5
不飽和ポリエステル系	0	10

で侵して、ミクロな凹凸をつくっていること、溶解または膨潤することで硬化現象も起こることなどが衝撃強度低下の主な原因である。また、塗膜が硬くかつ母材プラスチックとよく密着している場合には、塗膜にクラックが入ると、母材プラスチックまでクラックが進展して、脆性破壊することもある。

表6.8は、PC について、塗膜の反対側から衝撃を加えた場合の延性破壊と脆性破壊の数を調べた結果である。塗料成分の詳細は不明であるので、脆性破壊との関係はわからないが、未塗装では延性破壊する PC でも、塗料の種類によっては脆性破壊することがあるがわかる。

引 用 文 献

1) 樋口盛一，斎藤秀雄共著：大学生学生ならびに一般技術者のための弾性および材料力学，p. 35，養賢堂(1958)
2) L. E. Nielsen，(小野木重治訳)：高分子の力学的性質(*Mechanical Properties of Polymers*)，p. 8，化学同人(1965)
3) 中井雅和，(射出成形事典編集委員会編)：射出成形事典，p. 231，産業調査会事典出版センター(2002)
4) 中井雅和，(射出成形事典編集委員会編)：射出成形事典，p. 231，産業調査会事典出版センター(2002)
5) 本間精一，(本間精一編)：ポリカーボネート樹脂ハンドブック，pp. 601-602，日刊工業新聞社(1992)
6) 本間精一，(本間精一編)：ポリカーボネート樹脂ハンドブック，p. 586，日刊工業新聞社(1992)

コラム 現場からのひとこと ❻
インサート成形の「べからず集」

　Plastics Engineering Handbook は、米国プラスチックス工業会である SPI（The Society of the Plastics Industry）が編集したもので、熱硬化性プラスチックと熱可塑性プラスチックを対象に製品設計、成形加工法、二次加工などについてまとめられた専門書である。本書の初版は1947年に、第2版は1954年に、第3版は1960年にそれぞれ発行されている。わが国で熱可塑性プラスチックが使用され始めたのは1950年代であるから、米国におけるプラスチック産業の歴史がいかに古いかよくわかる。筆者が、ポリカーボネートの製品設計や成形加工の仕事を始めた時期では、わが国では参考になる専門書はまだ発行されていなかった。本書（第3版）を購入し、これを手がかりに PC の製品設計についてデータをまとめたものである。

　本書で特に興味のあった点の1つは、インサート成形に関する記載で、「べからず集」（"Don't" in Insert Design）である。すなわち
①できれば、インサートは避ける。
②金型を適切に設計していない場合は通しタイプ（through–type）のインサートは止める。
③避けることができれば、開放穴（open hole）のインサートは使用しない。
④インサートのシャープコーナは避ける。どの部分も面取りすること。
⑥適切な保持方法（anchorage）なくインサート成形してはいけない。
⑦インサート保持ピンを保持しているところにプラスチックが入り込まないようにする。プラスチックが入ると再タッピングをしなければならない。
⑧洗浄していないインサート金具を用いて成形してはいけない。
⑨必要なければ、引き抜きタイプの eyelets は使用しない。
⑩インサート周囲のプラスチック層厚みは薄過ぎないようにする（薄いとクラックが発生する）。
⑪プラスチックを正しく選定しないで、成形品やインサートの設計を行ってはならない。
⑫インサートのエッジに突起があってはならない
⑬長いインサートを一端のみで支えて成形してはならない。
⑭熱硬化性樹脂及び熱可塑性樹脂ともに、大きなインサート場合は予備加熱しないで成形してはならない。
⑮保持ピンが太過ぎたり、インサートの保持穴をきつくしてはいけない。離型するときに成形品からインサートが抜けてしまう。
⑯標準のナットやねじを用いてはならない。
　以上のような「べからず集」は、成形する上のハウツーであるが、なぜこのようにしなければならないか正直いってよくわからなかった。このような動機で、インサートの成形実験をしてみることにした。実験してみると、インサート金具に油などが付着している場合、シャープエッジで応力集中する場合、インサート金具周囲

— 164 —

第6章　プラスチックの製品設計

の樹脂層の肉厚が薄過ぎる場合などでは、インサート金具周囲にクラックが発生することを確認した。この時代に、すでにインサート成形に関する知見をハウツーの形にして、製品設計に活かしていたことに大変驚くと同時に、当時の米国における技術力の高さに感銘を受けた次第である。

第7章

射出成形工程における
諸要因と成形品強度

1
2
3
4
5
6
7
8
9
10
11

本章では、射出成形工程で成形品強度に与える要因として、残留ひずみ、熱分解、加水分解、成形時に生じる欠陥部、再生材使用などについて解説する。

7.1　残留ひずみ

7.1.1　残留ひずみとは

　一般に、残留ひずみとは、物体に負荷された外力が取り除かれた後でも、物体に残っているひずみのことで内部ひずみの原因の1つである。プラスチックの成形では、成形過程で発生したひずみが緩和されずに、成形品中に残ったものが残留ひずみである。

　一方、残留応力という用語もある。ひずみ(ε)と応力(σ)の関係はフックの弾性限度内では、次式で表される。

$$\sigma = E \times \varepsilon \tag{7.1}$$

ただし、E：ヤング率

　従って、ひずみ ε の値が同じでも、それぞれの材料のヤング率 E によって応力 σ の値は異なる。成形上では、一般に残留ひずみという用語を用いることが多い。一方、成形品の残留ひずみによる割れ不良などでは、応力の値が問題になることから残留応力という用語を用いる。本書では、残留ひずみという用語を用い、応力下のクラックについて述べる場合には残留応力と表現する。

　プラスチックは粘弾性体であるので、残留ひずみの挙動も粘弾性特性が関係する。成形過程で溶融状態から固化するまでに、残留ひずみがどのように発生するか粘弾性モデルを用いて説明する。

　図7.1は、スプリング S とダッシュポット d_1、d_2 から構成されるプラスチックの粘弾性モデルである[1]。同図(A)は溶融状態、同図(B)は固化した状態とする。また、両図のスプリング S は分子の弾性を示す成分であり、力を加えれば変形し、力を除けば復元する。一方、ダッシュポット d_1 及び d_2 は粘性の液体が入った容器であり、プランジャの動きやすさは粘性液体の粘度に左右される。この粘性液体は温度が低くなると粘度が大きくなるので、プランジャは動きにくくなる性質がある。このようなダッシュポットの挙動は、プラスチックを構成するポリマー分子間の塑性変形を示す成分であり、塑性変形すると、力を除いてももとには戻らず、永久変形を示す。成形する過程で、図(A)の溶融状態に力を加えると図(B)のように変形する。溶融状態では力を除けば、ダッシュポットの粘度は小さいので、スプリング S は、(A)の状態に復元する。しかし、(B)の状態で急に冷却されると、力を除いてもダッシュポットの粘度が大きいのでスプリング S は(A)の状態には復元できず、スプリングは伸ばされた状態になる。ここで、ひずみには、スプリング S が伸びたことによる弾性ひずみとダッシュポット d_1、d_2 が塑性変形したことによる塑性ひずみがあるが、残留ひずみに関係するのは前者のスプリング S

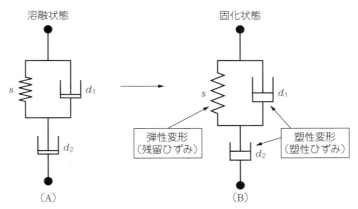

図7.1 残留ひずみの発生原理

の弾性変形によるひずみである。

また、スプリング S の変形は、時間が経つと、ダッシュポット d_1、d_2 の粘性抵抗に抗して、徐々に復元するので残留ひずみ(残留応力)はある程度減少する。この現象が応力緩和である。また、応力緩和はポリマーの分子構造に関係し、応力緩和速度の速いプラスチックは、成形過程では緩和によって残留ひずみ(応力)は小さくなる。

7.1.2 残留ひずみの発生過程と品質の関係

射出成形は、材料を溶かし、金型に流し込み、固まらせて成形品をつくる方法である。射出成形工程としては、**図7.2**のように可塑化、射出・保圧、冷却、離型などからなっている。

可塑化工程は、シリンダから加熱しながら、スクリュで材料を溶融する工程である。溶融すると材料は体積膨張する。

射出工程では、シリンダ側から圧力をかけて金型の中に溶融樹脂を流し込む工程である。

保圧工程では、型内で溶融プラスチックは冷えて体積収縮した分だけ、シリンダ側から圧力をかけて溶融プラスチックを送り込んで補充する工程である。同工程では、金型壁面と接するプラスチックは固化層を形成しつつ、コア層は流動している状態である。

冷却工程は、金型の中で、成形品として取り出せる状態にまで固化させる工程である。

離型工程は、成形品を金型から取り出す工程である。

射出成形の工程別に、発生するひずみの種類を**図7.3**に示す。同図に示すように、ひずみとしては分子配向ひずみと残留ひずみがある。広義の意味では、分子配向ひずみも残留ひずみの1つであるが、成形品の品質に与える影響が異なるので、分子配向ひずみと残留ひずみ(狭義の意味)に分けて説明する。また、実際に成形品で見ると分子配向ひずみと残留ひずみでは、現象的に次の違いがある。

①残留ひずみは通常のアニール処理によって除去できるが、分子配向ひずみはアニール処理では除去できない。もちろん、通常のアニール温度より高い温度で処理すれば、分子配向ひずみも除去できるが、成形品が熱変形するので実用的でない。

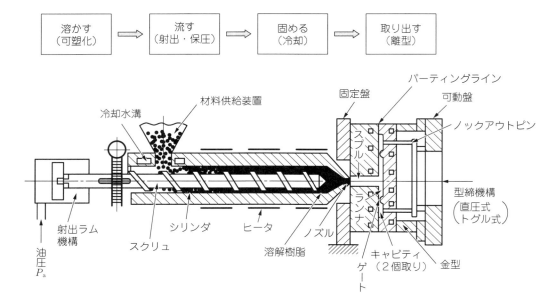

図7.2 射出成形の概略図

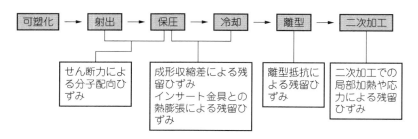

図7.3 射出成形における残留ひずみの発生工程

②残留ひずみが存在すると、限界応力以上ではストレスクラックやソルベントクラックが発生するが、分子配向ひずみが存在してもクラックは発生しない。

[分子配向ひずみ]

分子配向ひずみは、金型に溶融樹脂を充填するときのせん断力によって分子が流れ方向に引き伸ばされた状態になり、この状態で固化するときに生じるひずみである。分子配向ひずみは、後述する残留ひずみほど大きな値ではないので、割れ不良を誘発することはないが、成形品の品質に次の影響を及ぼす。

①光学異方性によって、透明成形品では光弾性縞模様が発生する。
②複屈折が発生するので、CD-R、DVD などでは光学エラーの原因になる。
③強度の異方性が生じる。すなわち、配向に平行方向の強度は大きく、直角方向の強度は小さくなる。
④高温に加熱したとき、成形品の加熱収縮率に異方性が生じる。すなわち、配向に平行方向の加熱収縮率は大きく、直角方向は小さい。

［残留ひずみ］

残留ひずみは保圧・冷却工程、離型工程、二次加工工程などで発生する。

保圧・冷却工程で発生する残留ひずみは、型内で冷却するときに、体積収縮率が部分的に異なる、言い換えれば成形収縮率が異なるために、収縮の大きい部分と小さい部分の間でひずみが生じることが原因である。インサートによる残留ひずみは、インサート金具とプラスチックの線膨張係数の差によって生じるひずみである。すなわち、インサート成形では金具周囲のプラスチックは冷却するときに収縮しようとするが、金具によって拘束されて収縮できないので、残留ひずみとなる。

離型工程で発生する残留ひずみは、無理に離型したときに発生するひずみである。

二次加工工程で発生する残留ひずみは、熱溶着、機械加工などの工程では加工部分が局部的に発熱することによって生じるひずみである。

残留ひずみがあると、次のように成形品品質に影響する。
①残留応力の値がストレスクラックまたはソルベントクラックの限界応力以上であると、クラックが発生する。
②成形品に後寸法変化やそりが生じる。

7.1.3 分子配向ひずみと対策

1）分子配向ひずみの発生原理

プラスチックを構成する分子は長い鎖状の巨大分子である。巨大分子は、溶融状態では分子は自由に動けるので、図7.4(a)に示すように、丸まったランダムコイルの形態をとろうとする。ランダムコイルの状態はエントロピーが最も大きく、エネルギー的に安定した状態である。射出成形では、型内流動時に発生するせん断力によって、図7.4(b)のように分子は引き伸ばされた状態になる。この現象が分子配向である。このように分子が配向した状態では、エントロピーが小さく、不安定な形態であるので、エントロピーの大きなランダムコイルの状態に戻ろうとする。しかし、型内で冷却・固化すると、分子は動けないので配向状態はそのまま凍結される。これが分子配向ひずみを生じる原理である。分子配向ひずみは、エントロピーの大きいランダムコイルの状態に戻ろうとする作用がある。これをエントロピー弾性という。当然、分子が自由に運動できる温度まで昇温してやれば、ランダムコイルの状態に戻る。これをポリマーの記憶効果という。

実際の金型キャビティ中を溶融樹脂が流動する状態を図7.5に示す。溶融樹脂は型壁面から冷却されるので、接触面近傍の樹脂は固化層を形成しながら、コア部分の溶融樹脂は先端に向かって流れる。流れる状態は、噴水のような流れ方をするので、ファウンテンフローという。このような流動過程では、固化層と流動層の境界層では、せん断力が発生するので、分子は配

(a) ランダムコイル状態　　　(b) 分子配向状態

図7.4　分子配向の概念

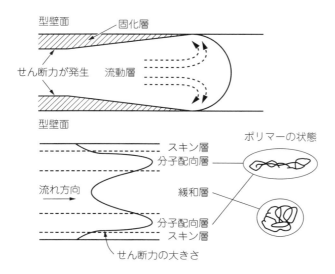

図7.5 金型キャビティ内の流動挙動と分子配向

向した状態になる。成形過程では、分子配向はある程度緩和して、ランダムコイルの状態に戻るが、冷却・固化して緩和できなかった分は分子配向ひずみとなる。

実際に成形品の厚み方向では、同図のように5層の構成になっている。すなわち、型壁面と接触するスキン層は射出直後に急冷されるので、ランダムな状態になっている。その下のせん断層では流れ方向に分子配向し、さらにコア層は、ゆっくり冷却されるので、分子配向は緩和されてランダムコイルの状態になっている。

2) 分子配向ひずみと射出成形対策

射出成形時に発生する分子配向ひずみを小さくするためには、基本的には次のことを配慮して成形条件を選定しなければならない。
①射出・保圧工程で発生するせん断力を小さくする。
②せん断力によって発生した分子配向を、保圧・冷却工程で緩和させる。
以上のことから成形に当たって、材料、設計、成形条件などについては、次の対策がある。

[材料]
成形時に型内で発生するせん断力を小さくするには、材料として、溶融粘度は小さいほうがよい。そのためには、低分子量またはMFRの大きい低粘度材料が好ましい。
射出時に発生した分子配向は、型内で速く緩和するほうが、分子配向ひずみは少なくなるので、緩和速度の速い材料のほうがよい。

[製品設計]
製品設計では、肉厚が薄いほうが充填時のせん断力は大きくなる。そのため薄肉成形では分子配向ひずみは発生しやすい。分子配向ひずみを小さくするには、肉厚を厚くすること、充填が容易になるようにゲート位置を適切に選定することなどの対策が有効である。

[成形条件]
　溶融樹脂の粘度を小さくすると、せん断力は小さくても充填できる。従って、成形温度(樹脂温度)を高くすること、射出速度を速くすることによって樹脂温度が型内で低下する前に充填を完了することなどが効果的である。同時に射出圧や保圧を低くすることによってせん断力を小さくすることができる。
　型内で分子配向ひずみを緩和させるため、金型温度を高くすることが効果的である。

7.1.4　残留ひずみと対策

1）残留ひずみの発生原理

　残留ひずみは、冷却固化する段階で局部的な比容積の差(収縮差)よって発生する弾性的ひずみである。ここで、比容積とは、単位重量当たりの体積(cm^3/g)である。**図7.6**は非晶性プラスチックであるPCの圧力(P)—比容積(v)—樹脂温度(T)曲線である[2]。同図からわかるように、比容積(v)は樹脂温度(T)と圧力(p)によって決まる。つまり、成形過程でキャビティ中における樹脂温度や圧力が局部的に差がある状態で固化すると比容積に差が生じる。また、同図の(A)と(B)は冷却速度による比容積変化の比較であるが、冷却速度の違いによっても、固化するときの比容積に差が生じることがわかる。

　ここで、比容積は成形用語ではあまり使用しないので、金型寸法と成形品寸法差から求める成形収縮率との関係を**図7.6**(A)に基づいて簡単に説明する。①～②の工程は、型内に射出後、ゲート部が固化して射出・保圧がキャビティ内に及ばなくなるまでである。②～③は、型内圧が低下し大気圧(0.1MPa)まで低下するまでである。③～④は0.1MPaの比容積曲線に沿って比容積vが減少する工程である。④は室温に達したときの比容積である。この③～④の比容積の変化量Δvが成形収縮に相当する。つまり、等方向収縮の場合にはΔvの3乗根が成形収縮に相当し、その(成形収縮量／金型寸法)が成形収縮率に相当する。つまり、③と④にける比容積の差が成形収縮率を決定することがわかる。**表7.1**は、PvT曲線をもとに型内における冷却条件や圧力の差による比容積及び成形収縮率の大小を比較したものである。同一型内で比容積

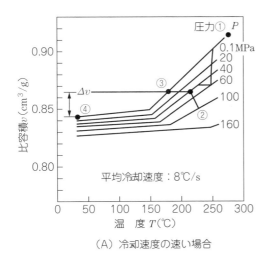

(A) 冷却速度の速い場合

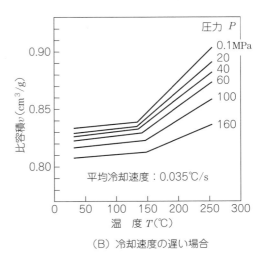

(B) 冷却速度の遅い場合

図7.6　PCの PvT 曲線[2]

表7.1 型内の冷却、圧力条件と比容積差、成形収縮率

	冷却速度、圧力条件	比容積差	成形収縮率※
冷 却	急 冷（薄肉、型温低）	小	小
	徐 冷（厚肉、型温高）	大	大
型内圧	高 圧	小	小
	低 圧	大	大

※成形収縮率は、金型からの収縮差であるので、比容積差（Δv）に対応する。

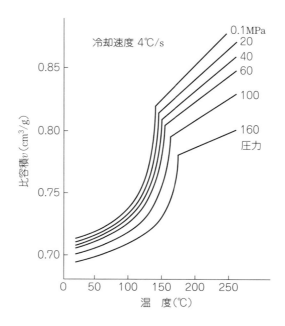

図7.7 POM の PvT 曲線[2]

または成形収縮率に同表のような差が生じれば、弾性的ひずみが生じて残留ひずみとなる。

次に、結晶性プラスチックの場合は、PvT 曲線は**図7.7**のような曲線になり、結晶化による比容積の変化は大きいが、圧力や冷却速度の差に基づく残留ひずみの発生については、非晶性プラスチックの場合とほぼ同じ傾向である。

以上のことから、射出成形における残留ひずみが発生するメカニズムをモデルにして表現すると、**表7.2**の通りである。ただし、実際の成形においては、これらの単純なモデルではなく、モデルⅠ～Ⅳなどが複雑に組み合わさった挙動を示すと考えられる。

モデルⅠは、成形品のスキン層が型壁面と接して急冷されて先に固化し、内部のコア層がゆっくりと固化する場合である。急冷されたスキン層の比容積は大きく、コア層はゆっくり冷えるので比容積は小さくなる。そのため、コア層にはマイナスの静水圧が発生し、スキン層に圧縮応力、コア層に引張応力が発生する。また、この引張応力によってスキン層に曲げ応力が発

第7章　射出成形工程における諸要因と成形品強度

表7.2　残留ひずみの発生モデルとメカニズム

タイプ	モデル	メカニズム
Ⅰ	スキン層（固化）／コア層（溶融状態）	キャビティに接したスキン層が固化した後にコア層が遅れて冷却する。コア層の方が徐冷されて、比容積は小さくなるので、マイナスの静水圧応力が発生する。スキン層は圧縮応力、コア層に引張応力が発生する。
Ⅱ	圧力／型内圧／ゲートからの距離／ゲート	ゲート側は樹脂圧が高く、流動末端側は樹脂圧が低い。圧力が高い側は比容積が小さく、圧力の低い側の比容積は大きいので、急激な圧力変化があると、比容積の差によってひずみが発生する。
Ⅲ	徐冷／急冷	肉厚が急激に変化する成形品では、肉厚の厚い部分は徐冷のため比容積は小さく、肉厚の薄い部分は急冷のため、比容積は大きい。この比容積差によってひずみが発生する。
Ⅳ	キャビティ型温低／コア型温高	金型温度の低い部分と高い部分がある場合、低い部分は急冷のため比容積は大きく、高い部分は徐冷のため比容積は小さい。この比容積差によってひずみが発生する。
Ⅴ	インサート金具／樹脂	インサートがある場合、金具の線膨張係数より、樹脂の線膨張係数が大きいため金具と樹脂の熱収縮量の差によってひずみが発生する。

生する場合もある。

　モデルⅡは、保圧工程ではゲート近傍の型内圧は高く、流動末端では圧力損失によって内圧は低くなるので、型内圧に差が生じる。当然のことながら、圧力の高い部分の比容積は小さく、圧力の低い部分の比容積は大きくなる。そのため、比容積の差によって残留ひずみを生じる。

　モデルⅢは、成形品に肉厚差がある場合である。肉厚の厚い部分はゆっくり冷えるので、比容積は小さくなり、薄い部分は急冷されるので比容積は大きくなる。このような比容積の差によって残留ひずみが生じる。

　モデルⅣは、モデルⅢと同様にして、キャビティの表面温度に温度差がある場合、型表面温度の高い部分はゆっくり冷え、型表面温度の低い部分では急冷されるので、同様にして残留ひずみが生じる。

　モデルⅤは、インサート金具周囲に発生するひずみである。これは前述のように、金具と樹脂の線膨張係数の差によって生じる残留ひずみである。

— 175 —

2) 残留ひずみと射出成形対策

上述のように、残留ひずみは、溶融プラスチックが固化するときに、型内圧の差、冷却速度の差などによって、部分的に比容積に差が生じるために発生するものである。ただ、型内で発生したひずみは同時に緩和も起こっているので、緩和速度も残留ひずみに関係する。

[材料]

材料については、次の対策がある。

①高粘度材料（高分子量の材料）では、成形するときに射出圧や保圧を高くして成形するので、残留ひずみが発生しやすい。一般的には、低粘度材料のほうが、成形条件の調整幅が広いので、残留ひずみを小さくできる。

②残留ひずみを型内で緩和させて低減するためには、プラスチックの分子構造としては、緩和速度の速い構造のほうがよい。緩和速度については、分子配向で述べたことと同様に剛直な分子鎖を持たないほうが緩和速度は速くなる。

[製品設計]

製品設計については、次の対策がある。

①肉厚はできるだけ均一にする。

②金型の温度が均一になるように、加熱・冷却溝は適切に設計する。

③コーナにはできるだけアールを付ける。

④離型が容易になるように抜き勾配を適切にとる。

[成形条件]

成形条件としては、保圧と金型温度が残留ひずみに強く影響する。

保圧が高いと、ゲート部分では型内圧が高く、流動末端では低くなるので、型内圧の差が大きくなる。保圧はできるだけ低いほうが型内圧力分布は均一になるので、残留ひずみは小さくなる。

金型温度については、できるだけ高くするほうが、発生したひずみを型内で緩和できるので、残留ひずみは小さくなる。また、金型キャビティの温度はできるだけ均一になるように金型温度を調整することも大切である。

また、冷却時間を長くするほうが、離型による残留ひずみは小さくなる。

保圧と金型温度の影響について、PC による実験例を**図7.8**に示す[3]。残留ひずみの大きさを相対的に調べるため、四塩化炭素という溶剤に浸漬してクラックが発生するまでの時間を測定した。従って、短時間でクラックが発生するほど、大きな残留ひずみが存在していることを示している。同図からわかるように、金型温度が低い条件では、保圧の影響を受けにくく、残留ひずみはいずれの条件でも大きい。一方、金型温度が高い条件では、保圧が高いと残留ひずみは大きくなる傾向がある。金型温度が低い条件では、キャビティ面で急冷されることにより残留ひずみが生じ、型温度が高い場合には保圧効果が大きいため、保圧の影響が支配的になると推定される。

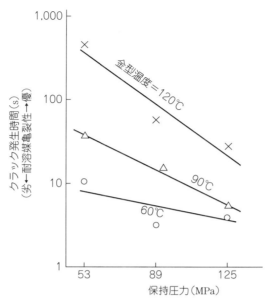

図7.8　残留ひずみに及ぼす金型温度、保圧の影響（PC）[3]

7.1.5　残留ひずみの測定方法と測定例

　成形品の分子配向ひずみや残留ひずみを測定する方法としては、一般的には**表7.3**に示す方法がある[4]。以下では実用的に用いられている方法について述べる。

1）分子配向ひずみの測定法
　分子配向ひずみの測定方法としてはPC、PMMAなど透明成形品の測定に用いられる方法がある。不透明な成形品については、近赤外光弾性法による測定法も紹介されているが、まだ、実用的に用いられた例は少ない。
　ここではいくつかの方法と測定例について述べる

［光弾性法］
　透明な成形品について、2枚の偏光板をクロスニコルの状態にして、その間に成形品を入れて目視観察すると、縞模様が観察される。**写真7.1**にPCの光弾性写真を示す[5]。
　同写真(a)は保圧時間が短いため、光弾性縞は明確ではないが、保圧時間の長い(b)は明確な光弾性縞が観察される。また、このような縞模様から、次のような定性的な知見が得られる。
①成形品にコールドフロー、樹脂異物、ウェルドラインなど入っている場合は、特有の縞パターンを示す。これは溶融樹脂中に粘度の異なる部分があると分子の配向状態に差が生じることによると考えられる。このように成形不良の原因を推定する手段の1つとして、光弾性パターンを用いることができる。
②光弾性パターンと成形条件とは、深い関係がある。関係する成形条件としては、樹脂温度、

表7.3 残留ひずみの測定方法[4]

測定法		長所	短所
機械的測定 （物理的測定）	試片削除法	原理的にはあらゆる試料に対して測定できる	あらかじめ残留応力の推定式を求めておく必要がある 測定作業に時間がかかり、高度の測定技術を要する 破壊測定である
	加熱法	解析は比較的容易である 実用的な測定法である	破壊測定である
化学的測定	環境応力亀裂法 （溶剤浸漬法等）	解析は比較的容易である	あらかじめ校正曲線を求めておく必要がある 破壊測定である
光学的測定	光弾性法（透過法） 光弾性法（散乱法）	非破壊で測定できる 測定は短時間	不透明なものは測定できない 解析に時間がかかる
	光弾性法（反射法）	原理的にはあらゆる試料に対して測定できる	透過法に比べ精度が劣る 測定作業に時間がかかる 解析に時間がかかる
放射線測定	X線散乱法 X線小角散乱法	非破壊で測定できる	測定領域が小さい

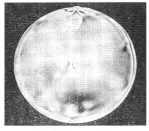 

　　　　　(a) 保圧時間0.8s　　　　　　　(b) 保圧時間9.8s

写真7.1　PCの光弾性写真[5]
　　　（材料：PC、試験片：φ101mm、厚み3.2mm、サイドゲート方式）

　保圧、金型温度などである。成形品の光弾性パターンから成形条件をある程度推定できる。
③光弾性パターンから、成形品中の分子配向ひずみの分布を知ることができる。

［複屈折測定法］
　光ディスク基板、光学レンズなどでは、分子配向していると、レーザ光が透過すると、光路差を生じエラーの原因になる。複屈折を測定する方法としては、偏光顕微鏡とコンペンセータの組み合わせ法、レーザラマン法などもあるが、He-Neガスレーザを用いたエリプソメータ法（（株）溝尻光学工業所）が多く利用されている。装置の概要を図7.9に示す。He-Neガスレーザから出た光は、偏光子を介して、方位角45°の直線偏光となる。次いで、直線偏光が試料に入射することになるが、もしも試料に複屈折があれば、試料を通過した光は、直線偏光から楕円偏光へ変わる。エリプソメータは検光子の角度を変えて受光部の光の強さを測定し、楕円偏

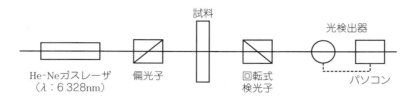

図7.9　エリプソメータの装置概略

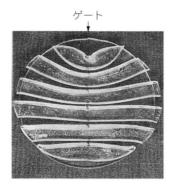

材料：PC
試験片：φ101mm、
　　　　厚み3.2mm、
　　　　射出成形法、
　　　　サイドゲート方式
加熱条件：180℃、1h

写真7.2　加熱処理したときの分子配向の回復状態[5]

光の振幅比と位相差の関係を求める方法である。

[加熱収縮法]
　非晶性樹脂成形品では、分子配向ひずみが発生している成形品を、ガラス転移温度以上に加熱すると、熱収縮を示す。例えば、**写真7.2**に示すように、分子配向ひずみの大きいゲート近くでは大きく収縮し、流れ方向は収縮し、その直角方向では膨張する[5]。このように収縮する時点ではそりも生じているので、加熱収縮率を測ってもあまり意味はないが、成形条件との関係を相対的には評価できる。

2）残留ひずみ測定法

[溶剤浸漬法]
　プラスチックは薬液に浸漬するとクラックが発生しやすいものが多いので、逆に成形現場ではこの現象を利用して残留ひずみの測定によく用いられている。
　本法は、あらかじめ検出限界応力がわかっている溶剤に、未知の成形品を浸漬し、クラック発生の有無を目視観察して、残留応力の大きさを推定する方法である。この方法で測定する場合には次の点に注意しなければならない。
①プラスチックの種類によってソルベントクラック性が異なるので、適切な溶剤を選定しなければならない。
②溶剤としては、検出限界応力を段階的に変えられるものを選定しなければならない。これによって、残留応力の測定が可能になる。
③ソルベントクラック性は、溶剤の温度と浸漬時間にも左右されるので、温度や時間を一定にしなければならない。

④クラック発生の有無を目視観察する場合、人による差、観察する光源や明るさ、溶剤から取り出してから観察終了するまでの時間などによって測定ばらつきが生じるので、条件の統一が重要である。

⑤使用する溶剤は、臭気や安全衛生の点では、環境対策の必要なものもあるので、法規を遵守し、換気対策や作業者の防護具の着用に配慮しなければならない。

　以上のように、溶剤浸漬法は簡便的である反面、種々の注意が必要なので、製品の出荷検査には不向きである。むしろ、試作段階における成形条件の選定、アニール条件の選定、割れ事故の原因究明などの、いわゆるオフラインの評価法として用いるべきである。

表7.4　成形品の残留応力の測定例

溶液	検出限界応力* (MPa)	浸漬結果 (液温20℃、浸漬時間1min)
A	25	クラック発生
B	20	クラック発生
C	15	クラック発生
D	10	クラック発生せず
E	5	クラック発生せず

⇒ 残留応力の推定15MPa 以上

＊各溶液について検出応力データを作成する

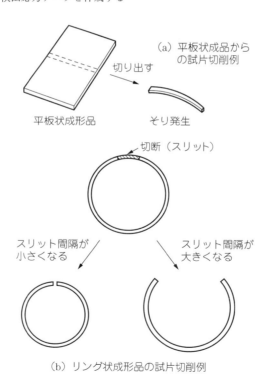

図7.10　試片切削法による残留ひずみの測定方法の例

測定には検出限界応力がわかっている検出液を準備する必要がある。**表7.4**に測定例を示す。同表の例では、浸漬結果から、この成形品に残留していた応力は15MPa以上と判定できる

［試片削除法（応力解放法）］
試片削除法は、成形品に残留ひずみが存在する場合、この部分を切り出すと、応力が解放されて変形する。この変形量を相対的に測定することによって、残留ひずみを測定する方法である。測定方法の例を**図7.10**に示す。同図(a)のように板成形品から、図のように短冊状に切り出すとそりが発生することがある。このそり量から残留ひずみの相対的な大きさを推定できる。また、同図(b)のようにリング状成形品を図のように切断すると、ひずみの発生状態によってリングが開いたり、閉じたりする。これらの変形量から残留ひずみの相対的大きさを推定できる。

［加熱法］
加熱法は、残留ひずみの存在する成形品を加熱すると、加熱収縮や膨張または変形がおこるので、その変形量から残留ひずみの大きさを推定する方法である。

7.2　アニール処理による残留ひずみの除去

1）アニール処理とは
プラスチック成形品に一定の変形を与えておくと、時間が経つと、成形品に発生した応力は徐々に減少する。この現象を応力緩和という。温度が高いほうが、緩和速度は速くなり、応力の残留率も小さくなる。**図7.11**に、PCの応力緩和特性を示す[6]。同図のように温度が高くなると、応力緩和速度は速く、しかも応力の残留率も小さくなることがわかる。

アニール処理は、プラスチックの応力緩和特性を利用して、成形品を高い温度で処理することによって、残留ひずみを緩和させる方法である。実際には、アニール処理は次の目的で利用されている。

①残留応力を低減することによって、使用時にクラックが発生することを防止する。

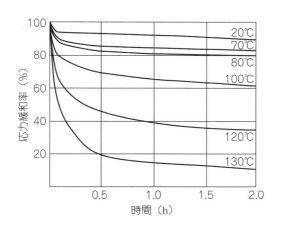

図7.11　応力緩和―温度特性（PCの例）[6]

②同様にして、使用時に変形、そりなどが発生しないように、寸法を安定化する。
③プラスチックによっては、強度・剛性の向上や荷重たわみ温度を上昇させるためにアニール処理することもある。

2) アニール方法と条件

アニール温度を高くするほうが緩和速度は速くなるが、温度を高くし過ぎると成形品が変形するので、あまり高くすることはできない。

アニール条件の目安は、次の通りである

非晶性プラスチックでは、アニール温度は、ガラス転移温度より20～30℃低い温度、または荷重たわみ温度より5～10℃低い温度で行う。結晶性プラスチックは実際に使用する最高温度より10～30℃高い温度で行うのが一般的である。処理時間は、熱風加熱炉の場合には、肉厚2～3mm以下では、2～3時間を目安とする。**表7.5**にアニール条件の例を示す

アニール方法としては、熱風加熱炉、オイル・ソルトバス、熱水槽、遠赤外線加熱炉などがある。それぞれの方法の特徴を**表7.6**に示す。

3) アニール処理の注意点

アニール処理では、次のことに注意しなければならない。

表7.5 プラスチックの熱特性とアニール条件例

プラスチック	Tg(℃)	融点(℃)	アニール条件例
PC	145	—	120℃、2～3hr(2～3mmt)
PSU	190	—	150℃、5hr or 160℃、2hr
PAI	280～290	—	165℃24hr(乾燥、ひずみ除去) 245℃4hr(予備キュア) 260℃48hr(物性向上)
POM	−60	180	最高使用温度より10～20℃高い温度で2～3hr
PA6	41～48	224	熱媒中で最高使用温度より10～20℃高い温度で15～30分程度
PBT	37～53	224	175℃、3hr or 195℃、1hr(120℃以上で使用、寸法安定化)
PPS	85	285	200～230℃、4hr(寸法安定化)
PEEK	143	343	230℃、3hr

表7.6 アニール方法

方　　法	特　　徴
熱風加熱炉	一般的なアニール方法。 熱酸化による色相変化に注意。
オイル・ソルトバス	丸棒などを高温でアニールするのに適する。熱酸化は起こりにくい。
熱水槽	PA6、66などのアニールに用いる（吸水による結晶化促進、残留ひずみの低減）。
遠赤外線加熱	成形品の昇温速度が速いので、アニール時間を短くできる。熱風と併用することが多い。

①アニール処理すると、加熱収縮を起こし、成形品の寸法は小さくなる。
②プラスチックの種類にもよるが、一般にアニール処理すると、硬く、脆くなる傾向がある。
③熱酸化しやすいプラスチックでは、熱風中では酸化劣化して変色を起こすことがある（自然色は黄変する）。
④インサート金具周囲の残留ひずみは、アニール処理によって除去することはできない。結晶性プラスチックでは、アニール処理すると結晶化が進み収縮するので、残留ひずみが、かえって大きくなる傾向がある。
⑤分子配向ひずみは、アニール処理では除去できない。

4）アニール処理を必要とするケース

次のケースでは、アニール処理するほうがよい。
①塗装、印刷、湿式めっきなどをする場合には、これらの工程で用いる溶剤などの薬品によってクラックが発生することがあるので、アニール処理で残留ひずみを除去する。
②丸棒、厚板などの肉厚の厚い成形品は大きな残留ひずみが残りやすいのでアニール処理する。残留ひずみを除去しないと、切削加工時に残留ひずみの影響で割れることがある。
④使用しているときに、寸法変化やそりが発生しないように、アニール処理によって寸法を安定化する（結晶性プラスチックの場合）。

基本的には、アニール処理は、前述した7.2の3)で述べた注意点があること、工数が増えること、処理時に傷などの不良が発生することなどがあるので、製品設計、成形条件など対策によって残留ひずみの発生を少なくし、基本的にはアニール処理は行わないほうがよい。

7.3　成形時の分解

1）熱分解

射出成形では、熱分解に影響する成形条件としては、成形温度、滞留時間などがある。
成形温度は、一般にシリンダの設定温度や指示温度で表されるが、実際の樹脂温度は、スクリュでのせん断力の影響で設定温度より20～30℃高くなることが多い。図7.12にシリンダにおける成形温度と樹脂温度のプロファイルを模式的に示す。特に、スクリュ径が大きい場合やスクリュ回転数が高い場合などでは、せん断熱の発生は大きいため、設定温度より樹脂温度は高

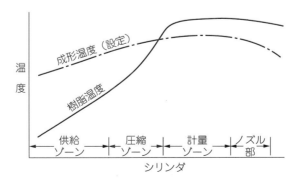

図7.12　シリンダにおける成形温度と樹脂温度の関係

くなる。従って、成形の上限温度に関しては成形時の樹脂温度をもとにして、使用樹脂の熱分解温度以下に設定しなければならない。

滞留時間は、成形機容量とショット重量の関係や成形サイクルに関係する。また、シリンダ内に滞留部（デッドポイント）が存在すると、局部的ではあるが、この部分に樹脂は滞留し、長時間後に熱分解する。

以上のように、樹脂の熱分解挙動としては、次のような2つの場合がある。

1つは、成形温度が高く、滞留時間も長くて熱分解する場合である。この場合には、樹脂は全体的に熱分解して外観変化や強度の低下が表れる。

もう一つは、加熱筒内での滞留部による局部的な熱分解である。この場合は、局部的な熱分解であるので、通常、成形品に分解した黒い筋状の不良が発生することで確認できる。このような不良品では黒い筋状の個所から簡単に破損することがある。

2) 熱分解の確認

成形品が熱分解しているか簡便的に現場確認するには、次の方法がある。

①成形品の外観観察で、黒褐色の樹脂焼け、銀条、気泡、全体的な変色などが観察される。

②正常に成形された成形品に比較して、重量が重い、あるいは重量ばらつきが大きい。

③スプル、ランナなどを曲げると簡単に破損する（正常品との比較）。または、成形品をハンマーでたたくと簡単に破壊する（正常品との比較）。ただ、通常脆い材料では、このような比較は困難である。

一方、分析的に調べるには、次の方法がある。

①成形品の分子量を測定する。

②成形品から試料を切り出し、メルトインデクサーによりMFRを測定する。

ただ、これらの測定では、成形品の値だけでは熱分解の有無を判断することは難しいので、使用した原料ロット、または良品の分子量やMFRとの差をもとにして判断しなければならない。

7.4　加水分解

1) 加水分解と強度

PC、PBT、PETなどのようにエステル結合を有するプラスチックでは、吸水した状態で成形すると加水分解を起こす。分子量が低下すると機械的強度、特に引張破断ひずみ、衝撃強度、クリープ破壊強度、疲労強度などが低下する。これらの挙動は、熱分解の場合と同じである。**表7.7**は、PCの吸水率と落錘衝撃の破壊率の関係を示した結果である[7]。同図からわかるように、吸水率が高くなるに従って、衝撃破壊率は高くなり、特に吸水率0.2%では延性破壊数より脆性破壊数のほうが多くなっている。

2) 成形条件と加水分解

成形時に加水分解しない限界吸水率は大体0.01〜0.02%である。この限界吸水率を達成するためには予備乾燥の条件が重要である。**図7.13**、**図7.14**は、PCの乾燥温度と吸水率の関係である[8]。**図7.13**のように環境の湿度が低い場合でも、100℃では限界吸水率0.02%以下になるのに時間がかかり、75℃では、限界吸水率には達しないことがわかる。また、**図7.14**は、環境の

— 184 —

表7.7　成形時の材料吸収率と落錘衝撃破壊率の関係（PC 中粘度タイプ）[7]

吸水率 （%）	成形品分子量	落錘衝撃破壊率（%）延性破壊	脆性破壊	全破壊率	成形品外観
0.014	2.5×10^4	0	0	0	良好
0.047	2.4	30	0	30	良好
0.061	2.4	50	0	50	良好
0.067	2.4	90	0	90	銀条若干発生
0.200	2.2	20	80	100	銀条、気泡発生

（注）　1）　材料の分子量（粘度平均分子量）：2.5×10^4
　　　 2）　試験方法：コップ状の成形品を成形し、底部に先端が10mmR の重錘を高さ10m
　　　　　 から落下させて破壊の有無を調べた。重錘の重量は2.13kg。

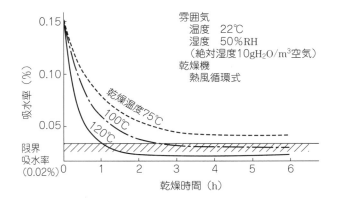

図7.13　PC の乾燥温度、時間と吸水率の関係（環境湿度は低い場合）[5]

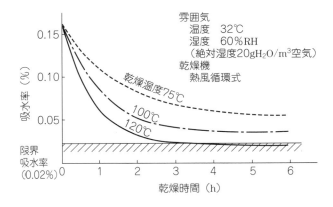

図7.14　PC の乾燥温度、時間と吸水率の関係（環境湿度の高い場合）[8]

相対湿度が高い場合の乾燥曲線である。環境湿度の低い場合に比較して、湿度が高い場合には
120℃においても、限界吸水率に達するまでの乾燥時間は長くかかることがわかる。

3) 加水分解の確認

　成形品が加水分解している場合には、銀条や気泡が発生していることが多いので、外観観察でも、ある程度判定できる。

　また、加水分解すると分子量が低下するので、熱分解の場合と同様に、成形品の分子量やMFRの値を測定する方法がある。ただ、加水分解は成形時の予備乾燥の問題であるので、材料の吸水率を測定して予備乾燥条件を調整するほうが問題解決には早道である。材料中の微量水分量を測定する方法としてはカールフィッシャー水分測定機がある。また、最近では誘電損失を利用した水分測定機も市販されている。

7.5　成形品に生じる欠陥部

1) 欠陥部と強度

　成形品に欠陥部が存在すると、この部分への応力集中によって強度が低下する。欠陥部に対する応力集中は、第1章の1.2で述べたように、次の式で表される。

$$\sigma_{\max} = \sigma_0\left(1 + 2\sqrt{\frac{a}{\rho}}\,\right) \tag{7.2}$$

　ただし、$\sigma_{\max}$：欠陥部に発生する最大応力
　　　　　σ_0：平均応力
　　　　　a：切り欠きの長さ
　　　　　ρ：切り欠き先端半径

　式(7.2)からわかるように、切り欠きの長さ a が大きく、先端半径が小さい場合に応力集中は大きくなることがわかる。特に、クラックのように先端アールが0に近い場合には、a/ρ の項は無限大になるので、クラックは急速に伝播して破損することになる。

　成形品中に応力集中源になるような欠陥部が存在すると成形品の強度低下の原因になる。

2) 成形品に発生する欠陥部

　材料、製品設計、成形条件などを含めて、成形品中に存在する可能性のある欠陥部は**表7.8**の通りである。発生原因として、必ずしも成形工程の条件が原因でなくても、最終的には成形品中に欠陥部として存在すると、強度低下に結び付くので、同表にはすべての要因をまとめた。

　異物は、使用する材料中に、すでに含まれていることもあるが、成形工程では金属異物、炭化物、異樹脂、同種樹脂の未溶融物などがある。金属異物は主としてスクリュ部分の摩耗または破損により発生した金属片などが混入することが多い。炭化物は、長期間の運転中にシリンダ壁面に生成した炭化物が剥離して溶融樹脂に混入したものである。異樹脂は、成形工程で使用していた他の樹脂が、乾燥機やホッパーに残留していて混入することが主な原因である。同種樹脂の未溶融樹脂は、可塑化が間に合わず未溶融の樹脂が射出された場合に発生する。特に、結晶性プラスチックのハイサイクル成形では可塑化時間が短い場合には、ペレット中の結晶が完全に融解しない状態で可塑化されることで発生するケースが多い。

　気泡は、成形品の厚肉部分に発生する場合と溶融樹脂の分解ガスによる場合がある。厚肉部分に発生する気泡を解消するには、ゲート位置の選定、金型温度や保圧などの成形条件の調整

— 186 —

第7章　射出成形工程における諸要因と成形品強度

表7.8　成形品中の欠陥部

項　目	欠陥として作用する可能性のあるもの
材　料	・未反応モノマー、反応助剤 ・添加剤、着色剤 ・充填材 ・異物（金属異物、炭化物、塵埃）
製品設計	・シャープコーナー ・ウェルドライン ・パーティングラインの段差
成形条件	・気泡、銀条 ・異物（金属異物、炭化物、塵埃） ・異樹脂 ・ゲート、ばり仕上げ跡 ・離型時に発生する微細な亀裂 ・誤って付いた傷

が必要である。分解ガスによる場合は前項で述べた成形時の熱分解や加水分解の防止に対する対策が必要である。

　成形品表面の傷は応力集中により強度低下をまねく。傷の原因としては、離型時の突き出し時に発生する微細な亀裂、ゲートやばり仕上げ跡などがある。また、パーティングラインの段差も応力集中源になることがある。

7.6　再生材の使用

1）再生による物性低下の考え方

　再生材料の使用については、成形工程でスプル、ランナ、成形不良品（再生可能なもの）などを粉砕して再使用する工程再生と、市場で使用された製品を回収して再使用する樹脂再生の2つがある。後者の樹脂再生は、回収システム、製品からの成形部品の分離、減容化、塗装や異物の分離、粉砕、洗浄、リペレット方法、物性保持のための材料処方開発などの多岐にわたる応用技術が必要である。ここでは、前者の工程再生の問題について述べる。

　工程再生では、再生材を粉砕して再使用する場合と再生材をリペレット化して再使用する場合がある。

　粉砕品を再使用する場合には粒度や形状がばらつくため成形工程で計量が安定しないことがある。このような場合にリペレット化して成形する。リペレットする場合は押出工程が入るので、粉砕後に直接使用の場合よりも熱履歴を1回多く受ける。また、再生材の使用については、再生材を100％で成形する場合と新材（バージン材）に対し再生材をある比率で混合して使用する場合がある。再生材使用による物性低下の概念を**図7.15**に示す。同図のように100％再生材を使用する場合は、再生繰り返しとともに物性が低下するので、製品の性能要求が高くない場合に限定される。新材に再生材を一定の比率で混合する場合には、繰り返し回数の多い再生成分は成形品のほうに一定の比率で出て行くので物性は一方的には低下せず、理論的には一定の値に収斂する傾向がある。経験的には、再生材の混入比率は30％以下にするのがよい。

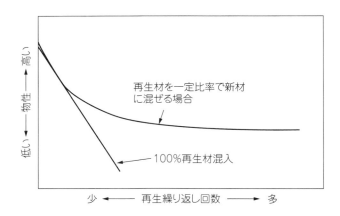

図7.15 再生繰り返し回数と物性低下の概念

表7.9 再生材の使用上の注意点

項目	注意すべき点
材料	熱分解 加水分解 着色剤、添加剤 充填材	・酸化防止剤の種類と添加量 ・エステル結合を有するプラスチック ・着色剤、添加剤などの配合による熱分解性 ・繊維系強化材のスクリュでの破砕
成形条件	・予備乾燥条件(乾燥温度や時間、環境湿度) ・成形温度(樹脂温度) ・成形サイクル(滞留時間) ・成形機容量とショット重量の関係
再生材の管理	・離型剤の混入(前成形で使用した吹き付け離型剤の混入) ・油の混入(金型油などの付着) ・焼けごみ(炭化物)の混入 ・金属異物の混入(インサート金具、他) ・異樹脂の混入 ・その他(塗料、接着剤、塵埃)

2) 再生時の劣化要因と対策

　再生材の使用に関して、実際の成形工程では種々の要因が関係する。再生材使用上の注意点を**表7.9**に示す。これらの注意点と対策は以下の通りである。

①プラスチックの特性を考慮した再生材の使用

　使用するプラスチックの熱分解特性を考慮して再生材の混合率や取り扱いをすべきである。また、材料の再生データは、成形現場にはそのまま当てはまらないことが多い。理由は、材料の再生データの成形条件と、成形現場で実際に行われている成形条件とは異なるためである。一般に、成形現場での成形条件のほうが苛酷であることが多い。

②再生材の管理

　再生材の管理では異物が混入しないようにしなければならない。成形現場で混入しやすいものとしては、異樹脂、離型剤、油、インサート金具、塵埃などがある。特に粉砕機での異樹脂の混入、成形時に使用した離型剤が成形品に付着したままで再生されることなどに、注意すべ

きである。

引 用 文 献

1) J. M. Mckelvey, （伊藤勝彦訳）：高分子加工工学（*Polymer Processing*），p. 306，丸善（1964）
2) *Termodynamik–Kemdaten fur die verarbeitung thermoplastiser kunststoffe–*, Carl Hanser Verlag Munchen Wier.（1979）
3) 甲田広行：高分子化学，**25**，277，289–297（1968）
4) 吉井正樹，金田愛三：成形加工，**1**(4)，399（1989）
5) 甲田広行：高分子化学，**25**，276，254–264（1968）
6) 三菱エンジニアリングプラスチックス：ユーピロン技術資料　物性編，p. 45（1995）
7) 三菱ガス化学：ユーピロン技術詳報「成形時の劣化現象とその防止対策」，p. 9（1979）
8) 本間精一，（本間靖一編）：ポリカーボネート樹脂ハンドブック，pp. 467–468，日刊工業新聞社（1992）

コラム　現場からのひとこと❼
残留ひずみという用語

　プラスチックの JIS 用語の中には、残留ひずみまたは残留応力に関する定義はない。それだけ実態のわかりにくい現象なのかも知れない。金属材料の世界でも残留応力について古くから研究されているが、プラスチックでは粘弾性的挙動が加わるので、問題はさらに複雑になっている。しかし、プラスチック製品を扱う上では、製品の品質を大きく左右する特性であるので、成形現場では避けては通れない重要な課題である。

　本書では、残留ひずみについて「分子配向ひずみ」と「残留ひずみ」という言葉を用いて解説したが、これとて一般的用語ではない。残留ひずみという現象を読者の方によく理解いただくように、筆者の説明の都合上用いた言葉に過ぎない。

　さて、プラスチックの残留ひずみに関して、学問の世界でもいろいろな言葉が使われているようである。

　当時デュポン社の研究所におられた Dr. James M. Mckelvey が執筆された「Polymer Processing」(John Wiley & Sons Inc、1962、邦訳は伊藤勝彦訳「高分子加工工学」、丸善、1964)の中で、射出成形の項で、残留ひずみのことを「凍結ひずみ」として、プラスチックの粘弾性的挙動から発生機構を説明されている。この中では、凍結ひずみの主要因を分子配向ひずみとして、その後に発生する付加的凍結ひずみについて発生過程を説明されている。

　故人になられたが、法政大学の教授をされていた伊藤勝彦博士は、成形加工研究の一環として残留ひずみの問題についても勢力的に研究されていた。伊藤博士の場合は、分子配向ひずみのことを「分子内ひずみ」、比容積差によって生じる弾性的ひずみを「分子間ひずみ」という言葉で説明されていた。

　当時山形大学の教授をされていた成澤郁夫博士(現在同大学の名誉教授)は、成形加工学会誌である成形加工(第2巻4号、p. 58(1990))で、残留ひずみに関して解説されている。成澤博士は、残留ひずみについて、分子配向ひずみを「マイクロひずみ」、比容積差による弾性的ひずみを「マクロひずみ」と命名されて、残留ひずみについて説明されている。

　このように、プラスチックの残留ひずみについては、学問的に見てもまだまだ扱いの難しいテーマの1つのように思われる。

第8章

割れトラブルと
原因究明

プラスチック製品に関する割れトラブルは、破損による故障の損失だけでなく、安全性の観点からも重要な問題である。プラスチックは使用の歴史もまだ比較的浅く、データの蓄積も少ないこともあり、また材料、成形加工、組立工程、使用条件などに起因する要因も複雑に絡むことから、原因の究明は困難なことが多い。製品の製造工程や市場において発生する割れトラブルには、いろいろなケースがある。例えば、プラスチック成形品にクラックが発生し、これが起点になって割れトラブルを起こす場合や静的荷重や動的荷重によって異常に低い応力で破壊する場合などがある。前者のケースでは、小さなクラックが発生しても製品としてすぐ使用できなくなるわけではないので、クラックが成長して製品が機能しなくなる時点で製品としての不具合を発見することもある。一方、後者のケースでは、何らかの使用条件の影響で材料が劣化し、通常よりも低い応力下で瞬間的にクラックが発生して破壊に至ることがある。このように割れトラブルと一口でいっても様々なケースがあるので、これまでの章で解説した事柄を踏まえ、本章では割れトラブルの原因究明と対策の立て方について述べる。

8.1　割れトラブルのケーススタディ

8.1.1　プラスチック製品の割れトラブル例

　図8.1は、プラスチックの割れトラブルの材料や使用条件に関する原因別の発生件数比率である[1]。同図のように、原因としては、ESC(ソルベントクラック)による割れトラブルが全体の25％と最も高いことがわかる。プラスチックを使用する場合、ソルベントクラックへの対応の難しさを表している。一方、図8.2は人為的原因別の割れトラブル比率である[2]。同図のように、材料選定ミス及び材料仕様不適合が45％と最も高くなっている。このことは、材料の種類

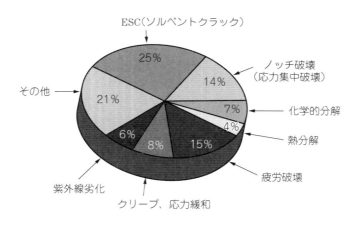

図8.1　割れトラブルの原因別の発生件数比率[1]

第8章 割れトラブルと原因究明

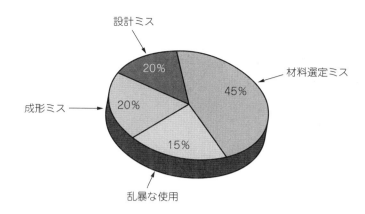

図8.2 割れトラブルの人為的原因別比率[2)]

表8.1 成形・組立、使用段階における割れトラブル発生要因

段 階	項 目	要 因
成形・組立段階	成形品の設計	・材料選定 ・設計の安全率の見込み ・形状(肉厚、シャープコーナー、リブ、インサート、プレスフィット、スナップフィットなど) ・ゲート方式・位置
	成形条件	・滞留による熱分解 ・水分による加水分解 ・フィラーの破砕(強化グレード) ・再生による分解 ・結晶化度のバラツキ ・残留応力
	成形品の欠陥	・成形品の傷、クラック、気泡 ・異物の混入 ・ウェルドライン
	二次加工	・機械加工ひずみ(加工時の油付着を含む) ・かしめ、後インサートなどのひずみ ・溶着時のひずみ(熱、超音波など) ・溶着・塗装時の劣化や脆化(溶剤によるクラック、キュアリングの熱による衝撃強度の低下)
	アセンブリ	・ねじ締め ・相手部品との篏合によるひずみ ・熱膨張の差によるひずみ
	包装・輸送	・包装材料の影響(添加剤、表面処理剤) ・保管時の温度・湿度
使用段階	使用時の劣化	・熱劣化 ・紫外線劣化 ・温度、湿度による劣化 ・化学物質との接触による劣化(ソルベントクラックを含む)
	設計時に予測した条件以外での使用	・負荷応力、ひずみ速度、環境条件の予測不備 ・寿命予測の不備 ・取り扱い説明書の記載不備

や品種による特性をよく理解した上で選定することが重要であることを示している。

表8.1に、プラスチック製品の製造過程から使用過程までを含めた割れトラブルの発生要因を示す。以下では、これらの割れトラブルを図8.1と図8.2に示した項目に分けてトラブル原因と対策について述べる。

1) 材料及び使用条件の原因による割れトラブル

a) ソルベントクラックによる割れトラブル

非晶性プラスチックでは、溶剤、油、グリース、可塑剤などに接触するとソルベントクラックが発生することはわかっているが、実用的には予測できないケースが多い。例えば、接着剤では溶剤を含むものと含まないものがある。前者の接着剤ではソルベントクラックが発生するが、後者の接着剤では発生しない。一般の機械油は、それほどソルベントクラックは発生しないが、防錆剤を含んだ切削油、ガソリン、揮発油などでは簡単にソルベントクラックが発生する。このように、ソルベントクラックは開発段階では予測の難しいトラブルの1つである。

以下いくつかの事故例を示す。

事例Ⅰ　インサート金具周辺にクラックが発生した
・使用樹脂：ABS 樹脂
・状況：インサート金具周辺にクラックが放射状に発生した。
・原因：インサート金具を機械加工するときに使用した切削油が付着したままで成形した。そのため金具に付着していた切削油の影響でソルベントクラックが発生した。
・対策：インサート金具を切削加工後に揮発油で洗浄して乾燥後使用した。

事例Ⅱ　櫛成形品にクラックが発生した
・使用樹脂：PC
・状況：櫛成形品を軟質 PVC フィルムで包装して保管していたところ、取り出してみたらクラックが発生していた。
・原因：櫛成形品に残留ひずみがあった。保管中に軟質 PVC 包装フィルムに含まれている可塑剤が成形品に移行してソルベントクラックが発生した。
・対策：包装フィルムを、可塑剤を含まないポリエチレンフィルムに変更した。

事例Ⅲ　電気部品が白化し、クラックが発生した
・使用樹脂：PC
・状況：PC 製電気部品とフェノール成形品を密閉したボックス中に一緒に取り付けて長期間使用していたところ、PC 部品が白化しクラックが発生した。
・原因：フェノール樹脂中に残留していたアミン系硬化剤が揮散し、アミン系硬化剤の影響で加水分解して白化するとともに、ソルベントクラックが発生した。
・対策：フェノール樹脂の硬化剤をアミン系からフタル酸系硬化剤に変更した。

事例Ⅳ　タップねじ加工部にクラックが発生した。
・使用樹脂：変性 PPE
・状況：変性 PPE 製電気部品をタップねじ加工して使用していたところ、タップねじ部からクラックが発生した。

・原因：タップねじ加工するときに切削油を使用していた。この切削油の影響でクラックが発生した。
・対策：ソルベントクラック性の少ない水溶性切削油に変更した。

事例V　電気製品ハウジング内面にクラック発生した
・使用樹脂：PC
・状況：ハウジングの内側からクラックが発生した。
・原因：射出成形する際に、金型の可動型の入れ子ブロックに塗られた防錆油が、成形時に型温が上昇して油の粘度が低下したために、キャビティ面ににじみ出た。この防錆油が成形品に付着し、ソルベントクラックが発生した。
・対策：金型を分解し、入れ子ブロックに付着していた防錆油をウエスできれいに拭き取った後に組み立てた金型で成形した。

事例VI　スクリーン印刷したらクラックが発生した
・使用樹脂：PMMA
・状況：射出成形した計器文字板成形品にスクリーン印刷したところクラックが発生した。
・原因：射出成形時の残留ひずみとスクリーン印刷インキの溶剤の影響でソルベントクラックが発生した。
・対策：成形品をアニール処理して残留ひずみを除去した。

b）応力集中による割れトラブル
　製品にシャープコーナ、ウェルドライン、ボイド、傷、パーティングラインの段差、仕上げ跡の凹凸などがあると、応力集中源になり割れトラブルを誘発する。これらの個所から割れるケースは、衝撃力、クリープ応力、疲労応力などが負荷される場合にトラブルになることが多い。第8章で述べた対策に基づき設計することが必要である。

c）化学薬品による割れトラブル
　プラスチックも有機化合物の1つであるので、化学薬品によって侵されるケースがある。これは、プラスチックの分子構造と相手の薬品の化学構造によって決まる。影響としては分解、膨潤・溶解、変色、クラック（ソルベントクラック）など様々な影響がある。
　これらの中でクラック（ソルベントクラック）以外は、使用するプラスチックの耐薬品性データを調査すれば、ある程度予測できるものである。ただ、影響の度合いは、接触状態や時間、温度などによって異なるので、事前に試験を行って確認すべきである。

d）熱劣化による割れトラブル
　熱劣化は、使用するときの温度と時間によって決まる。温度が高ければ、短時間でも熱劣化する。逆に、比較的低い温度でも長時間経つと熱劣化する。熱劣化すると次の症状が出る。
①色相が変化する（一般的には黄変する）。
②表面から微細なクラックが発生する。
③微細なクラックが発生すると、応力集中源になるので、破断ひずみの減少、衝撃強度、クリープ破壊強度、疲労強度などが低下する。
　熱劣化については、使用温度の上限値は、UL社の比較温度指数（RTI）の実用温度が参考に

なる。ただし、現場では、使用するプラスチックに含まれる着色剤、添加剤などの影響も受けるので、その影響を事前に調べておく必要がある。

e) 疲労による割れトラブル

　引張強度が大きくても、疲労強度は小さいプラスチックもあるので、それぞれ使用するプラスチックの疲労データを事前に調査しなければならない。また、材料疲労試験データを参考にする場合には、次のことに注意しなければならない。

　①応力負荷の繰り返し速度が速いと、成形品は自己発熱するので疲労強度は小さくなる。逆に、繰り返す速度が遅い場合には、疲労強度は大きくなる。

　②成形品に傷、シャープコーナ、凹凸などがあると、応力集中源になるので、疲労強度は小さくなる。

　③使用温度が高いと、疲労強度は小さくなる。

　疲労強度を要求されるプラスチック部品は、重要な機構部品として使用されるので、上述のことを考慮して、実使用条件に即した方法で事前に確認試験をするほうがよい。

f) クリープ、応力緩和による割れトラブル

　クリープは、成形品に常に応力がかかり続ける状態(定応力)であり、応力緩和は一定のひずみ(変形)がかかり続ける状態(定ひずみ)である。定応力であるクリープと定ひずみである応力緩和を混同すると、思わぬ割れトラブルをまねくことになる。

　クリープは定応力状態であるので、寿命の評価に時間がかかる。第5章の5.2で述べた方法で長期寿命を予測しなければならない。一方、定ひずみ状態では応力緩和が起るので、比較的短時間で使用の可否を決めることができる。

g) 紫外線劣化による割れトラブル

　プラスチックに紫外線が当たると、次のような影響がある。

　①色相が変わる(一般には黄変する)。

　②表面に微細なクラックが発生する。

　③クラックが応力集中源になるので、破断ひずみの減少や衝撃強度、クリープ破壊強度、疲労強度などが低下する。

　紫外線劣化には、蛍光灯、水銀灯などから発する紫外線による劣化と太陽光による屋外または屋内における劣化がある。一般に前者を耐紫外線性、後者を耐候性と称している。耐紫外線性は、光源の紫外線の波長強度や分布は太陽光とは異なるので、耐候性と劣化の程度は異なる。ここでは、耐候性を例に注意事項を説明する。

　①目的とする特性(色相、光線透過率、霞度、引張強度、衝撃強度)と目標値によって、寿命時間が異なる。

　②紫外線照射面には微細なクラックが発生するので、照射面側に引張応力がかかると強度は弱いが、非照射面に引張応力がかかると強度は強い。

2) 人為的要因による割れトラブル

a) 材料選定ミスによる割れトラブル

　同種類のプラスチックでも、次のようにいろいろな品種がある。

　①溶融粘度によって高粘度、中粘度、低粘度などのタイプ

②可塑剤、紫外線吸収剤、帯電防止剤、難燃剤などを添加したタイプ
③強化材、充填剤などを充填したタイプ
④他のプラスチックと混ぜたポリマーアロイタイプ
⑤①～④のベースに着色剤を添加して色付けしたタイプ

表8.2　強度に関する材料選定の着眼点

	項　目	材料選定の注意点
材料	結晶性プラスチック	・強度・剛性は結晶化度、結晶構造に左右される。 ・プラスチックによって結晶化速度は異なる。
	非晶性プラスチック	・一般的にソルベントクラック性はよくない。
	分子量、MFR	・分子量が大きいと（MFR が小さいと）衝撃強度、クリープ破壊強度、疲労強度などは向上する。
	ガラス転移温度	・非晶性プラスチックではガラス転移温度は高いほうが、高温度での強度は大きい。 ・結晶性プラスチックでは、ガラス転移温度以下になると衝撃強度が急に低下するものがある。
	結晶の融点	・結晶性プラスチックでは、結晶の融点は高い方が高温度での強度は大きい。
設計	コーナーアール	・アールが小さいと脆性破壊しやすい。 ・コーナーアール依存性はプラスチックによって異なる。
	肉厚依存性	・肉厚が厚くなると脆性破壊しやすい。 ・強度の肉厚依存性はプラスチックによって異なる。
	ウェルド強度	・ウェルド強度(引張、衝撃、クリープ、疲労)は小さい。
成形	熱分解性	・成形温度(樹脂温度)と滞留時間に左右される。 ・熱分解すると強度は低下する。
	加水分解	・エステル結合を有するプラスチックでは、予備乾燥条件が不適な場合には加水分解する。 ・加水分解すると強度は低下する。
	分子配向ひずみ	・分子配向すると、配向に平行方向の強度は大きく、直角方向は小さくなる。
	残留ひずみ	・応力緩和速度の遅いプラスチックでは、残留ひずみは残りやすい。 ・残留ひずみが過大であるとクラックが発生する。
環境	温度	・強度の温度特性はプラスチックによって異なる。 ・衝撃強度は高温では延性破壊を、低温では脆性破壊を示す。 ・高温度下では熱エージング劣化を起こす。熱エージング劣化性はプラスチックによって異なる。
	紫外線	・紫外線劣化はプラスチックによって異なる。 ・屋外使用での劣化は照射時間、応力、気温、湿度などによっても変化する。
	温水、湿度	・エステル結合を有する樹脂では、高温水または高湿度下では加水分解を起こす。
	放射線	・γ線、X線などの放射線を照射すると、プラスチックは分解する。 ・分解速度はプラスチックによって差はある。
	化学薬品	・エステル結合を有するプラスチックでは、アルカリ性薬品では加水分解する。 ・強酸では、酸化劣化を起こす。 ・非晶性プラスチックでは、応力下で溶剤、油、グリースなどと接触するソルベントクラックを発生する。溶剤によっては膨潤・溶解する。

以上のように、プラスチックの種類と品種があるので、材料選定に当たってはそれぞれの特性を吟味して選定しないと、割れトラブルを誘発することがある。**表8.2**に材料選定の着眼点を示す。

b）設計ミスによる割れトラブル
　設計ミスの大半は1）項で述べたことに関連するが、その他の要因としては次のことがある。
　①設計計算する場合に許容応力の設定が適切でなかった。
　②成形加工における強度低下要因を配慮していなかった。
　③使用者における使用条件を十分配慮していなかった。

c）成形ミスによる割れトラブル
　成形条件では、次のようなケースで割れトラブルになることがある。
　①不適切な条件で成形したため熱分解し、強度が低下した。
　②予備乾燥条件（温度、時間）が不適切であるため、材料が加水分解した。または、水分の影響で気泡が発生した（応力集中源になる）。
　④不適切な成形条件（保圧、金型温度）で成形したため、残留ひずみが大きくなった。
　⑤再生材の混入率が高過ぎた。または、再生材に異物が混入した。
　⑥成形条件（金型温度）が不適切であったため、結晶化度が低かった（結晶性プラスチックの場合）。

d）乱暴な使用による割れトラブル
　設計者が想定した以上の外力、温度などで使用される場合や想定外の薬品（洗剤、油、接着剤など）と接触したことで割れトラブルになることがある。製品によっては製造物責任法の対象になる場合もあるので、使用するプラスチックの弱点を配慮して、製品の取り扱い説明書には想定外の取り扱いについても注意事項を記載すべきである。

8.1.2　プラスチック製品の割れトラブルの特徴

　プラスチック製品の割れトラブルで、起こりやすいケースを事例で説明する。

1）トラブル例1　微細なクラックは見逃され、製品に組み込まれた後に割れトラブルになる。
　プラスチック成形品を用いた製品で使用中に作動不能になった。製品を分解して内部を調べたら、プラスチック部品が破損しており、これが原因で作動不能になっていることがわかった。そのため、同時期に製造した製品を解体して調べたら、大半の製品のプラスチック部品にクラックが発生していることがわかった。
　プラスチック成形品に残留応力が発生している場合、その材料の限界以上の残留応力では、ある時間経過後にクラックが発生する。クラックが発生すると残留応力は解放されるので、クラックはそれ以上成長しないことがある。微細なクラックの場合、検査工程で見逃されて製品に組み込みこまれて出荷され、実際に使用したときに外力が負荷されるとクラックが応力集中源になり破損することがある。

第8章　割れトラブルと原因究明

2）トラブル例2　いくつかの要因が重なって割れトラブルになる。

　製品を開発する時点で試作品の評価段階では割れは認められないが、製品として市場に出て、いくつかの要因が重なったときに割れトラブルになることがある。そのようなトラブルの例は、日用製品のように使用者（消費者）の段階で多様な使用方法があるが、試作段階の試験では想定できなかったような場合に起こることが多い。例えば、非晶性プラスチックを用いた容器に温かい食品を入れて使用する製品を開発した。試作当初の実用試験では全く問題なかった製品が、市場に出てから消費者の家庭で原因不明の割れトラブルが発生した。そのトラブルは特定の消費者のみで発生した。徹底的に原因究明するため、その家庭を訪問して使用状況を調べたところ、次のことがわかった。その家庭の台所のテーブルは透明な軟質塩ビフィルムでカバーをされていた。そのテーブルの上に温かい食品（内容物）を入れた該当容器をのせていた。このような使用状態を毎日繰り返している内に、軟質塩ビフィルムと接触する容器の底の部分にクラックが発生したことがわかった。容器に使用しているプラスチックはアルカリ系洗剤には弱い材質であり、製品の取り扱い説明書にはこれらの洗剤類の使用は避けるように注意書きがあるので、その家庭では注意書きが守られていた。以上の使用状況から、この割れトラブルはテーブルに敷かれた軟質塩ビフィルムに含まれている可塑剤が、プラスチック容器に移行して、成形品の残留応力によってクラックが発生したと推定された。これらの現場状況を再現したテストを行った結果、内容物の熱で容器の温度が高くなっていたこと、繰り返し使用で徐々に可塑剤がプラスチック製品側に移行したこと、容器に残留応力が残っていたことなどの要因が複合して割れトラブルに至ったとの結論になった。

3）トラブル例3　延性破壊から脆性転移に移行する温度やひずみ速度では強度はばらつく。

　同じ条件で成形したにもかかわらず、衝撃試験で粘りのある割れ方（延性破壊）をしたり、脆くばらばらに割れたり（脆性破壊）する場合がある。成形時の熱分解によるものか調べてみても仕上がり分子量には差は認められなかった。

　プラスチックの破壊の基本的特性に基づいてこのような大きなばらつきが発生することがある。つまり、延性破壊から脆性破壊に移行する変化点では、同じ条件で成形したものでも、延性破壊したり脆性破壊したり破壊状態にばらつきが生じる。

　例えば、延性破壊から脆性破壊に移行する限界のコーナアールで設計されている場合は、同じ条件で成形したものでも延性破壊と脆性破壊はばらついて起こるため、強度がばらつくことになる。そのような場合、アールを少し大きく設計すると、すべて延性破壊になり、強度のばらつきも小さくなる。

4）トラブル例4　時間が経ってからクラックが発生する。

　製品を組立・梱包する段階の検査では、クラックの発生は認められなかったが、客先で梱包を開いてみたら、製品にクラックが発生していたというトラブルをよく経験する。

　残留応力や組立時の応力が比較的小さい場合には、出荷段階ではクラックが発生しないで、出荷後にある程度時間が経ってからクラックが発生することがある。また、クラック発生の初期段階では微小なクラックであるので、通常の目視検査では見落とされることもある。

　このようにクラックは時間が経ってから発生することも、割れトラブルの原因になることが多い。このようなトラブルを事前に予知するには、クラックの発生は温度を高くすると促進されるので、事前に熱処理してクラック発生の有無を確認する方法がある。

— 199 —

5）トラブル例5　割れトラブル発生率は低いため、原因を特定できないことが多い。

　プラスチック製品の割れトラブルでは、発生率が低いため、再現試験においても再現できず、トラブル原因をなかなかつかめないことがある。しかし、人の安全にかかわる事故に結び付く可能性のある場合には、いかに発生率が低くても、徹底的に原因を究明して対策を立てなければならない。

　このように不良発生率の低いトラブルの場合、一般的な製品設計や成形条件の不備によることよりも、成形過程で偶発的に発生する成形品中の欠陥部、例えば、ウェルドライン、気泡、クラックなどの原因で割れに至ることが多い。偶発的に発生する欠陥による場合には、後述する破断解析法は有効な手段である。また、再現テストにおいても、意図的に欠陥を発生させる条件にして、実際の割れトラブルと同じ破壊状態（個所、破面）を再現する。このように再現のための条件がわかれば、割れトラブルの直接原因は不明であっても、それらの条件をすべて改善する方向に変更することによって割れトラブルの再発を防止できることもある。

8.2　割れトラブルの原因究明

　割れトラブルの原因究明と対策の一般的手順を**図8.3**に示す。これらの手順について、配慮すべきことについて述べる。

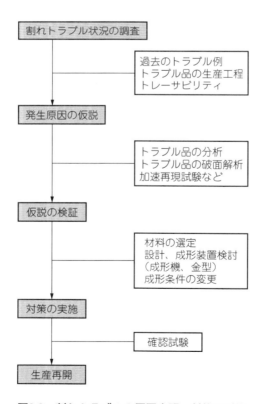

図8.3　割れトラブルの原因究明、対策の手順

8.2.1　割れ品の調査

　割れトラブルの現物は、現場からのレポートのようなものである。トラブル品を細かく観察することによって、原因究明の手がかりをつかめることが多い。例えば、次のことがある。
　①変色、傷、クラックなどはないか。
　②付着物は付いていないか。
　③変形していないか。
　④どの個所から割れたか。
　⑤破壊は延性か脆性か。
　⑥破壊の破面の状態はどのようになっているか。
　⑦二次加工(接着、塗装、溶着、機械加工)しているか。

8.2.2　現場の使用状況調査

　プラスチック製品の割れ事故の発生段階は、成形工程、製品組立工程、客先での使用段階などがあり、すべてについて割れトラブルの状況を調査することは困難ではあるが、できるだけ現場調査をし、現認者の意見を聞くほうが原因究明には早道である。また、発生場所の状況、発生率、製品の使用条件、トラブルに至るまでの使用期間、不具合発生時の状況なども合わせて調査する。これらの情報は原因究明にとっては大切である。

8.2.3　トラブル品のトレーサビリティ

　製品にもよるがセットメーカ、パーツメーカ、成形メーカ、材料メーカなどが関係するので、製品のトレーザビリティはかなり大変である。最近ではISO9001を取得しているメーカが大半であるので、製品のロットがわかればトレーサビリティは比較的容易になっている。各製造メーカ段階におけるQC工程表、製造記録、原材料の受け入れ記録などをたどることによって、各工程でのトラブルに結び付く要因の有無を短時間に調査できる。ただ、過去に各工程で異状があれば、その時点で対策がとられているはずであり、あまり決定的なことは見つからないことが多い。各工程での製造条件の安定性、歩留まり率や不良率の変動などの情報は原因究明の手がかりになる。

8.2.4　仮説を立てる

　事故原因の究明に当たって、手当たり次第に検討するのでは、時間と費用がかかり効率的ではない。そのため、上述の事故サンプルの調査、現場調査、トレーサビリティなどの結果をもとに仮説を立てて、原因究明を進めなければならない。
　仮説を立てる場合、過去におけるトラブルの経験や使用プラスチックの欠点を含めたネガティブデータなども参考にしなければならない。つまり、これらの情報をどれだけ持っているかが問題解決の決め手になる。
　仮説の立て方と原因検討について**表8.3**にまとめた。割れトラブルの状況、使用プラスチックの特性によって仮説の範囲は絞られるが、同表には一般的な考え方をまとめた。また、いく

表8.3 割れトラブル原因の仮説と検証方法

仮説	仮説の詳細	検証方法(例)
成形工程で樹脂が分解して強度が低下した。	熱分解で劣化した。	・平均分子量測定(粘度法、GPC 法) ・MFR 測定 ・熱分解性評価(熱分解の場合)(DSC、TG 法) ・混入樹脂の分析(赤外分光分析法)
	加水分解で劣化した。	
	他の樹脂が混ざり、その影響で熱分解した。	
分子配向が影響した。	分子配向により、配向に直角方向が弱く割れた。	・強さの異方性の測定 ・加熱収縮率測定
(結晶性樹脂)成形時の結晶状態の違いにより、強度が低下した。	結晶化度が低かった。	・密度測定 ・結晶化度測定(DSC 法、密度)
	結晶状態が不適である。	・顕微鏡観察(偏光顕微鏡)
(強化材料)強化材の破砕、含有量、配向、接着力などの影響で、強度が低下した。	含有量が少ない。	・灰分量測定
	アスペクト比が小さい。繊維長さが短い方に多く分布している。	・平均アスペクト比の測定 ・繊維長分布の測定(画像解析)
	繊維配向に直角方向に力がかかって割れた。	・繊維配向方向の観察(軟 X 線撮影、超音波顕微鏡)
	マトリックスと樹脂の接着力が弱い。	・破壊面の顕微鏡観察(走査型電子顕微鏡)
(ポリマーアロイ材料)成形時においてモルフォロジーが変化したため強度が低下した。	分散相の粒子径が不適である。	・顕微鏡による粒子径測定(透過型電子顕微鏡)
	ウェルド部のモルフォロジーが不適である。	・顕微鏡観察(走査型電子顕微鏡など)
成形品に欠陥があり、この部分から割れた。	気泡、クラック、シャープコーナー、表面の傷、ウェルド、仕上げ部などの応力集中で割れた。	・外観観察 ・破面観察(拡大鏡、走査型電子顕微鏡)
	異物があり、応力集中により割れた。	・破面観察(拡大鏡、走査型電子顕微鏡) ・異物の形状観察(光学顕微鏡) ・異物分析 　金属、炭化物、塵埃(IR、GC/MS、SEM/EDX) 　異樹脂(赤外分光分析計)
残留応力により割れた。	ストレスクラックにより割れた。	・残留応力測定(溶剤浸漬法、試片切削法)
	ソルベントクラックにより割れた。	・残留応力測定 ・付着物のソルベントクラック性測定
使用時に負荷される応力により割れた。	限界以上の応力が負荷した。	・破面の状態から負荷応力の種類、応力負荷方向の推定(拡大鏡、走査型電子顕微鏡) ・応力計算
物理的な変化によって材料物性の変化、ひずみ発生で割れた。	線膨張の影響により割れた。	・製品の組立状態チェック
	吸収率の影響で割れた(衝撃破壊)。	・使用状態チェック(PA)
使用過程で材料が劣化して割れた。	熱、紫外線、温水、湿度、薬品などで劣化した。	・使用環境、期間の調査 ・外観観察 ・劣化部の分子量測定

第8章　割れトラブルと原因究明

つかの仮説が組み合わさって発生することもあるので、トラブルの状況によって仮説の絞り込みをしなければならない。同表の検証方法については第9章で解説するので、ここでは仮説を立てる考え方について述べる。

1) 仮説1　成形工程でプラスチックが分解劣化した。

　成形条件が不適なため、熱分解や加水分解によってプラスチックの強度が低下した。この場合に、どの程度分解劣化したら割れトラブルに至るかはプラスチックによって異なるので、それぞれの使用材料について熱や水分による分解性と物性低下の関係をもとに判断しなければならない。

2) 仮説2　成形工程で高次構造が変化した。

　高次構造としては分子配向、結晶状態(結晶性プラスチック)、繊維配向やアスペクト比(強化材料)、モルフォロジー(ポリマーアロイ材料)などがある。成形条件によっては、これらの高次構造は変化することがあるので、割れトラブルとの関係を調べなければならない。

　分子配向については、一般に分子配向すると配向した方向は強く、その直角方向は弱くなる。

　結晶状態については、結晶化度が高いと強度・剛性は向上するが、衝撃強度は低下する。また、球晶の生成状態については、粗い球晶形態では強度・剛性は低くなる。

　繊維強化材料では、繊維は流れ方向に配向するので、強度は流れに平行方向は強く、直角方向は弱くなる。また、アスペクト比(繊維長さ／繊維径)は小さいと強度は弱くなる。

　ポリマーアロイ材料では、モルフォロジーによって物性は変化する。特に、衝撃強度に関しては、分散相の粒子径が衝撃強度に大きく影響する。また、ウェルド部分でのモルフォロジーの状態もウェルド強度に強く影響する。

3) 仮説3　成形品に欠陥があり、応力集中によって割れた。

　成形品の欠陥部としては、ウェルドライン、シャープコーナ、異物、気泡、クラックなどがある。このような欠陥部があると、応力集中による割れトラブルの原因になる。欠陥部の中で、ウェルドライン、シャープコーナなどは発生場所を予測できるが、異物、気泡などは発生個所を特定することは難しいことがある。特に、異物や気泡は、成形品の中に偶発的に発生することがあるので、原因がわかっても対策の立てにくいトラブルである。

4) 仮説4　残留応力が過大であるため割れた。

　残留応力が過大であると、クラックが発生する。また、非晶性プラスチックでは、有機溶剤、油などと接触すると残留応力が小さくてもソルベントクラックが発生することがある。

5) 仮説5　使用時の負荷応力が過大で割れた。

　最初の設計時には、使用条件下での荷重を想定して応力計算をするが、実際に市場で使用されているときには異常な荷重がかかることはある。割れサンプルの破面解析をもとに、負荷荷重の様式、応力計算などを行い原因を検討しなければならない。

6) 仮説6　使用段階の物理的要因で割れた。

　プラスチックは、使用段階の物理的要因によっても特性が変化して割れることがある。例えば、湿度、温度などの影響がある。湿度については、吸水するとプラスチックの寸法は膨張す

— 203 —

る。ポリアミドでは、絶乾状態では衝撃強度は小さいが、吸水すると衝撃強度は大きくなる。また、温度に関しては、金属に比較して線膨張係数は大きいので、金属材料と一体化した製品では温度上昇すると、熱膨張量の差によってプラスチック製品が変形して引張応力が発生し、この応力と温度の作用でクラックが発生することがある。これらのことについては、最初の設計段階でも予測できるが、用途によっては、使用段階で思わぬ使い方をされて、割れトラブルになることもある。

7) 仮説7　使用段階で材料が劣化して割れた。
　製品の使用段階での割れ原因としては、熱劣化、温水劣化、紫外線劣化、放射線劣化、薬品劣化などの要因がある。これらの劣化については、各材料の劣化特性をよく把握しておかなければならない。特にこれらの要因による劣化では、表面外観に異状が認められるので、目視でもある程度劣化原因を予測できる。例えば、熱劣化では、初期品に比較して変色している。温水劣化では、製品表面が白化したり、スタークラックが発生したりする。紫外線劣化では、表面にチョーキング現象、色相変化、微細クラックなどが認められる。また、紫外線劣化した側に引張応力が発生するように折り曲げると、簡単に割れることでもわかる。薬品による劣化では、黄変、白化、膨潤・溶解した跡、微細クラックなどが認められる。

8.2.5　割れサンプルの分析調査

　割れ原因の究明においては分析結果が決定的な役割をはたすことが多い。最近では、分析機器の性能も向上しているので、分析結果によって原因を特定できることが多い。ただ、分析については、単に割れたサンプルを分析担当者に渡して、結果が出るのを待っておればよいものではない。依頼する側も、分析側とコミュニケーションをとり、正しい結果が得られるようにサポートする心がけが大切である。
　分析する場合、比較サンプルがいろいろあるほうが分析者にとって結果を判断しやすい。例えば、同時期のもので割れていないサンプル、加速再現試験で割れの発生したサンプル、割れサンプルの付着物質と使用の想定される既知物質などである。また、割れサンプルのどの部分を測定または観察するかも重要である。
　また、病気の診断の場合と同じように、1つの分析結果だけで原因を特定できることは少ない。いろいろな分析方法を併用することによって、正しい原因を見つけることができる。そのためには、分析依頼者が分析の目的やどの程度のことまで分析で明確にしたいかを分析者に伝えることも大切である。

8.2.6　加速再現試験

　割れサンプルの分析と並行して、事故と同じ現象を再現するための試験も行う。当然この試験は成形品を最終製品に組み込むか、または組み込んだ状態に近い条件で試験をする。加速再現試験の方法については、第5章の5.2で述べたが、試験の条件としてはトラブルが発生したときの使用条件に合わした応力、温度、湿度、紫外線、化学的雰囲気(油、有機溶剤、その他の薬品)、またはこれらの条件を苛酷にして試験する。また、分析結果からの所見があれば、これも加速再現試験条件に加える。応力の負荷については、一定のひずみが負荷される状態(定ひずみ)と一定の応力が負荷される状態(定応力)とでは、試験時間に関する考え方が異なって

第8章　割れトラブルと原因究明

くる。残留ひずみ、圧入、ねじ締結などでは、定ひずみの状態であるので、時間とともに応力緩和するので、応力の値はある程度まで小さくなる。そのため、応力の値の大きい短時間側でクラックが発生する傾向がある。どの程度の時間まで試験するかは、使用している材料の応力緩和特性に左右される。一方、定応力の場合は、常に一定の応力が負荷されているので、ある時間経過後にクリープ破壊する。クリープ破壊の場合は、破壊するまで試験を続行しなければならない。しかし、低温側では破壊するまでの時間は長くかかるので、温度の高い条件で試験した結果を外挿して低温側を予測することになる。

　これらの加速再現試験で、割れトラブルと同様の現象が再現できれば、再現できた条件を良否判定する評価条件にする。この評価条件をもとにして、使用材料、製品設計、成形条件などを見なおして、割れの発生しないように改善すればよい。ただ、割れトラブルの試験で注意すべきことは、ばらつきが大きいという点である。従って、1条件の試料数が少ないと割れ不良は再現しないことはある。割れの前駆的現象であるクラックの発生は、確率的な現象であるので、試験の精度を上げようとすれば試料数を増やさざるを得ない。経験的には試料数は、1条件で最低5〜10個は必要ではあるが、それぞれのケースで適切な個数にしなければならない。

8.2.7　対策

　分析結果、加速試験結果に加えて、過去のトラブル事例、トラブル発生時の状況、割れトラブルロットのトレーナビリティなどを含めて総合的に判断して対策を立てる。

　プラスチック製品の場合、セットメーカ、パーツメーカ、成形メーカ、材料メーカなどが関係するので、トラブルの状況によってどのようなメンバー構成で最終的な対策打ち合わせをするかは、それぞれの原因の所在によって異なるが、基本的には対策に関係するメンバーとしては、品質保証担当、営業担当、設計担当、生産技術担当、製造担当、購買担当などが情報を共有化しながら、対策を樹立することが大切である。トラブルによっては、短期的な応急対策と長期的な恒久対策に分けて実施する必要がある。

8.2.8　対策の効果確認

　対策を実施したら終わりではない。対策を実施したことによって、どれだけ改善されたか効果の確認をすることが大切である。効果の確認によって期待した改善の効果が認められない場合は、再度対策を検討しなければならない。

　効果の確認としては、まず割れ不良の再現した加速再現試験条件で対策品を試験して、割れトラブルが発生しないことが前提条件になる。さらに、市場に出荷された後に同様なトラブルが発生しないか追跡調査することも大切である。

引　用　文　献

1）Chris O'Connor：*K SHOW DAILY,* 2007 OCTOBER 27-28, 33（2007）
2）Chris O'Connor：*K SHOW DAILY,* 2007 OCTOBER 27-28, 34（2007）

コラム 現場からのひとこと ❽
品質保証と苦情処理

　苦情処理のことをわが国ではクレーム処理ということが多いが、英語ではコンプレィント（complaint）といい、クレームとはいわない。言葉は別としても、苦情は顧客から持ち込まれる品質（quality）の欠陥に関する不満のことである。苦情処理は、品質保証部門が主に担当することになる。筆者は樹脂メーカで品質保証を担当したことがあるが、苦情処理はなかなか大変な仕事である。

　会社の業務にはいろいろあるが、大別すると、研究開発のように新しい製品を開発することによって売上や利益を増やす「0をプラスにする仕事」と、品質保証のように苦情が発生しても問題を残さず処理すればよい「マイナスを0にする仕事」がある。マイナスを0にする仕事では、成果が顕在化しないので達成感がわきにくい。また、処理の仕方によっては、顧客からも文句をいわれたり、自社の研究・開発・製造部門から処理の仕方を問題にされることもあり、まさに「腹背に敵を受ける」感じになることもある。

　重大な苦情の対応で大切なことは、情報が伝えられた時点で該当ロットのトレーサビィリテイはもちろんであるが、直ぐ製造工程を自分の目と耳で確認することである。製造担当部門の責任者からの報告を聞くだけでは、客先への対応はうまくできない。自分で現場を現認しているという自信が客先に対する説明で説得力を発揮することになる。また、顧客との対応では、次のように考えて臨むと対応に柔軟性が出てくる。自分の立場より顧客の担当者のほうが、もっと大変な立場に立っておられるのだと。苦情が発生して、最初に顧客を訪問するときには、相手の担当者は頭にきている精神状態であるが、こちらが誠意を持って対応しようという姿勢が見えてくると、相手も次第に平静な状態になり、詳しく事情を説明してくれるようになる。大切なことは、発生状況、影響の大きさなど苦情の重大さを正確に認識することである。品質保証の担当が顧客の状況を正確に認識することによって、自社内での苦情処理に関し、説得力が出てくるとともに、リーダシップを発揮できる。特に、苦情処理は時間との戦いになるので、品質保証担当が社内でリーダシップを発揮して、検討、対策を推進することが大切である。

　製造会社において、研究・開発関係部門は立法、製造関係部門は行政、品質保証は司法のような立場である。品質保証は、基本的には顧客と自社の間に立って、原因の所在を公正に判断しなければならない立場にある。そのためには、品質保証に関する管理技術（品質管理手法）だけではなく、自社製品の設計・製造に関わる固有技術についても、基本的なことは理解しておく必要がある。また、苦情の原因の所在によっては、補償費用の負担問題が発生する。このような補償金を支払っても、それを勉強代として、2度とそのような苦情を発生させないように、設備を含めて根本的に改善すれば、自社製品の品質は向上する。このように長い間に改善を積み重ねた製品は、ブランドイメージになり、競争力のある製品に成長する。製品を市場に出した時点では、まだ子供のようなものである。品質保証という機能を使って、

立派な大人に育てることが大切である。

　最後に、筆者が品質保証を担当していたときに心がけていたことは、次の3点である。

　①科学的に原因究明する。
　②誠意を持って対応する。
　③迅速に対応する。

第9章
破損解析法

本章では、プラスチック成形品の割れトラブルの原因究明のための破損解析法について解説する。

9.1　不良品の材料分析法

　成形時に分解した場合や使用条件における熱、紫外線、水分などで分解した場合に劣化程度を調べるために、分子量やMFRを測定する。また、成形時の熱分解に関連して、不良成形品に使用されていた原材料ロットが熱分解しやすい材料であったか調べるために、不良品の熱分解性を調べる方法がとられる。

1)　分子量測定法

　成形段階や使用段階で成形品が劣化すると、ポリマー分子の切断が起こり、分子量が低下する。従って、割れトラブルサンプルの分子量を測定して、使用原材料ロットまたは使用前のサンプルの分子量と比較すれば、劣化の程度を知ることができる。成形品の分子量を測定するにはいろいろな方法があるが、粘度法やゲル・パーミエーション・クロマトグラフィ法(GPC法：Gel Permeation Chromatography)が一般的に行われている。ただ、これらの方法は成形品を溶媒に溶解して測定するので、それぞれのプラスチックに適当な溶媒がある場合に限られる。
　ポリマーは分子量分布を有しているので、粘度法による分子量は正確には粘度平均分子量である。分子量分布を測定するには、GPC法によらねばならない。
　また、プラスチックには着色剤、充填剤などの配合剤が混ぜられているので、分子量の測定に当たっては溶媒に溶解した後、遠心分離法または濾過法によりこれらの配合剤を分離した後に分子量を測定しなければならない。

a)　粘度法
　粘度計としては、オストワルド、ウベローデ、キャノンフェンスケなどのタイプがあるが、基本的には**図9.1**のようなガラス製の粘度計(ポリアミド用の例)を用いて、同図の毛細管の中で溶媒及び溶液を流下させ、上下の標線間を通過する時間を計測する。測定の原理は分子量の大きいポリマーほど、溶液粘度が大きいため標線間を通過する時間は長くなる。時間を計測することによって分子量の大きさを測定する方法である。測定の精度を上げるため、粘度計を入れる恒温槽の温度や毛細管の径の精度管理が重要である。
　相対粘度 η_r は次の式で表される。

$$\eta_r = \frac{\eta}{\eta_0}$$

$$= \frac{t}{t_0} \tag{9.1}$$

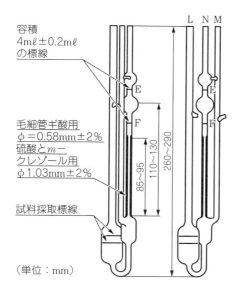
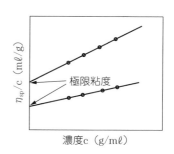

図9.1 ウベローデ粘度計の形状（ポリアミド用の例）　　図9.2 溶液濃度と極限粘度の関係

ここで、t：一定量の樹脂を溶かした溶液が標線間を通過する時間
　　　　t_0：溶媒が標線間を通過する時間
　　　　η：溶液粘度
　　　　η_0：溶媒粘度

比粘度 η_{sp} は以下の式で表される。

$$\eta_{sp} = \eta_r - 1 = \frac{\eta - \eta_0}{\eta_0} \tag{9.2}$$

極限粘度 $[\eta]$ は比粘度 η_{sp} と液濃度 c の比 (η_{sp}/c) の関係において、濃度をゼロに外挿した極限値であり、次の式で表される。濃度 c が十分小さい場合は直線関係にあるので、直線を外挿して極限粘度を求めることができる（**図9.2**）。

$$[\eta] = \lim \frac{\eta_{sp}}{c} = \frac{\eta_r}{c} \tag{9.3}$$

極限粘度 $[\eta]$ と分子量について、次の関係（Mark–Houwink–Sakurada）があるので、極限粘度を測定すれば、分子量（粘度平均分子量）を求めることができる。

$$[\eta] = KM^a \quad (K、a はポリマーと溶媒によって決まる固有の定数) \tag{9.4}$$

式(9.4)の定 K、a が一般的に決まっていない場合は、分子量の代用値として比粘度の値を用いた粘度数、K 値などで表すこともある。**表9.1**に、JIS規格で規定された分子量または分子量の代用値である粘度の表し方を示す。

b) GPC法

GPC法は、ポリスチレンゲルなどを充填したカラムにポリマー溶液を流すと、分子サイズの大きい順に分離されることを利用して、分子量を測定する方法である。この方法は相対法で

表9.1　溶液粘度の測定法と粘度または分子量の表し方

樹　脂	溶　剤	粘度または分子量の表し方	JIS 規格
ポリアミド	・硫酸 ・ギ酸 ・m-クレゾール	粘度数 v_N(mℓ/g) $\left(\dfrac{t}{t_o}-1\right)\left(\dfrac{1}{\rho_P}\right)$ ρ_P：溶媒中のポリマー 　　濃度(g/mℓ)	K 6933–1999
ポリ塩化ビニル	・シクロヘキサノン	・還元粘度 I $I=\dfrac{t-t_o}{t_o c}$ ・K 値(指定の計算式による値)	K 7367-2-1999
ポリエチレン ポリプロピレン	・デカヒドロナフタレン	・粘度数 VN $VN=\dfrac{t-t_o}{t_o\cdot c}$ $c=\dfrac{m}{V\cdot t+\left(\dfrac{1.107m}{\rho_{20}}\right)}$ ・極限粘度 η $\eta=\dfrac{VN}{1+x\cdot c\cdot VN}$	K 7367-3-1999
熱可塑性ポリエステル	・フェノール／1、2-ジクロロベルゼン ・フェノール-1、1、2、2-テトラクロロエタン ・σ-クロロフェノール ・m-クレゾール	・粘度数(mℓ/g) $\dfrac{t-t_o}{t_o c}$	K 7367-5-2000
ポリカーボネート	・メチレンクロライド	次式により、粘度平均分子量を求める。 $[\eta]=1.23\times10^{-4}\mathrm{M}^{0.83}$　(Schnell の式)	—

*　$m:c\cdot\dfrac{V}{\gamma}$

　　c：135℃での溶液の濃度(g/mℓ)
　　V：20℃での使用する溶液の体積(通常は、溶媒50mℓ で溶液を調合する)
　　γ：20℃と135℃の間の膨張係数、これはそれぞれの温度での密度の比に等しい
　　ρ_{20}：20℃での密度

あるので、浸透圧法などの絶対法で測定した値との関係から分子量を求める方法がとられる。
GPC 法では数平均分子量(M_n)、重量平均分子量(M_w)、分子量分布などを測定できる。また、
M_n と M_w がわかれば、その比(M_w/M_n)の値によって分子量分布の広がりもわかる。M_w/M_n の
値が大きいほうが分子量分布は広いことを示す。

2）メルト・マス・フロー・レイト（MFR）測定法

　MFR は、材料の流動性を表す指標として用いられているが、成形段階や使用段階における
材料の劣化の程度を知るためにも利用できる。分子量と MFR は比例関係にはないが、相対的
には分子量が小さいと MFR の値は大きくなるので、劣化の程度の指標になる。この場合も使
用した原材料または使用前のサンプルの MFR との差 $\varDelta$MFR によって劣化の程度を推定する必
要がある。

　MFR の測定装置の主要部は、**図9.3**に示す通りである。測定の原理は加熱溶融させたプラス

— 212 —

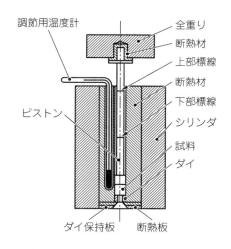

図9.3 MFR(メルト・マス・フロー・レイト)の測定装置例

チックを、一定のノズル(ダイ)から押し出す方法である。当然、分子量の小さいもの程、ノズルから押し出される量は多いので、MFRの数値は大きくなる。

成形品からペレット程度の大きさに切り出し、これを測定試料とする。試験方法は、サンプルを必要に応じて予備乾燥した後、同図のようにシリンダの中に試料を入れる。溶融させた後、一定の荷重を加えて、ダイから押出し、押出し時間と押出重量を測定する。MFRの場合は、次式のように10分間当たりに換算した押出重量で示す。従って、MFRの単位はg/10minである。

$$MFR(\theta, M_{nom}) = t_{ref} \cdot \frac{m}{t} \tag{9.5}$$

ここで、θ：試験温度(℃)
M_{nom}：公称荷重(kg)
m：カット片の平均重量(g)
t_{ref}：基準時間(600s)
t：試料の切り取り時間(s)

試験温度と公称荷重の関係は、それぞれのプラスチックのJIS規格で決められている。**表9.2**に、樹脂の種類と試験温度、公称荷重の例を示す。

3) 熱分解性の測定法

不良サンプルが、成形段階で熱分解しやすい材料であったかどうか判定するには、サンプルから試料を切り出して、熱重量法(TG)、示差熱分析法(DTA)、示差走査熱量法(DSC)などの方法で測定すればよい。これらの方法については、第5章、5-1で詳しく述べたので参照されたい。

表9.2　MFR（メルト・マス・フロー・レイト）の測定条件
（JIS K 7210⁻¹⁹⁹⁹の付属書 B 表1より）

関連規格 ［本体2.（引用規格）参照］	材　料	条件 （コード名）	試験温度 θ（℃）	公称荷重（組合せ） M_{nom}（kg）
JIS K 6923-1	PS	H	200	5.00
JIS K 6922-1	PE	D	190	2.16
JIS K 6922-1	PE	E	190	0.325
JIS K 6922-1	PE	G	190	21.60
JIS K 6922-1	PE	T	190	5.00
JIS K 6921-1	PP	M	230	2.16
JIS K 6934-1	ABS	U	220	10.00
JIS K 6926-1	PS-I	H	200	5.00
JIS K 6924-1	E/VAC	B	150	2.16
JIS K 6924-1	E/VAC	D	190	2.16
JIS K 6924-1	E/VAC	Z	125	0.325
JIS K 6927-1	SAN	U	220	10.00
ISO 6402-1	ASA、ACS、AES	U	220	10.00
ISO 7391-1	PC	W	300	1.20
ISO 8257-1	PMMA	N	230	3.80
JIS K 6925-1	PB	D	190	2.16
JIS K 6925-1	PB	F	190	10.00
ISO 9988-1	POM	D	190	2.16
ISO 10366-1	MABS	U	220	10.00

9.2　密度、結晶化度の測定法

　非晶性プラスチックは、成形条件や使用条件で密度はあまり変化しないので、物性変化を知る手がかりにはならない。密度を測ることによってプラスチックの種類を推定するために測定することはある。

　結晶性プラスチックの密度や結晶化度は、成形条件（金型温度）によって変化する。結晶化度低いと強度や剛性が小さくなる。結晶化度を測定するため、密度から結晶化度を計算によって求めることができる。また、結晶状態は偏光顕微鏡で観察する。

1）密度の測定法

　密度の測定法としては、水中置換法、ピクノメータ法、浮沈法、密度勾配管法などがある。それぞれの方法の概要と密度の計算方法を**表9.3**に示す。測定試料の形状・性状によって使い分けがなされている。密度勾配管法は液管理が大変であるが、微小試料の測定、及び密度の比較には適している。

第9章　破損解析法

表9.3　密度の測定方法（JIS K 7112⁻¹⁹⁹⁹より）

名称	方法の概略	密度の計算
水中置換法	試験片の空気中での質量と水中での質量から求める。	（水中置換法での密度の計算） $$\rho_{s,t} = \frac{m_{S,A} \times \rho_{IL}}{m_{S,A} - m_{S,IL}}$$ ここに、 　$m_{S,A}$：空気中で測定した試験片の質量(g) 　$m_{S,IL}$：浸漬液中で測定した試験片の未補正質量(g) 　ρ_{IL}：浸漬液の密度(g/cm³)
ピクノメータ法	ピクノメータを用い、試験片の質量と試験片をピクノメータに入れたときに、ピクノメータを満たすのに必要な液の質量から求める。	（ピクノメータ法での密度の計算） $$\rho_{s,t} = \frac{m_s \times \rho_{IL}}{m_1 - m_2}$$ ここに、 　m_s：試験片の質量（g） 　m_1：ピクノメータを満たすのに必要な浸漬液の質量（g） 　m_2：試験片を入れた状態で、ピクノメータを満たすのに必要な浸漬液の質量（g） 　ρ_{IL}：浸漬液の密度（g/cm³）
浮沈法	2液の混合比を変えて、試験片を浸し、試験片が浮きも沈みもしないで静止したときの液の密度から求める。	—
密度勾配管法	密度勾配のある液に、試験片を浸漬し、試験片が静止した勾配管の位置から密度を求める。	—

2) 結晶化度測定法、結晶状態観察法

　結晶化度の解析については、X線回折法、密度法、熱分析法、赤外吸収及びラマン法などの方法があるが、密度法が最も広く用いられている[1]。

　結晶化度Xは、**表9.3**に示した方法で密度を測定すれば、次の式で計算できる。

$$X(\%) = \frac{\rho_c(\rho - \rho_a)}{\rho(\rho_c - \rho_a)} \times 100 \tag{9.6}$$

ここで、X：試料の結晶化度（％）

　　　　ρ：試料の密度(g/cm³)－実測値

　　　　ρ_a：非晶部の密度(g/cm³)

　　　　ρ_c：結晶部の密度(g/cm³)

　式(9.6)の非晶部の密度と結晶部の密度を**表9.4**に示す。

　球晶などの結晶化状態は、成形品からミクロトームなどで切り出した試料を用いて、偏光顕微鏡で観察する。偏光顕微鏡は試料の前後に偏光板を用い、入射光のうち特定方向に振動する成分だけを通過させ、その方向に振動する光によって構造を観察する顕微鏡である。2枚の偏光板の偏光方向を直行させた状態（クロスニコルの状態）で試料を観察すると、分子鎖がランダムな状態では光は透過せず、分子鎖が規則的に配列した状態（結晶状態）では、光学的に異方性を持つ状態であるので光が透過する。このような原理を利用して球晶の形状や分布、非晶層の

表9.4　結晶性プラスチックの結晶部と非晶部の密度

	密度(g/cm^3)	
	結晶部(ρ_c)	非晶部(ρ_a)
ポリアセタール	1.506	1.2
ポリアミド6	1.212	1.113
ポリアミド66	1.24	1.09
ポリエチレンテレフタレート	1.455	1.331

厚さなどを観察できる。

9.3　分子配向の測定法

　分子配向は、赤外吸収分光法、レーザラマン法、蛍光偏光法などにより測定できるが、実用的には、偏光板による光弾性縞の観察、エリプソメータによる複屈折測定、加熱収縮率の測定などの方法が一般的に行われている[2]。分子配向の測定方法については、第7章の7.1で述べたので参照されたい。光弾性法やエリプソメータ法は透明成形品の測定に限られるが、加熱収縮法は不透明な成形品にも適用できる。加熱収縮による方法は、その材料のガラス転移温度または結晶化温度よりも若干高い温度で熱処理することによって、分子配向ひずみが回復することを利用して分子配向の大きさを定性的に調べる方法である。このように加熱収縮状態を観察することによって成形条件の履歴を推定できる。

9.4　異物の分析法

　割れ発生の起点には異物が存在することがあるので、割れ原因の究明には異物分析も重要な手法である。
　プラスチック成形品に混入する可能性のある異物としては、いろいろな種類があるが、ここではプラスチック製品の割れトラブルの原因になる可能性のある異物を対象にした分析法について述べる。割れトラブルの原因になる可能性のある主な異物としては、次の種類がある。ただし、異物が存在するから割れトラブルに至るとは限らない。異物の大きさや形状、応力と異物の位置関係、ひずみ速度などによって変化する。異物と割れの因果関係については、破面観察やその他の検討結果も踏まえて総合的に判定しなければならない。
①炭化物
　材料の製造工程や成形工程で、加熱筒内で長時間滞留している間に熱分解して炭化した。
②金属異物
　材料の製造工程や成形工程での設備の摩耗や何らかの原因による金属破片の混入により発生した。または、ボルトやビスが誤って材料に混入し、スクリュで破砕した。
③ゲル状異物（ブツ）
　加熱筒中で、酸素の存在しない状態で、長時間高温で滞留すると、高分子化、架橋化、結晶

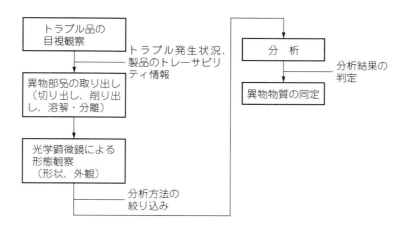

図9.4 異物の分析手順

化などが起こり、ゲル状の異物ができることがある(溶剤に溶けないもの)。
④未溶融プラスチック(同種プラスチック)
　ハイサイクル成形で、可塑化時間が短いためペレットが完全に溶解されないで、そのまま成形されたもの。結晶性プラスチックのハイサイクル成形でよく見られる現象である。
⑤異種プラスチック
　材料の供給・乾燥などのハンドリング工程で、他のプラスチックが誤って混入したもの。
⑥その他
　着色剤、固体添加剤などで粒子径の比較的大きいもの、再生で混入した塵埃、その他の異物。
　以上のような異物は、本来成形や検査工程で事前に除去すべきものではある。しかし、製品中に混入したことで割れトラブルに至った可能性がある場合は、分析によって原因を特定しなければならない。
　最近、分析機器も高性能化しているので、微量成分の分析も容易にはなっているが、分析に当たっては、事前の観察・検討が重要である。また、分析技術者の経験と技術の蓄積が必要とされる。異物分析の大まかな手順を図9.4に示した。
　異物分析に当たっては、割れトラブル試料の製造工程のトレーサビリティや製品を使用していた現場での発生状況などの情報をもとにして、混入した可能性のある異物をある程度絞り込む必要がある。また、割れトラブル品を目視または拡大鏡で観察した結果も参考になる。次に、分析では、異物部分の切り出し、削り出し、溶解分離などを行い、異物部分を光学顕微鏡などで観察する。異物としては、破片状、粒子状、未溶融物状、繊維状、黒点状などがあるが、形状や外観(透明体、黒色物、金属光沢物、白色物)を観察することによって、異物のねらいを付けることができる。異物の大体のねらいが付けば、適切な分析機器を用いて分析する。もちろん、何種類もの異物が混在する場合もあるので、これらの異物を分離して分析するか、または複数の分析機器を使用することもある。
　次に、異物分析に比較的よく用いられる分析法について述べる。ただ、測定に当たっては、試料の抽出・分離や調整、測定結果の判定などには、専門的な知識と技術を必要とするが、ここでは、一般的な事柄について述べる。
①赤外吸収スペクトル法(IR法)
　分子はそれぞれ固有の振動をしている。そのような分子に波長を連続的に変化させて赤外線

を照射してゆくと、分子の固有振動と同じ周波数の赤外線が吸収され、分子の構造に応じたスペクトルが得られる。このスペクトルから分子の構造を解析する方法を赤外吸収スペクトル法という。赤外吸収スペクトル法(IR：Infrared absorption spectroscopy)による成形品中の有機異物の分析については、専門的な立場からの詳しい報告がある[3]。

　実際の分析方法は、既知の物質のスペクトルと検査対象物質の吸収スペクトルと照合することによって未知の物質を同定する。一般に市販されているモノマーやポリマーについては、市販のデータベース(例えば、The INFRARED SPECTRA ATLAS of MONOMERS and POLY-MERS)があるので、これらのデータベースを用いて同定できる。また、割れトラブルの発生した現場の状況やトレーサビリティ情報から、対象の物質を想定できる場合は、想定物質のIRスペクトルと比較することによって異物の内容を判定できる。

　また、微小な異物を同定する場合には、IR分析装置に顕微鏡を付けた顕微IR法が適しており、微小異物の同定に広く使用されている。

　ポリマーの分子構造の同定にはIR法が最も利用されている。炭化物(完全に炭化する前の黒状物)、未溶融物(同種プラスチック)、異種プラスチックの混入などの判定には有効な分析法である。

②質量分析法(MS法)

　質量分析法(MS：Mass Spectrometry)は、高真空のもとで加熱気化した試料分子に電子流などの大きいエネルギーを与えると、分子中の電子1個がたたき出されて分子のカチオンラジカルが生じる。これらはさらに開裂を起こしてフラグメントイオンと呼ばれるイオンが発生する。これらのイオンを質量(m)と電荷(z)の比(m/z)を大きさの順に分離し、記録する。分子イオンの質量数から分子量がわかるとともに、フラグメントイオンのでき方から分子の構造に関する情報が得られる。ポリマーの場合は、熱分解ガスクロマトグラフィで分解したガスを分離し、このガス成分を質量分析法で分析する方法がとられる。

　赤外吸収スペクトル法では、分子構造については判定できるが、さらにその異物の分子量などについての情報は得られない。低分子量物の場合、分子構造と分子量の測定には質量分析法が用いられる。また、ポリマーが熱履歴を受けて高分子量化、架橋化などのゲル状の異物などの分析では熱分解ガスクロー質量分析法(GC-MS)を用いて同定できる。

③X線マイクロアナライザー分析法(EDX)

　X線マイクロアナライザー分析法(EDX：Energy diffusive X-ray analyzer)の原理は、細く絞った電子線を固体表面に照射すると、その表面から各元素特有の特定X線が放出される。この特定X線をエネルギー分散型の検出器で測定し、微小部分の元素を分析する方法である。最近では、微小な異物の分析で、EDXに走査型電子顕微鏡(SEM：Scanning Electron Microscope)を取り付けたSEM-EDX法による方法が用いられている。この方法では、SEMで形状観察を行い、EDXでその部分の元素を分析する方法がとられる。

　金属、塵埃(珪素)、炭化物(完全な炭化物)などの異物分析にSEM-EDX法が有効である。

9.5　成形品の欠陥部観察法

　割れトラブルの原因となる可能性のある欠陥としては、異物以外にクラック、気泡、シャープコーナ、ゲート仕上げ跡、ウェルドライン、表面の傷などがある。シャープコーナ、ゲート仕上げ跡、ウェルドライン、表面傷などは、成形品形状や表面状態の目視検査でチェックでき

表9.5　非破壊試験方法[4)]

試験法（JIS 規格）	測定の原理
放射線透過試験 （Z 3104）	X 線や γ 線が試験体を透過すると、試験体の中に傷があると、この部分を透過する線量率（単位時間当たりの放射線照射の度合いを表す量）が周辺の健全な部分と異なってくることを利用して検出する方法である。
超音波探傷試験 （Z 3060）	試験体の表面から持続時間の極めて短い超音波パルスを内部に伝播させ、傷や底面から反射した超音波（これをエコーという）を受信することにより、空洞を検出する方法である。
磁粉探傷試験 （G 0565）	試験対象部を磁化することにより適切な磁束を流し、このとき傷部に磁極を生じさせる。次に、これによって生じる漏洩磁界により磁粉を磁化すると、空洞部に磁粉が吸着し、磁粉模様ができる。この磁粉模様を観察することにより、傷を検出する方法である。表面近傍の傷の検出に利用する。プラスチックには適用不可。
浸透探傷試験 （Z 2343、W 0904）	染料で着色した液体を傷の中に浸透させることによって、傷を検出する方法である。試験体の表面に存在する直接目に見えないような幅の狭い傷の検出に適す。表面に開口している傷の検出に適す。前処理剤、浸透液、洗浄剤、現像剤などを使用する。

ることが多い。不透明成形品の場合、微細なクラックや成形品の内部に存在する気泡は目視でチェックすることは困難である。

　金属材料では、クラック、気泡などの欠陥に関しては、非破壊検査法が確立しており、プラント、船舶、航空機などの金属部分の欠陥チェックには同法が利用されている[4)]。非破壊試験法としては、放射線透過試験法、超音波探傷試験法、磁粉探傷試験法、浸透探傷試験法などがある。それぞれの試験法の測定原理を**表9.5**に示す。これらの方法で、磁紛探傷試験法以外は、原理的にはプラスチック成形品にも応用できる。しかし、測定装置としては、大型装置・機器などの平面または曲率半径の大きい部分の欠陥検査には使用しやすいが、プラスチック成形品の比較的小物で曲率の小さい部品の場合には、使用しにくいという難点がある。

［クラック］

　クレーズ（クラックの前駆的現象）、微細なクラックなどは、目視観察では判別しにくいことが多い。

①透明成形品であれば、白熱灯光源下でクレーズやクラックを光の反射で観察するとチェックしやすい。また、クレーズと微細なクラックを識別することは困難であるが、次のような方法で識別できる。

　・ガラス転移温度以上の温度で熱処理するとクレーズは消失するが、クラックは消失しない。

　・透過型電子顕微鏡で観察すると、クレーズの中には分子の配向鎖が認められるが、クラックは空隙である。

②不透明成形品では、クラックが発生したと予測される個所を意図的に破壊して破面解析すると、破壊の起点として観察できる場合もある（破面解析については本章の9.8で述べる）。

③結晶性プラスチック成形品に発生したクラックは上述の浸透探傷試験法で観察できる。この方法は、染料で着色された液体をクラックの中に浸透させることによってクラックを観

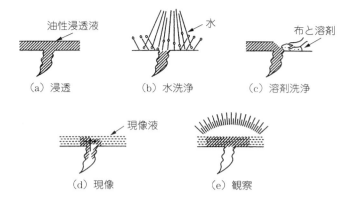

図9.5　浸透探傷試験の手順[4]

察する方法である（図9.5）。この場合、表面に開口したクラックでなければならない。ただし、PS、ABS、PCなどのような有機溶剤に弱いプラスチックは、浸透液によってソルベントクラックが発生するので適さない。

［気泡］

透明成形品では、気泡は目視または拡大鏡で判定できる。

不透明成形品では、軟X線撮影法や超音波探傷試験などで測定する。

軟X線撮影では、あまり微細な気泡の観察は困難であるが、直径が数ミリ程度のものであれば観察可能である。

超音波傷試験法の原理は、超音波は細いビームとなって伝播し、空洞があると、この部分で反射されるので、反射波を計測することによって、空洞の有無や位置を知ることができる。ただ、超音波を発信・受信する探触子と試験体の間に空隙があると試験体中へ超音波が伝播しない。効率よく試験体中へ伝播させるため、その間を液体で満たすことにより超音波を効率よく伝達させている。この液体を接触媒質と呼び、一般に水、油、グリセリンなどが用いられる。試験体の表面が平面の場合はこれらの接触媒質（粘性があるほうがよい）を用いて測定すればよいが、曲率の小さい小物成形品では困難である。このような場合には、水の中に試料を入れて、水中で測定する方法もある。

ただ、軟X線撮影法や超音波探傷法などによる方法では測定に手間がかかるので、簡便的には試料を切断して、気泡の有無をチェックするほうが手っ取り早いこともある。

9.6　成形品の強度測定法

割れサンプルが大きい場合には、サンプルから試験片を切り出して強度を測定することで、試料が本来の強度を有しているか判定できる。ただ、試料が小さいと試験片の切り出しは困難であるので、最近ではサンプルの切削せん断抵抗を測定するサイカス法を利用することもある。

1）試験片切り出し法

成形品にフラットな部分がある成形品では、試験片を切り出し、引張や曲げ強度を測定する

— 220 —

ことができる。ただ、脆い材料では切り出し時に割れるので切削加工は困難である。試料の切り出し方向を、ゲートからの流れ方向と直角方向から切り出せば強度の異方性を測定できる。

成形品から試験片を切り出す場合、加工面に切削時の凹凸があると、この部分の応力集中によって引張破断ひずみや破断強度にばらつきが生じやすいので注意しなければならない。

試験片の切り出しには、次の方法がある。

肉厚0.5mm程度以下のシート・フィルムのような製品であれば、トムソン歯で打ち抜き加工が可能である。肉厚の厚い成形品ではパンチとダイスによる、打ち抜き加工で切り出しできる。パンチ刃の形状、パンチとダイスのクリアランスの設計に注意を要する。また、最近ではダンベル専用打ち抜き加工装置も市販されており、それによれば厚み4mmでも加工可能である[5]。

一方、試験片の端面を平滑に仕上げるには、まず成形品から短冊形状に切り出し、これらを何枚か重ねてフライス加工でダンベル試験片形状に加工する方法が適している。

2) 衝撃試験法

成形品に対する衝撃試験法としては、落錘試験、高速衝撃試験、落下試験などがある。製品の使用状態に合わして試験法を選択しなければならない。これらの試験では、ばらつきが大きいので、1条件での試料数を多くする必要である。

落錘試験や高速衝撃試験では、試料をセットする台の材質や固定方法、成形品に対し衝撃体を当てる位置などによって結果がばらつくので、注意しなければならない。

落下試験は、ケースやハウジングに内部部品を組み込んだ状態で、ある高さから落下させて、損傷の有無をチェックする方法である。この場合、落下させる方向、落下点の床の材質などによって結果がばらつくので注意しなければならない。

3) 微小切削法

この方法はサイカス法(SAICAS：Surface And Interfacial Cutting Analysis System)と呼ばれる方法で、装置の測定部を**図9.6**に示す[6]。同図のように、水平運動する試験片と、その表面に対して垂直運動する刃刃と、切刃に発生する水平分力及び垂直分力を検知する検知器と、切り込み深さを測定する差動トランスから構成されている。この測定による「表面―界面切削線

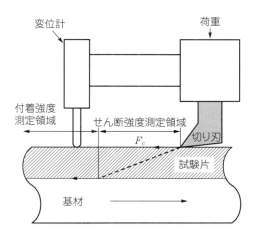

図9.6 サイカス法の測定原理[6]

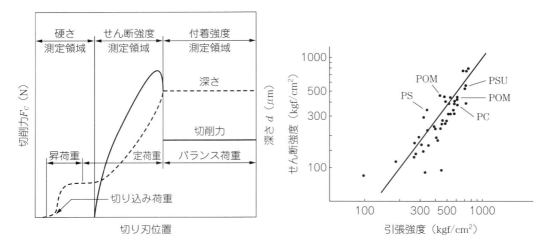

図9.7 サイカス法の表面—界面切削線図[6]　　**図9.8 各種プラスチックのせん断強度と引張強度の関係[7]**

図」を**図9.7**に示す。まず、切刃を試料の表面に設定し、所定の押し圧を加える。切刃は、試料内に押し込まれるので、その深さから硬さを求めることができる。次に試料の運動を開始すると、切刃は試料内に切り込む。これが切り込み段階であり、せん断強度の深さ方向での解析ができる。切り込み深さに対して切削力は増加するが、材料の性質や構成材料の種類によって切削力に変化が生じる。このとき、所定の深さで押し圧荷重を調整すると、切刃の運動方向を水平に向けることが可能となり、一定深さでの切削力も求めることができる。

このような微小切削法によって、射出成形品のせん断強度の異方性、材料のせん断強度、耐候劣化による表層での劣化挙動、塗膜の付着力などを測定できることが報告されている。**図9.8**は、各種プラスチックについてサイカス法で測定したせん断強度と引張強度(カタログ値)の関係をグラフにプロットしたものである[7]。せん断強度と引張強度は比較的よい相関性を示しており、材料の特性変化の測定に、サイカス法を利用できることを示している。また、サイカス法を成形品のウェルドラインやスキンとコア層の構造解析にも応用できるとの報告もある[8]。

9.7 加速再現試験法

加速再現試験法については、第8章の8.2.6にて述べたが、ここでは、想定される割れ要因を与えた試料を用いて割れトラブルを再現する方法について述べる。

割れトラブルの原因を究明するため、トラブルと同じ割れの現象を再現することによって、原因の究明に関する手がかりが得られる。試作検討段階における寿命試験で異常が認められなかったにもかかわらず、量産品で割れトラブルが発生したとすると、基本的には次のようなことが推定される。

①使用した材料の品質にばらつきがあった。
②成形加工条件や二次加工条件に変動があった。
③製品の組立条件に変動があった。

④製品を使用する環境条件に変動があった。

⑤予測できないような使用条件が加わった。

　これらの項目について、第8章の8.2で述べたように、仮設を立てて再現試験をするわけであるが、短時間で再現させるためには、①、②、③に関係する要因を意図的に変動させて試験サンプルを作成する。その場合、どの程度の水準で条件を変動させるかは、使用している材料の特性や成形や組み立て条件のばらつきによって異なってくる。

[材料]

　ベースレジンの分子量または MFR、添加剤、着色剤、充填剤などの影響を考慮する。

[成形条件及び二次加工条件]

　成形条件としては、熱分解、加水分解、インサート、残留ひずみなどに関係する成形条件を考慮する。二次加工では、塗装、接着、ねじ締結、接合、機械加工などの条件を考慮する。

[組立条件]

　締め付けトルク、プレスフィット、スナップフィット、組み立てでの負荷荷重などを考慮する。

　さて、以上のようにして、いくつかの水準で作成されたサンプルについて加速再現試験を行う。加速再現試験では、製品の寿命試験というよりは、上述のように意図的に条件を変えて作成した試料を用いて、どのような条件の場合にトラブルと同じ割れが発生するか見るために試験するので、加速再現試験の条件としては、苛酷な条件で行う。また、できればトラブルなく使用した実績のある試料を比較サンプルとして評価に加えれば、より正確な判断ができる。

9.8　破面解析法

　材料の破断面状態から、破壊機構や原因を調べる方法は「フラクトグラフィ」と呼ばれ、金属材料の分野では、光学顕微鏡や走査型電子顕微鏡を用いる方法は事故原因の有力な解明手法として古くから活用されている。材料の破断面には、破壊の発生起点や進行方向を示す特徴的模様が残されており、これらを観察することによって破壊機構や破壊の原因に関する重要な情報が得られる。拡大鏡や光学顕微鏡を用いる方法はマクロフラクトグラフィと呼ばれ、古くからいくつかの破面について基本的特徴が明らかにされている。**表9.6**に破面解析に用いられる機器を示す[9]。同表の走査型顕微鏡を用いる方法は、ミクロフラクトグラフィと呼ばれており、焦点深度が深く高倍率で破面を観察できるので、破面の微細模様から破壊原因のより詳細な解析が可能になる。

1）プラスチックの破面解析の特徴

　金属材料では、構造材料としての使用実績も古く、かつ破壊様式の類別化も容易であるが、プラスチックの場合には、次のような特徴があるため、金属材料ほど原因究明の決定的ツールにはなっていない。

　①破壊までの変形が大きく、変形中に構造変化があることが多い。

表9.6　破面解析に使用される機器[9]

機器名	手法の特長	対象とする破面の特徴
目視観察（ルーペ）	マクロフラクトグラフィー 破断面全体の観察	クラシック発生位置、クラックの成長・枝分かれ方向、クラックの進展速度、最大引張方向
反射型干渉顕微鏡	浅い被写界深度、平坦な破断面の観察	環境応力割れ（ESC）の特徴の観察、疲労破面の観察
偏光顕微鏡	スライス片の観察	せん断変形、結晶構造（球晶の不均一）、応力集中部
走査型電子顕微鏡（SEM）	低倍率から高倍率の破面の観察、深い非写界深度	衝撃破断面の観察、疲労破面の観察、複合材料・ポリマーアロイの破面の観察、破断面の元素分析
超音波顕微鏡（SAM）	内部欠陥の観察	クラックの枝分かれ、界面剥離

②粘弾性特性のため、ひずみ速度、時間または温度の影響で破壊の様式が多様に変化する。

④材料も単一なポリマーであることは少なく、添加剤配合、複合強化、ポリマーアロイ、など品種が多いので破壊様式を類型化することが困難である。

⑤特に、ガラス繊維などで強化した材料では、含有率が高いと破壊の進行状況の観察も困難になる。

⑥環境条件（熱、紫外線、化学薬品）による劣化も起こりやすいため、破壊の様式が複雑になっている。

以上のように、プラスチックの破面は種々の条件によって、その様式は変化するので、破面解析のみで割れトラブル原因を解明することは困難である。トラブル状況の調査、分析、加速再現試験などの情報を総合することによって、割れトラブル原因の推定の確度は高くなる。

一般に、プラスチックの破面解析法では次のことを判定するには有力なツールである。

①破壊起点の推定（傷、クラック、ウェルド、異物などとの関係）。

②破壊の進行方向の推定。

③応力負荷の様式推定（静的応力、衝撃、クリープ、疲労など）。

④ソルベントクラックの可能性推定（化学薬品による膨潤痕跡）。

2）破面解析の手順

トラブル原因の究明を行う場合に、破面解析だけで原因を推定することは困難である。破面解析に先立って、トラブル品について次のことを調査・分析しなければならない。

①トラブル品の使用条件（可能なら）。

②トラブル品の外観観察（表面傷、クラック、劣化、付着物などの有無）。

③トラブル品の平均分子量、MFRなどの分析（未使用品との差を調べる）。

走査型電子顕微鏡の場合、次の手順で撮影する。

①トラブル品から試料切り出し。

②試料を試料台に接着取り付け。

③金または金パラジウムによるスパッタ蒸着（膜厚10-100nm）。

ただ、最近、低真空走査型電子顕微鏡では、試料面を蒸着しなくても観察できるものもある。

撮影された破面写真をもとに、次の手順で解析し原因を推定する。

①破面の状態から、延性破壊か脆性破壊か判断する。

②破壊の進行方向から、破壊の起点を探す。

③破壊の起点と欠陥部の関係を調べる（異物、傷、クラック、シャープコーナ、ボイドなど）。

④あらかじめ応力負荷条件のわかった破面写真と対比して、トラブル品に負荷された応力の様式を推定する。

これらの所見をもとに、他の調査・分析結果を含め総合的に判断して原因を推定する。

3) 材料と破面の特徴

破壊の様式としては、静的破壊や衝撃破壊のように非時間依存型の破壊と環境応力亀裂、劣化、クリープ、疲労などのように時間依存型の破壊に大別できる。それぞれのケースにおける破面の特徴を**表9.7**に示す[10]。同表のように破面の特徴を整理できるが、実際には、プラスチックの種類によって破面はそれぞれ異なった模様を示す。また、一般的には、プラスチックの破面では、**表9.8**に示す用語が用いられている、次にいくつかの例について述べる。

[非晶性プラスチックの破面[11]]

非晶性プラスチックでは、比較的明確な破面をしており観察しやすい。つまり、破壊の起点、破壊の進行方向、応力の種類による特有の破面などについて、識別しやすい破面を示す。しかし、ポリマーの分子構造によって異なった模様を示す。例えば、PMMAでは破壊開始点では鏡面領域（mirror area）があり、クラックの伝播速度が次第に大きくなるにつれてパラボラ模様が見えるようになる（**写真9.1**）[11]。これは、破壊開始点近くでは、クラックの進行速度が遅く、クラック先端では十分に発達したクレーズの中央部をクラックが成長することで、極めて平坦な領域を形成するためといわれる。一方、PSでは、メクレル模様（mackerel pattern）と呼ばれる模様が発生することが知られている。これも、クレーズの中をクラックが進行してゆくために生じる模様である。**写真9.2**はPSの引張破壊面である[12]。同写真のDの部分にクレーズによるメクレル模様が観察される。

表9.7 破壊形態の分類と破面の特長[10]

破面の種類	破面の特長
（時間非依存型破壊）	
静的破壊	外力の種類、負荷速度により変化する。断面の収縮がなかったり、破面が平滑な場合には脆性破壊と見る。
衝撃破壊	脆性破壊なので破面は平滑、破壊核が製品の緑部や表面欠陥にあたることが多い。
（時間依存型破壊）	
環境による破壊	ストレスクラッキングは脆性破面、不連続成長の跡があるからなどを見る。
劣化による破壊	表面傷などから破壊、脆性状破面。
クリープによる破壊	繊維状に伸びきって破壊することが多い。
疲労による破壊	不連続クラック成長模様（ストライエーション）などがある。

表9.8 プラスチック破面によく用いられる用語
（パターン、またはマークは省略）

破面用語	発生原因
マッカレル （mackerel）	クレーズ中をクラックがジグザグに進行するために生じる模様
パラボラ （parabolla）	高速でクラックが発生するとき、主にクラックの先端で二次的なクラックが発生するときに生じる模様
ウォルナー （wallner）	クラックが高速で進行するとき、固体中の弾性波と干渉することで発生する規則的な凹凸模様
スティックースリップ （stick-slip）	クラックが成長したり、再開始するときに発生する模様
ミラー （mirror area）	破壊開始点近くの平坦に見える鏡面領域（高効率でも観察される）
リバー （river）	クラックの進行方向に直角に発生した段が破断面の成長につれて互いに合体した川のような模様
ビーチ （beach）	クラックの進行が速くなったり、遅くなったり、停止したりするために破面の平滑性が変化した模様
ストライエーション （striation）	クラックの開口による成長と、続く圧縮によるクラックの切り返しによって発生する模様

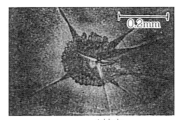

写真9.1　PMMAの破壊破面[11]
（中央部分に鏡面領域が見える）

［結晶性プラスチックの破壊面］
　結晶性プラスチックでは結晶領域と非晶領域が存在し、この中を破壊が進行するため、複雑な破面を示すことが多い。非晶性プラスチックでは、比較的低倍率の破面写真でも解析できるが、結晶性プラスチックでは、球晶状態の観察ができるように、走査型電子顕微鏡（SEM）を用

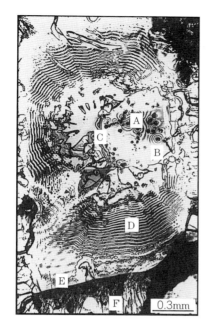
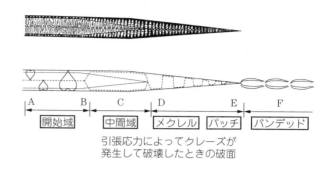

写真9.2　ポリスチレンの引張破壊面[12]

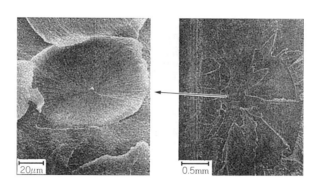

写真9.3　PEEKの破壊破面[13]

いて高倍率拡大写真による判定が必要になることが多い。ただ、ガラス転移温度が室温より高いPAやPEEK(ポリエーテルエーテルケトン)では、**写真9.3**のように非晶性プラスチックに近い破面パターンを示すという報告もある[13]。また、結晶性プラスチックの破面は、負荷荷重が異なっていても、類似のパターンを示すため破壊原因の判別が難しいことがある。そのため、破面や破面断面をソフトエッチングして、球晶の状態を観察する手法も報告されている[14]。例えば、POM破面表面を短波長紫外線照射でエッチングする方法、PBT(非強化タイプ)成形品破面を、アルカリ性のアルコール溶液を用いてソフトエッチングする方法などがある。

4) 材料や破壊条件と破面

プラスチックは、材料の分子量やひずみ速度(引張速度)、温度などの条件によっても破面の状態は変化する。従って、破面観察では、割れトラブル品がどのような条件下で使用されてい

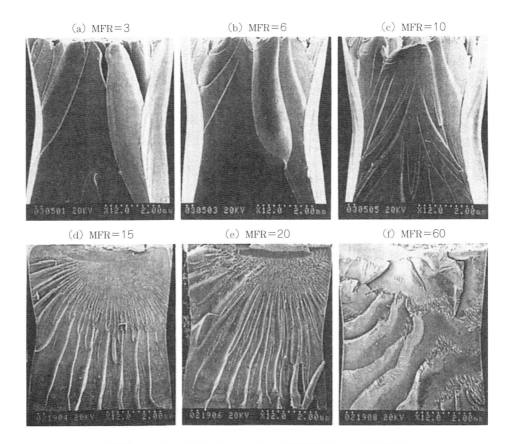

写真9.4　PCのMFRとアイゾット衝撃破面（ノッチ付き）[15]

写真9.5　POMの引張速度と破断面[16]

たかということも併せて検討する必要がある。

　写真9.4は、PCのMFRを変えた材料による試験片を用い、アイゾット衝撃したときの破壊断面のSEM写真である[15]。同写真のように、MFRの値が大きく（分子量が小さい）なるに従って、脆性破壊に移行することがわかる。

　写真9.5は、POM試験片（厚み3.2mm）を用いて、引張速度を変えたときのSEM破面である[16]。同写真のように、引張速度が遅い場合、破壊開始部である中心から外周に向けて広い延

性破壊領域があり、外周部のみ脆性破壊している。一方、引張速度が速くなると、延性破壊領域は狭くなり、脆性破壊パターンを示すようになる。

5）負荷応力及び欠陥部と破面

通常破面解析では、意図的に負荷応力の種類を変えて破壊させた試料の破面を用意して、トラブル品の破面と照合することによって、トラブル品に負荷された応力の様式を推定する。また、過去のトラブル事例写真を蓄積し、これらの破面と照合することによっても、破壊原因をより直接的に推定できる。

・衝撃破壊

衝撃破壊は、引張試験におけるひずみ速度の極めて速い場合の破壊と考えられる。衝撃スピードにポリマーの靱性変形が付いて行けないため破壊する。破壊の様式としては延性破壊と脆性破壊がある。

写真9.6は、PCのアイゾット衝撃による断面のSEM写真である[17]。同写真(a)は延性破壊の破面である。延性破壊では、引張破壊で認められたと同様な筋状のパターンが見られる。一方同写真(b)は、意図的に脆化させた試験片による脆性破壊面である。脆性破壊では、破壊の起点近傍は平滑な面があるが、破壊の進行とともにクラックが多方向に伝播したことによると思われるささくれ立った破壊模様が観察される。

・疲労破壊

疲労破壊では、**図9.9**に示すように、最初にクラックが入る段階(1)、クラックが成長する段階(2a)、クラックが成長—停止を繰り返しながら進行する段階(2b)、破壊進行方向の筋状パターンの認められる段階(2c)、最終的に破壊する段階などからなる。このような破壊の過程が疲労破壊の破面に残される。特に、2bの段階では、疲労破壊の特徴であるストライエーション(striation)が観察される。ストライエーションは、応力負荷の繰り返しサイクルと一致するといわれている。

写真9.7は、POMの疲労破壊面のSEM写真である[18]。同写真の(2b)に相当する領域に波状

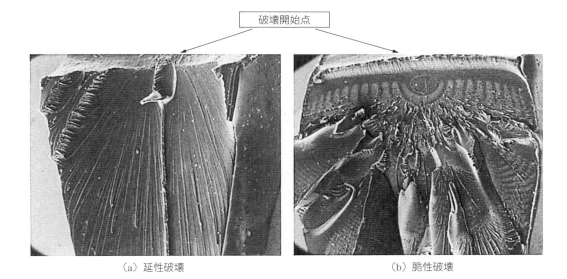

(a) 延性破壊　　　　　　　　　　　　　(b) 脆性破壊

写真9.6　PCのノッチ付きアイゾット衝撃破壊面[17]

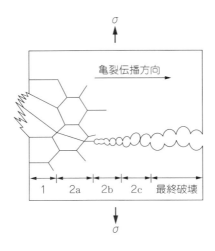

図9.9 疲労破壊過程

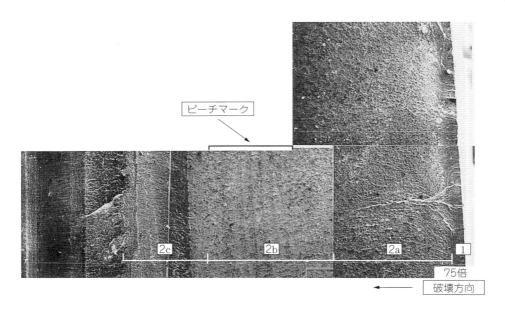

写真9.7 POM の疲労破壊破面[18]

の模様が観察される。しかし、これは疲労の繰り返すサイクルより大きな波であるので、クラックの成長、停止によるビーチマークと推定される。別の試験では、POM について、**写真9.8**に示すようにストライエーションが観察されている[19]。

・クラック、クリープなどによる破壊

 写真9.9は、PC 試験片を応力下でガソリンと接触させてクラックを発生させた個所に曲げ応力を与えて破壊させた場合の SEM 破面である[20]。クラックが発生した部分はガラスのように滑らかな破面をしている。さらに、応力を負荷することで、クラックに応力集中して、破壊が進行した部分は滑らかな脆性破面をしている。その先の部分は、延性破壊の状態で破壊は進行している。また、同写真のようにガソリンにより膨潤されたと推定される痕跡も認められる。

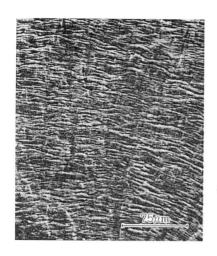
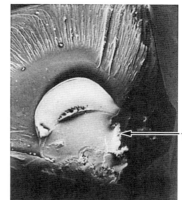

写真9.8　POM疲労破面のストライエーション[19]

写真9.9　PCのソルベントクラックによる破壊破面(30倍)[20]
（ガソリン中でクラックを発生させた後、荷重を加えて破壊させた）

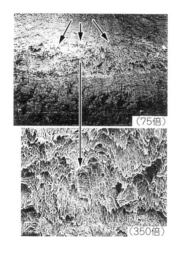

写真9.10　POMの引張クリープ破壊破面[21]

写真9.11　PCのウェルド部引張破壊破面[22]

　写真9.10は、POMの引張クリープ破壊品のSEM写真である[21]。POMのクリープ破壊の場合、同写真のように、破面には特徴的な繊維状に引き伸ばされたパターンが認められる。

6）欠陥部の破面

・ウェルド部からの破壊

　写真9.11は、PCについてウェルドラインを発生させた試験片を引張破壊したときのSEM破面である[22]。ウェルドラインの発生した外周部が起点になって脆性破壊が進行し、中央部分では、筋状パターンを示す延性破壊になっている。

　写真9.12はPOM成形品のウェルド部を引張破壊させたときのSEM破面である[23]。PCの場合と同様にウェルド部の表面側から破壊が進行し、内部では延性的な破壊状態を示している様

写真9.12　POMのウェルド部引張破壊破面[23]

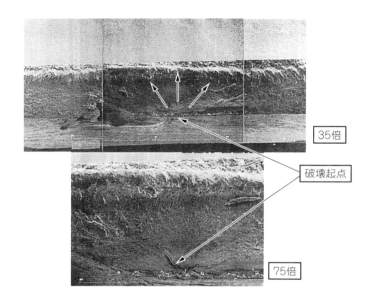

写真9.13　POMのゲート部からの破壊破面[24]

子がうかがわれる。
・シャープコーナからの破面
　シャープコーナに応力が集中すると、この個所が起点になって破壊が進行する。バリ、パーティングラインの段差、ゲート仕上げ跡なども応力集中源になることがある。POMについて、シャープコーナが原因で破壊して成形品の破面写真例を次に示す。いずれの写真でも、応力集中個所があると破壊の起点と破壊の進行方向がかなりはっきりと観察される。
　写真9.13は、ゲート部の凹凸が起点になって破壊して破面写真である[24]。
・異物が起点になった破面
　写真9.14は、PCの異物のある試験片の引張破面のSEM写真である[25]。異物の個所から破壊は進行しているが、破壊の起点（異物）から破壊の進行に伴って、延性破壊の特徴である筋状のパターンが明確に認められる。

— 232 —

写真9.14　PCの異物からの引張破断面(100倍)[25]

9.9　繊維強化材料の破損解析

繊維強化材料を用いた成形品の割れトラブルでは、成形品中における強化材含有率、繊維配向状態、繊維長、繊維とプラスチックの接着状態などを調べることになる。

1)　含有率の測定法

強化材料では、強化材の含有量によって強度は左右される。強度トラブルが発生した場合、原因究明のため含有率を測定することもある。

ガラス繊維、無機充填材などの含有量を焼成法によって測定する方法は、JIS K 7052-1999に規定されている。原理的には、成形品を電気炉の中で焼成して、灰分量から含有率を測定する方法であり、同規格ではA法とB法がある。A法はガラス長繊維の含有率を測定する場合、B法はガラス長繊維と無機充填材の両成分を含む場合に、それぞれ適用される。

A法では、試料を磁器るつぼに入れて、625℃に設定したマッフル炉に入れて、一定の質量になるまで焼成する。ガラス繊維含有率は次式で計算する。

$$M_{glass} = \frac{M_3 - M_1}{M_2 - M_1} \times 100 \tag{9.7}$$

ここに、M_{glass}：もとの質量に対するガラス長繊維の質量の百分率
　　　　M_1：磁器るつぼの質量(g)
　　　　M_2：磁器るつぼと試料の合計質量(g)
　　　　M_3：焼成後の磁器るつぼと残分の合計質量(g)

B法では、焼成後の残分を塩酸で無機充填材を溶解した後、磁器フィルターでガラス長繊維を分離する。ガラス長繊維及び無機充填材の含有率は次式で計算する。

$$M_{glass} = \frac{M_5 - M_4}{M_2 - M_1} \times 100 \tag{9.8}$$

$$M_{filler} = \left(\frac{M_3 - M_1}{M_2 - M_1} - \frac{M_5 - M_4}{M_2 - M_1} \right) \times 100 \qquad (9.9)$$

ここに、M_{glass}：もとの質量に対するガラス長繊維の質量の百分率

M_{filler}：もとの質量に対する無機充填材の質量の百分率

M_1：磁器るつぼの質量(g)

M_2：磁器るつぼと試料の合計質量(g)

M_3：焼成後の磁器るつぼと残分の合計質量(g)

M_4：乾燥したフィルターの質量(g)

M_5：フィルターと酸処理残分との合計質量、または水もしくは溶剤で洗い落とし乾燥した後の質量(このとき $M_4 = 0$ となる)(g)

2) 繊維長さ、アスペクト比

　成形品の中に存在する繊維は、長いものから短いものまで分布しているので、繊維長は平均繊維長として求める。当然平均繊維長が長いほうが補強効果は大きい。成形工程では、可塑化時にスクリュのせん断力によって繊維は破砕して短くなる傾向がある。繊維長の影響を調べる場合には、平均繊維長を測定する。また、強化材料の強度に関しては、複合則の考え方から、アスペクト比(繊維長／繊維径)も小さくなると強度・剛性は低下する。

　繊維長やアスペクト比を測定するには、成形品から繊維を取り出して、光学顕微鏡で写真撮影して計測する方法がある。成形品から繊維を取り出すには、上述の焼成した後のサンプルを用いるか、溶剤に溶解してフィルターで濾過後のサンプルを用いる方法がある。いずれにいても、このようにして分離したガラス繊維を用いて、光学顕微鏡で拡大撮影して繊維長やアスペクト比を測定する。最近では、画像を画像解析装置に取り込み、自動的に平均繊維長、繊維長分布、平均アスペクト比などを計測できるようになっている。測定の信頼性を上げるため、画像解析装置には専用ソフトが開発されている。

　写真9.15は、再生材使用による繊維破砕を調べるため、繊維強化成形品中の繊維長さ分布を測定した結果である[26]。新材の繊維長さ240μmに比較して、再生材100％4回繰り返し品では140μmと短くなっている。

3) 繊維配向の測定法

　成形時に、キャビティ中ではせん断力によって繊維は流れ方向に配向する。繊維の配向によって、流れ方向と直角方向では強度の異方性が生じる。そのため、成形品中での繊維の配向状態を知る必要が生じる。繊維配向状態を測定する方法としては、軟 X 線撮影法、超音波顕微鏡撮影法などがある。

　軟 X 線観察法は、次のように測定する。成形品から観察する部分をミクロトームで厚さ50μm 程度の薄片を切り出す。これを軟 X 線照射装置にセットし、超微粒子フィルムに像影する。この像を透過光により光学顕微鏡で観察、または写真に撮影する。このようにして観察した繊維配向については、第2章の2.5で述べたので参照されたい。

　超音波顕微鏡による成形品の構造解析については、詳しい報告がある[27],[28]。超音波顕微鏡は、**図9.10**に示す構造のものである。同図で試料に入射した超音波のうち、表面から反射した量を差し引いた残りは試料の内部に伝播する。この伝播過程において何らかの反射体があると、この界面において超音波は散乱や反射して受信信号は変化する。この変化量を画像として表示す

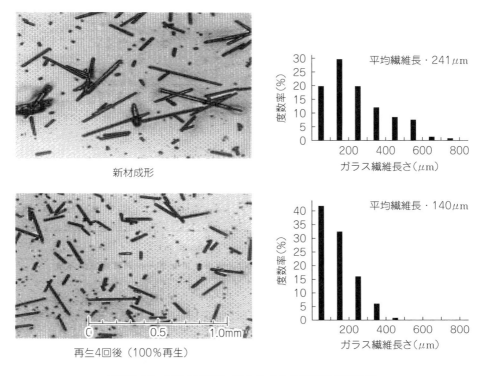

写真9.15 再生繰り返しによるガラス繊維の破砕例[26]

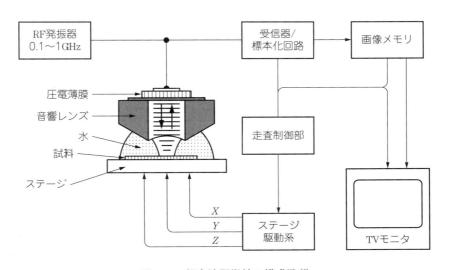

図9.10 超音波顕微鏡の構成[27]、[28]

ると、表面から試料内部までに存在する層構造、欠陥、ボイド、層状組織などを観察できる。繊維強化材料においても、ポリマーは超音波を透過させ、ガラス繊維は超音波を反射させるので、試料の厚さ方向に焦点を変化させることによって、表面から内部に向かって繊維配向を測定できる。PPのガラス繊維入り材料(体積含有率0.19%)について、繊維配向状態の観察結果

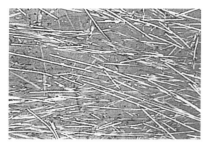 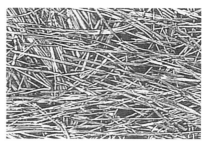

(a) 試料表面　　　　　　　　　　(b) 約40μm内部

写真9.16　超音波顕微鏡によるガラス繊維配向状態観察[29]

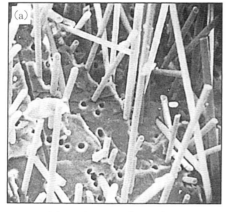 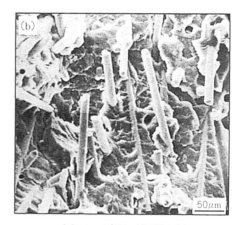

(a) GF表面カップリングなし　　　　　(b) カップリング処理あり

写真9.17　ガラス繊維強化 PP の破壊面 SEM 写真[30]

が報告されている(**写真9.16**)[29]。ただ、ガラス繊維の含有率が高くなると内部への超音波の透過量は少なくなり観察は困難になるので、観察する試料面を切り出し、超音波顕微鏡により試料表面を撮影するほうがよいと思われる。

4）繊維とマトリックス（プラスチック）の接着状態観察

複合則によれば、強化材とマトリックス接着界面の接着強度は強度・剛性に影響する。強化材とマトリックスの接着状態を観察するには、成形品の破断面を走査型電子顕微鏡で観察する方法がある。接着力が弱い場合は繊維と樹脂は完全に剥離しているが、接着力が強い場合は、繊維表面に樹脂が付着している状態になっている。

写真9.17は、ガラス繊維強化 PP について、ガラス繊維表面をカップリング剤で処理した場合と処理しない場合の破面の SEM 写真である[30]。処理品は繊維とマトリックスはよく接着しているが、処理なし品はガラス繊維が抜けた跡が観察される。

9.10 ポリマーアロイ材料に関する破損解析

ポリマーアロイ材料の成形品では、次のケースで強度低下を起こすことがある。
①成形工程でアロイ成分のプラスチックが熱分解して、各成分の粘度比が変わることによって分散相の粒子径が変化する場合
　例えば、分散相のゴム粒子径が変化すると衝撃強度が変化する。
②キャビティを充填する過程で、せん断力によって相分離構造に変化が生じる場合
　相容性のあまりよくないプラスチック成分によるアロイでは、成形過程で高いせん断力が作用すると相分離を起こして、層状剥離を示すことがある。
③ウェルド部の相構造が不適である場合
　適切にアロイ設計された材料でも、ウェルド部分については、特有の相構造を示し、ウェルド部での衝撃強度や破断ひずみが著しく低下することがある。
　以上のようにポリマーアロイ材料を用いた成形品について、相構造によっては強度の変化や低下を示すことがある。ポリマーアロイ材料による成形品の割れトラブルでは、相構造、つまりモルフォロジーを観察する方法がとられる。モルフォロジーは、透過型電子顕微鏡（TEM）や走査型電子顕微鏡（SEM）を用いて観察するが、専門的な分析技術と熟練を要する。電子顕微鏡による微細構造観察技法については、専門的立場からの詳しい報告がある[31]。同報告によれば、電子顕微鏡を用いたモルフォロジー解析では、次の3点が重要である。
　①試料前処理技術
　②観察技術
　③像の解釈
　試料の前処理の手順は図9.11に示すように、染色やエッチングが重要な要素技術である。

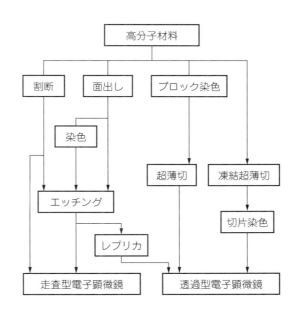

図9.11　電子顕微鏡用試料の前処理の基本手順[31]

具体的なモルフォロジーの観察については、TEM や SEM による観察法を第2章において述べたので参照されたい。

引 用 文 献

1) 鞠谷雄士，浅井茂雄，伊藤浩志：成形加工，**12**(12)，775-780(2000)
2) 鞠谷雄士，伊藤浩志：成形加工，**12**(10)，631-637(2000)
3) 谷川征男：成形加工，**11**(2)，76-81(1999)
4) (平山一男ほか編)：新版　非破壊検査マニュアル，pp. 23-57，日本規格協会(1995)
5) (株)ダンベルのカタログより
6) 木嶋芳雄，西山逸雄：成形加工，**6**(1)，41-45(1994)
7) 木嶋芳雄，西山逸雄：成形加工，**6**(1)，41-45(1994)
8) 成澤郁夫，栗山卓，木嶋芳雄：成形加工，6(10)，712-718(1994)
9) 水谷潔，吉川忠作，奥村俊彦：平成12年度大阪府立産業技術総合研究所報告，No. 14，p. 14 (2000)
10) 成澤郁夫，栗山卓：成形加工，**4**(2)，67-75(1992)
11) 成澤郁夫，栗山卓：成形加工，**4**(2)，67-75(1992)
12) Derek Hull：Fractography–Observing, Measuring and Interpreting Fracture Surface Topography–, pp. 340-341, Cambridge University Press(1999)
13) 成澤郁夫，栗山卓：成形加工，**4**(2)，67-75(1992)
14) 尾関康宏，成形加工：**16**(5)，298-302(2004)
15) F. C. Chang, H. C. Hsh：*J. Appl. Polym. Sci.,* **43**, 1025-1036(1991)
16) 三菱ガス化学：ユピタール技術資料 ITR-001　ユピタール成形品の破面解析，p. 7
17) 三菱ガス化学：ユーピロン技術詳報 PCR203　成形品の破断面写真(Rev. 1)，pp. 3-4(1993)
18) 三菱ガス化学：ユピタール技術資料 ITR-001　ユピタール成形品の破面解析，p. 14
19) 菅野乙也，池田義正：成形加工，**4**(2)，84-92(1992)
20) 三菱ガス化学：ユーピロン技術詳報 PCR203　成形品の破断面写真(Rev. 1)，p. 14(1993)
21) 三菱ガス化学：ユピタール技術資料 ITR-001　ユピタール成形品の破面解析，p. 12
22) 三菱ガス化学：ユーピロン技術詳報 PCR203　成形品の破断面写真(Rev. 1)，p. 7(1993)
23) 三菱ガス化学：ユピタール技術資料 ITR-001　ユピタール成形品の破面解析，p. 18
24) 三菱ガス化学：ユピタール技術資料 ITR-001　ユピタール成形品の破面解析，p. 21
25) 三菱ガス化学：ユーピロン技術詳報 PCR203　成形品の破断面写真(Rev. 1)，p. 6(1993)
26) 本間精一，(本間精一編)：ポリカーボネート樹脂ハンドブック，p. 480，日刊工業新聞社(1992)
27) 石川潔：成形加工，**11**(2)，95-100(1999)
28) 石川潔，小倉幸夫，阿部利彦，栗山卓，新田晃平：成形加工，**8**(9)，611-616(1996)
29) 石川潔：成形加工，**11**(2)，95-100(1999)
30) Derek Hull：Fractography–Observing, Measuring and Interpreting Fracture Surface Topography–, p. 324, Cambridge University Press(1999)
31) 佐野博成：成形加工，**12**(3)，146-150(2000)

コラム　現場からのひとこと❾
安全と安心

　最近、自動車の欠陥問題、食品の安全性や産地表示問題、医療ミスなど安全性に関することが、マスメディアを賑やかすことが多くなっており、安全性も品質の重要な部分を占めている。安全に関する欠陥は、企業の経営をも揺るがす問題に発展することもあり、最近では、コンプライアンス(法令遵守)が経営の重要な課題になっている。ただ、法令遵守という表現は正しくない。なぜなら、法律は、通常後追いで制定され、しかも守るべき最低の基準を示しているにしか過ぎないので、企業としては、常に安全性を高めるための自主的活動(イニシアティブ)が求められる。従って、法律通りにやっていれば問題ないという考え方は、社会には受け入れられない。また、消費者に対する安全性の説明(リスクミニュケーション)では、科学的な側面だけではなく、消費者側が納得するような説明であるかが問われるところが、安全問題への対応が大変難しいところである。

　かつて、消費関係者に、あるプラスチック製品の安全性について筆者が説明したときの失敗談である。

　筆者としては、科学的根拠をもとに、製品の安全性について問題ないことを縷々説明した。ところが、出席した消費者側からの意見としては「あなた(筆者)は安全性について長々説明されたが、私達は安心して製品を使ってよいか知りたいために、ここに出席しているのだ。あなたの説明を聞いて安心して使用する気にはならない」と。一生懸命説明したつもりであったが、安心できないといわれて当惑した経験がある。後になって、その人が指摘されたことについては、次のように説明したら、納得いただけたのであろうと反省している。

　①現在科学的には、ここまでは分かっており、安全にご使用いただけます。

　②しかし、安全性は終わりのない課題であり、さらに研究・検討を進めます。

　③長い間、この製品をご使用いただいていますが、安全上の問題は全く発生しておりません。その場合、かくかくしかじかの取り扱いでお使い頂くようお願いしております。

　つまり、安全と安心は次のような関係になると思われる。

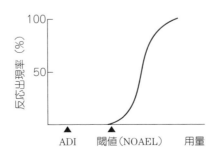

水谷民雄：毒の科学 Q&A、ミネルヴァ書房(1999)

安心＝安全性（①）＋信頼感（②、③）

　ちなみに、人に対する安全性については、図（反応容量曲線）に示すように、動物実験によって、悪影響を与えない無作用量（NOAEL）を求め、NOAELの値と人に適用する場合の不確定係数（安全率のような値）とから、次の式で許容摂取量（体重1kg当たりについて、1日に食べてもよい量：ADI）を求めている。

ADI＝NOAEL×（1／不確定係数）

　実際に食品に含まれている量が、許容摂取量（ADI）以下であれば安全であるという毒性学の考え方である。
　しかし、このような科学的な根拠は、ある程度の専門的知識を持っている人でないと理解はできない。安全に関するリスクコミュニケーションでは、安全性に関する科学的データだけでなく、相手が何を心配しているかを知った上で、適切な説明をすることも品質に含まれる。

第10章
高性能・高機能プラスチック

最近では、要求性能の多様化に対応して、高性能・高機能プラスチックが開発され、自動車、携帯端末、電子機器などの製品に多用されている。また、材料だけで対応できない場合には、材料技術と成形技術による製品開発も進められている。本章では、開発段階の技術を含めて、これらの技術開発について概説する。

10.1　汎用プラスチックの高性能化

1）ポリメチルペンテン（PMP）[1]

　PMPは、メチルペンテンを主モノマーとして重合したポリオレフィン系プラスチックである。商業生産されているPMPは、図10.1に示すようにメチルペンテンと他のα-オレフィンとの共重合体である。PMPの立体規則性はアイソタクチック構造であり、その分子構造は、同図のようにかさ高いイソブチレン基を側鎖に持つため、立体障害によって耐熱性や透明性などの優れた特徴が得られる。世界でただ1社、三井化学（株）が「TPX」という商品名で製造・販売している。表10.1に三井化学の「TPX」の特性を示す。

　主な特徴は、次の通りである。
①融点は220〜230℃と市販のポリオレフィンの中では最も高く、荷重たわみ温度は100℃（1.80MPa）と高い値を示す。
②結晶性プラスチックであるにもかかわらず、優れた透明性を示す。これは結晶相と非晶相

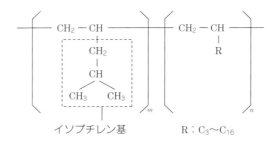

図10.1　ポリメチルペンテン（PMP）の分子構造

表10.1　ポリメチルペンテン（PMP）の特性[1]

項　目	特性値	項　目	特性値
比　重	0.83	吸水率(%)	0.01
引張強度(MPa)	26	融　点(℃)	220〜240
引張伸び(%)	10	全光線透過率(%)	94
荷重たわみ温度(1.8MPa)	100		

の密度差（屈折率差）が小さく、界面での乱反射が少ないためである。
③比重は0.83で、プラスチックの中では最も小さい。
④その他、耐薬品性、電気特性（誘電率が最少）、離型性などが優れる。

このような特徴を利用し、医療器具、理化器具、食品容器（電子レンジなど）、食品包装フィルム（PE、PPとの多層フィルム）などに使用されている。

2）シンジオタクテックポリスチレン（SPS）[2],[3]

SPSは、ポリスチレンであるが、メタロセン触媒を用いて重合することによって、シンジオタクチックと呼ばれるベンゼン環が交互に規則正しく配列したポリマーが得られる（**図10.2**）。ベンゼン環がランダムに並んだアイソタクチックの汎用ポリスチレン（PS）は非晶性であるが、SPSは結晶性プラスチックとなり、低比重、耐加水分解性、良成形性などの汎用ポリスチレンの特徴に加えて、結晶化に基づく優れた耐熱性（融点 約270℃）と耐薬品性を併せ持つプラスチックになる。

SPSは、出光興産(株)が「ザレック」（XAREC）の商品名で製造、販売している。「ザレック」の各グレードの物性を**表10.2**に示す。同表でAグレードはPA66とのアロイグレードである。耐熱性では、ガラス繊維強化品の荷重たわみ温度の向上が著しい。吸水率や誘電率・誘電正接は汎用PSと同様に低い値になっている（Sグレードの場合）。また、同表には示されていないが、耐薬品性では、酸、アルカリ、油、脂肪族系溶剤には耐性がある。

3）耐熱ABS樹脂[4]

ABS樹脂の耐熱性を改良する方法としては、スチレン成分についてα-メチルスチレンと共重合する方法もあるが、スチレン-N-フェニルマレイミドと共重合することで耐熱性は大幅に向上する。**図10.3**のように、フェニルマレイミド基はかさ高い構造であるため、分子の熱運動が制約されることで耐熱性が向上する。

このタイプはデンカ(株)が「マレッカ」（MALECCA）という商品名で製造、販売している。スチレン-N-マレイミド共重合体の成分比を変えるによって、耐熱性を広い範囲で変えること

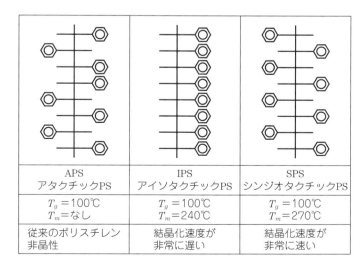

図10.2 立体規則性とシンジオタクチックポリスチレン（SPS）[2]

表10.2 SPS「ザレック」の特性[2]

	試験項目		単 位	試験法	非強化		GF 強化標準	
					S100	A100	S120 GF15%	S131 GF30%
基本的性質	密度(g/cm³)		—	ASTM D792	1.01	1.09	1.11	1.25
	吸水率(24h 平衡値)		%	ASTM D570	0.04	0.48	0.05	0.05
	成形収縮率(MD)		%	ASTM D955	1.7	1.7	0.50	0.35
機械的性質	引張特性	破壊強度 破壊伸び	MPa %	ASTM D638	35 20	57 22	75 3.0	118 2.5
	曲げ特性	曲げ強度 弾性率	MPa MPa	ASTM D790	65 2,500	87 2,200	125 4,600	185 8,500
	アイゾット 衝撃強度	ノッチあり ノッチなし	kJ/m² kJ/m²	ASTM D256	10 N. B	8 N. B	10 37	11 40
	ロックウェル硬さ		M スケール	ASTM D256	(L)60	64	45	70
熱的性質	荷重たわみ 温度	1.80MPa 0.45MPa	℃ ℃	ASTM D648	95 110	87 157	220 266	250 269
	線膨張率(MD) 燃焼性(UL94)		×10⁻⁵cm/cm/℃ 1/32″	ASTM D696 UL94	9.2 HB 相当	8.3 HB 相当	3.9 HB 相当	2.5 HB
電気的性質	体積固有抵抗		Ω・cm	ASTM D257	>10¹⁶	10¹⁵	>10¹⁶	>10¹⁶
	誘電率(1MHz) 誘電損失(1MHz)		— —	ASTM D792	2.6 <0.001	3.0 0.017	2.8 <0.001	2.9 <0.001
	絶縁破壊電圧 耐アーク性 耐トラッキング(IEC 法)		kV/mm s V	ASTM D149 ASTM D495 IEC 法	66 91 >600	47 120 >600	47 105 >600	48 122 545

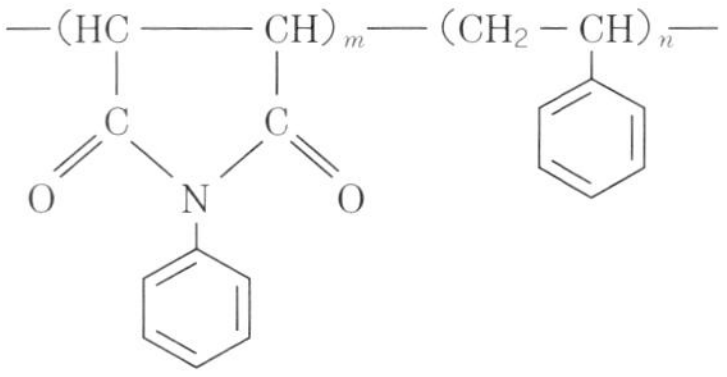

図10.3 スチレン-N-フェニルマレイミ
ド共重合体の分子構造[4]

ができる。**表10.3**に「マレッカ」の物性を示す。荷重たわみ温度では90〜130℃までのグレードがある。

4) 超高分子量ポリエチレン (PE-UHMW)

PE-UHMW は、分子量が約100万以上のポリエチレンである。高分子量化することによって破断伸び、耐衝撃性、耐摩耗性などが大幅に向上し、エンジニアリングプラスチックに匹敵する性能を示す (**表10.4**)[5]。

— 244 —

第10章　高性能・高機能プラスチック

表10.3　マレッカの特性[4]

項　目	K100	K400	K700
比　重	1.06	1.08	1.09
引張強度(MPa)	48	51	38
引張弾性率(MPa)	2,500	2,650	2,000
シャルピー衝撃強度(kJ/m^2)	20	13	7
荷重たわみ温度(℃、1.80MPa)	93	104	126
ビカット軟化温度(50N℃)	113	125	150

表10.4　PE-UHMW の特性[5]

項　目	PE-UHMW	HDPE
平均分子量	5,000,000	62,000
密　度(kg/m^3)	0.93	0.986
引張破断強度(MPa)	50	20
破断伸び(%)	250	>50
アイゾット衝撃強度(J/m)	破断せず	50
耐磨耗性(磨耗量)(mg)	15	>100
融　点(℃)	135	132

　PE-UHMW は、一般のポリエチレンと同様に低圧重合法により、エチレンを重合して作られる。商業生産されている PE-UHMW にはホモポリマーやα-オレフィンを共重合したコポリマーがある。

　PE-UHMW は性能が優れている反面、溶融粘度が高いため、成形性が良くないという難点がある。一般には圧縮成形や切削加工によることが多い。最近では、射出成形や押出成形の技術開発が進んだことによって加工も可能になり、応用範囲は広がりつつある。

　三井化学(株)は射出成形可能な超高分子量ポリエチレン「リュブマー」(LUBMER) を製造、販売している。「リュブマー」はふっ素樹脂と同等に摩擦係数が低く、摩擦摩耗性も優れており、ギア、軸受、ローラー、キースライダーなどの使用されている。

10.2　汎用エンジニアリングプラスチックと高性能化

　エンジニアリングプラスチック（以下エンプラと略す）の用語は、デュポン社がポリアセタール「デルリン」(Delrin) を上市したときに、金属を代替するプラスチックという意味で用いたのが最初であった。以後、主として工業部品用に使用するプラスチックの総称とされるようになった。これらの中で、先行して上市されたポリアミド（PA）、ポリアセタール（POM）、ポリカーボネート（PC）、変性ポリフェニレンエーテル（mPPE）、ポリブチレンテレフタレート（PBT）を汎用エンプラ、または5大エンプラと称している。

— 245 —

表10.5　汎用エンプラの基本特性

略　語	結晶非晶	比　重	ガラス転移温度（℃）	融　点（℃）	荷重たわみ温度（℃、1.80MPa）		引張強度（MPa）	
					非強化	GF30	非強化	GF30
PA6	結晶	1.13	50	220	63	205	80(40)	170(110)
PA66	結晶	1.14	50	260	67	244	80(50)	170(120)
POM（ホモポリマー）	結晶	1.42	－	175	107	164	70	140
POM（コポリマー）	結晶	1.41	－56	165	100	162	62	136
PC	非晶	1.20	145	－	129	145	62	103
mPPE	非晶	1.06	－	－	115	134	55	114
PBT	結晶	1.31	22	224	58	212	60	140

（注）①PA6およびPA66の引張強度は絶乾状態の値で（　）内は調湿後の値、②POM強化品の荷重たわみ温度および引張強さはGF25%の値、③mPPEの比重はPPE/HIPS＝1の値

　汎用エンプラの定義はないが、性能的には実用耐熱温度は100〜150℃、強度は50MPa以上のものとされている。各汎用エンプラの基本特性を**表10.5**に示す。結晶性プラスチックはPA、POM、PBT、非晶性プラスチックはPC、mPPEがある。同表で特筆することは、結晶性エンプラではガラス繊維強化によって耐熱性（荷重たわみ温度1.80MPa）が著しく向上することである。

　これらの汎用エンプラの中でPAや飽和ポリエステルでは、基本エンプラに加えて種々の高性能エンプラが開発されている。以下、それらの概要について述べる。

1）ポリアミド（PA）

　PAは、アミド結合を有するポリマーの総称である。PA6とPA66は脂肪族鎖からなる結晶性PAである。一般に分子鎖の一部にベンゼン環を導入したPAを半芳香族PAと称している。また、コモノマーとしてフタル酸類を用いたPAは、ポリフタルアミド（PPA）と総称している。

　半芳香族PAには、ホモポリマーとコポリマーがある。**表10.6**に半芳香族PAのモノマー成分を示す。モノマーには、芳香族環（ベンゼン環）を含む化合物が用いられていることがわかる。

　表10.7に主なPAの分子構造とガラス転移温度（T_g）、結晶融点（T_m）、荷重たわみ温度を示す。ベンゼン環を導入した半芳香族PAはT_mが高くなり、ガラス繊維強化品では荷重たわみ温度（1.80MPa）が著しく向上している。

　半芳香族PAは、PA6、PA66の一般的特徴に加えて次の特徴がある。
①荷重たわみ温度（1.80MPa）は240〜320℃であり、スーパーエンプラに匹敵する耐熱性を示す。
②繊維強化材との親和性が良いため、補強効果が大きい。そのため、他のエンプラ（強化品）に比較して高強度で高弾性率を示す。

第10章　高性能・高機能プラスチック

表10.6　半芳香族 PA のモノマー

分　類	略　語	モノマー
ホモポリマー	PAMXD6	メタキシレンジアミン/アジピン酸
	PA6T	ヘキサメチレンジアミン/テレフタル酸
	PA9T	ノナンジアミン/テレフタル酸
	PA10T	デカンジアミン（植物由来)/テレフタル酸
コポリマー	PA6T/66	ヘキサメチレンジアミン/テレフタル酸、アジピン酸
	PA6T/6I	ヘキサメチレンジアミン/テレフタル酸、イソフタル酸
	PA6T/6I/66	ヘキサメチレンジアミン/テレフタル酸、イソフタル酸、アジピン酸
	PA6T/M-5T	ヘキサメチレンジアミン、メチルペンタンジアミン/テレフタル酸
	PA6T/6	ヘキサメチレンジアミン/テレフタル酸 εカプロラクタム

（注）アンダーラインが芳香族成分

表10.7　ポリアミド（PA）の分子構造と耐熱性

	略　語	分子構造	T_g (℃)	T_m (℃)	荷重たわみ温度 (℃、1.80MPa) 非強化	荷重たわみ温度 (℃、1.80MPa) GF30
脂肪族 PA	PA6	$-\!\!\left[NH(CH_2)_5CO\right]_n$	50	220	63	190
	PA66	$-\!\!\left[NH(CH_2)_6NHOC(CH_2)_4CO\right]_n$	50	260	70	240
半芳香族 PA	PAMXD6	$-\!\!\left[NHCH_2-\bigcirc-CH_2NHOC(CH_2)_4CO\right]_n$	75	243	96	230
	PA9T	$-\!\!\left[NH(CH_2)_9NHOC-\bigcirc-CO\right]_n$	125	308	135	273
	PA6T /66	$-\!\!\left[NH(CH_2)_6NHOC(CH_2)_4CO\right]_x$ / $-\!\!\left[NH(CH_2)_6NHOC-\bigcirc-CO\right]_y$	90	290	—	280
	PA6T /6I	$-\!\!\left[NH(CH_2)_6NHOC-\bigcirc-CO\right]_n$	125	320	130	295
	PA6T /6I/66	$-\!\!\left[NH(CH_2)_6NHOC(CH_2)_4CO\right]_x$ / $-\!\!\left[NH(CH_2)_6NHOC-\bigcirc-CO\right]_y$	135	312	—	285
	PA6T/ M-5T	$-\!\!\left[NH(CH_2)_6NH-/-NH\!\!\bigwedge\!\!NH\right]_x$ CH_3 / $-\!\!\left[CO-\bigcirc-CO\right]_y$	—	300	—	260 (GF35)
	PA6T /6	$-\!\!\left[NH(CH_2)_5CO\right]_x$ / $-\!\!\left[NHCH_2)_6NHCO-\bigcirc-CO\right]_y$	—	298	110	255

— 247 —

表10.8 半芳香族ポリアミドの分類、商品名

分 類	略 語	商品名（メーカー名）
ホモ ポリアミド	PAMXD6	「MX ナイロン」（三菱ガス化学） 「レニー」*（三菱エンジニアリングプラスチックス）
	PA9T	「ジェネスター」（クラレ）
	PA6T、PA10T	「Vestamid HT」（DAICEL EVONIK）
コ ポリアミド	PA6T/66	「HT ナイロン」（東レ）
	PA6T/6I	「アーレン」（三井化学）
	PA6T/6I/66	「Amodel」（Solvay）
	PA6T/M–5T	「ZytelHTN（」DuPont）
	PA6T/6	「UltramidT」（BASF）

＊繊維強化品

　③PA6、PA66に比較して、繰り返し単位中に占めるアミド基密度が低いため、吸水率が低い。その結果、吸水による寸法変化や強度、弾性率変化も小さくなる。

　これらの特徴を活かし、自動車の機構部品、電機・電子関連の SMT コネクター、スマートフォンやタブレット端末の LED 反射板などに使用されている。

　表10.8に市販されている半芳香族 PA の商品名、供給メーカー名を示す。

2）飽和ポリエステル

　飽和ポリエステルでは、ポリブチレンテレフタレート（PBT）、ポリエチレンテレフタレート（PET）などが汎用的に使用されている。さらに、耐熱性を向上させた飽和ポリエステルには、ポリシクロヘキシレンジメチレンテレフタレート（PCT）、ポリブチレンナフタレート（PBN）、ポリエチレンナフタレート（PEN）などがある。PCT は分子骨格に PET のエチレン基の代わりにシクロヘキシレン環を、PBN は PBT のベンゼン環の代わりにナフタレン環を、PEN は PET のベンゼン環の代わりにナフタレン環をそれぞれ導入することによって耐熱性を向上させている。

　表10.9に各種飽和ポリエステルの化学式と耐熱性を示す。シクロヘキシレン環またはナフタレン環を導入した PCT、PBN、PEN などは、全般的に T_m、荷重たわみ温度が高いことがわかる。例えば、三井化学(株)の PCT「プロベスト」は高耐熱性、低高温変色性、低吸水性、電気特性（高 CTI 性）などの特徴を活かし、車載コネクター、カメラモジュール、LED 反射材などに使用されている[6]。

10.3　スーパーエンジニアリングプラスチックと高性能化

　スーパーエンジニアリングプラスチック（以下スーパーエンプラと略す）は、汎用エンプラを超える性能を有するプラスチックの総称として用いられている。一般的に実用耐熱温度は150℃以上のものである。スーパーエンプラには、ポリフェニレンスルフィド（PPS）、液晶ポリマー（LCP）、ポリアリレート（PAR）、ポリスルホン（PSU）、ポリエーテルスルホン

第10章　高性能・高機能プラスチック

表10.9　飽和ポリエステルの分子構造と耐熱性

略語（化学名）、分子構造	T_g (℃)	T_m (℃)	荷重たわみ温度 (℃、1.80MPa)		商品名 （メーカー）
			非強化	GF30	
PBT（ポリブチレンテレフタレート） $-\!\!\left[O(CH_2)_4OCO-\bigcirc-CO\right]_n\!\!-$	22	224	58	210	各社
PET（ポリエチレンテレフタレート） $-\!\!\left[O(CH_2)_2OCO-\bigcirc-CO\right]_n\!\!-$	80	256	—	240	各社
PCT（ポリシクロヘキシレンジメチル テレフタレート） $-\!\!\left[OCH_2-\langle H\rangle-CH_2OCO-\bigcirc-CO\right]_n\!\!-$	95	290	—	267	「プロベスト」 （三井化学）
PBN（ポリブチレンナフタレート） $-\!\!\left[O(CH_2)_4OCO-\bigcirc\!\bigcirc-CO\right]_n\!\!-$	78	239	77	224	帝人
PEN（ポリエチレンナフタレート） $-\!\!\left[O(CH_2)_2OCO-\bigcirc\!\bigcirc-CO\right]_n\!\!-$	124	266	91	—	「テオネックス」 （帝人）

表10.10　スーパーエンプラの基本性質

略　語	結晶 非晶	タイプ	比　重	ガラス 転移温度 （℃）	融　点 （℃）	荷重たわみ温度 （℃、1.80MPa）		引張強度 （MPa）	
						非強化	GF30	非強化	GF30
PPS	結晶	直鎖	1.35	88〜93	280〜290	105	＞260	90	158
PAR	非晶		1.21	190	—	164	190	73	—
LCP	結晶 液晶	I	1.39	—	—	279	320	108	110
		II	1.40	—	—	190	240	210	215
PAR	非晶		1.21	190	—	177	180(GF20)	69	100(GF20)
PSU	非晶		1.24	189	—	72	185	72	130
PES	非晶		1.37	225	—	203	216	84	140
PEEK	結晶		1.32	143	343	152	315	97	156
PEI	非晶		1.27	217	—	210	212	105	170
PAI	非晶		1.42	280	—	278	282	190	221
PI	結晶*	熱可塑	1.33	250	388	238	245	92	165
		非熱可塑	1.36〜 1.43	285〜 500	—	360〜 500	—	90	—

＊結晶化速度が遅いので非晶性に分類することもある。

（PES）、ポリエーテルエーテルケトン（PEEK）、ポリアミドイミド（PAI）、ポリエーテルイ
ミド（PEI）、ポリイミド（PI）など多くの種類がある。**表10.10**に主なスーパーエンプラの代

— 249 —

表的な性質を示す。結晶性スーパーエンプラでは、ガラス繊維強化によって荷重たわみ温度（1.80MPa）の向上が大きいことがわかる。また、汎用エンプラとは異なり、PPS、LCPなどは化学名が同じでも使用原料や製造法によって特性にはかなり違いがあることを注意しなければならない。

スーパーエンプラの特徴は、次のように要約される。

①荷重たわみ温度と長期連続使用温度の両特性で優れている樹脂は、LCP（Ⅰ型）、PI、PAI、PEEK-GFなどである（**図10.4**)[7]。

②曲げ弾性率の温度特性では、PAI（GF）、PES（GF）などは200℃以上まで安定した特性を示している（**図10.5**)[8]。

③引張強さでは、PAIはガラス繊維強化しなくても、ポストキュアすると高い値を示す。

④疲労強さは、PEEKが抜群に高い値を示している（**図10.6**)[9]。

⑤スーパーエンプラは耐熱性が優れている反面、成形性が良くないという難点がある。しかし、LCPは流動性が優れており、薄肉成形品の成形にも適している。

次に、PEEKは代表的なポリアリールエーテルケトン（Polyaryletherketone：PAEK）であるが、最近は同系統のスーパーエンプラが開発されている。

ポリパラフェニレンは非熱可塑性であるが、エーテル基とケトン基を導入することによって成形可能な材料となる。これらのポリマーは、分子主鎖にアリール基（-◯-）、エーテル基（-O-）、ケトン基（-CO-）を有することからPAEKと総称している。PAEKは、エーテル基とケトン基が同じ角度（約120°）で折れ曲がった規則的なジグザグ構造であるため、結晶性を示す。

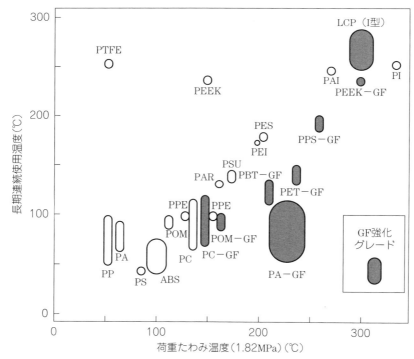

図10.4　エンプラの荷重たわみ温度と長期連続使用温度[7]

第10章　高性能・高機能プラスチック

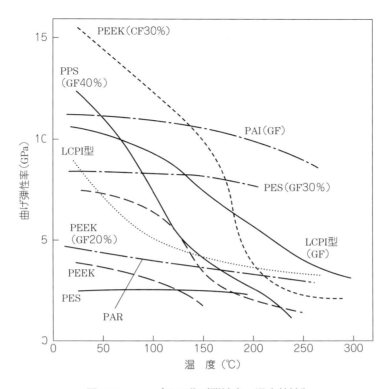

図10.5　エンプラの曲げ弾性率―温度特性[8]

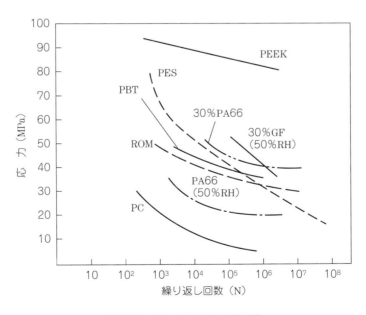

図10.6　エンプラの疲労特性[9]

PEEK は代表的な PAEK であるが、繰り返し単位中のエーテル基とケトン基の数や位置によってポリエーテルケトンケトン（PEKK）、ポリエーテルケトンエーテルケトンケトン（PEKEKK）なども開発されている。一般的に、ポリマーの繰り返し単位中にケトン基の数が多いほど耐熱性は向上し、エーテル基が多いほど成形性は良くなる傾向がある。PARK の T_g、T_m、荷重たわみ温度を**表10.11**に示す。耐熱性は、PEEK＜PEKK＜PEKEKK の順であることがわかる。

　一般的に PAEK には次の特徴がある。

①耐熱性が優れている。例えば、PEKEKK のガラス繊維30wt％強化品の荷重たわみ温度（1.80MPa）は380℃であり、スーパーエンプラの中で最高の耐熱性を示している。

②疲労強度はスーパーエンプラの中で最高の値である。

表10.11　ポリアリールエーテルケトン（PAEK）の耐熱性

略語（化学名）分子構造	T_g（℃）	T_m（℃）	荷重たわみ温度（℃、1.80MPa）	
			非強化	GF30
PEEK（ポリエーテルエーテルケトン）	143	334	152	315
PEK（ポリエーテルケトン）	152	373	—	340
PEKK（ポリエーテルケトンケトン）	165	360	175	—
PEKEKK（ポリエーテルケトンエーテルケトンケトン）	172	378	162	380

表10.12　PAEK の供給メーカー

メーカー名	略語「商品名」
Victrex	PEEK「Victrex」PEK「VictrexHT」PEKEKKkk「VictrexST」
Evonik	PEEK「VESTAKEEP」
Solvay	PEEK「KetaSpire」PAEK「AvaSpire」
Arkema	PEKK「Kepstan」
Celanese	PEEK

第10章　高性能・高機能プラスチック

③耐薬品性が優れている。
④ガス発生が少ない。
⑤生体適合性が優れている。
　これらの特徴を活かして、宇宙航空、半導体、医療、フィルムなどの用途に使用されている。
　表10.12にPAEKの供給メーカーを示す。1999年にビクトレックス社の物質特許が失効してから、多くのメーカーが進出している。

10.4　光学用プラスチック

　表10.13に示すように、光学用プラスチックは、生産工数の削減、軽量化、高い設計の自由度などから、メガネレンズ、光学レンズ、光ディスク、導光板などの用途に使用されている。ただ、光学用プラスチックは透明であればよいだけではなく、用途にもよるが、**表10.14**に示す特性が求められる。

表10.13　光学用プラスチックの用途例

分　野	用途例
メガネレンズ	度付きレンズ、ファッショングラス、サングラス、白内障用レンズ、工業用安全メガネ、偏光サングラス
光学レンズ	撮影レンズ（一眼レフカメラ、デジタルカメラ、携帯電話カメラ、CCDカメラ、スマートフォンカメラ） ピックアップレンズ（CD、DVD） fθレンズ、fθミラー（LBP、複写機） 投影レンズ（プロジェクションTV、プロジェクター）
光ディスク	光ディスク基板（CD、CD-R、CD-RW、DVD、BDなど）
導光板	LCD導光板（携帯電話、スマートフォン、パソコン、ゲーム機など）

表10.14　光学用プラスチックの要求事項表

分　類	項　目	光学用プラスチックに求められる特性
物理特性	透明性	可視光領域の光線透過率が高いこと
	屈折率	屈折率が高い方が、レンズを小型化できる 温度や湿度による屈折率変化が少ないこと
	分散特性	アッベ数が大きいほど、色収差が少なく、色の鮮明度が良くなる
	複屈折	複屈折が小さいほど、光路差が小さくなる 材料の固有複屈折や光弾性定数が関係する
成形性	流動性	流動性が良い方が、球面や非球面精度を出しやすい
	異物 残留不純分	異物、不純物などが少ないほど、光線透過率は高くなる。また、ガスによる金型汚染が少なくなる
	離型性	離型性が良い方が、鏡面型からの型離れが良くなる

1）メタクリル樹脂系光学プラスチック

　メタクリル樹脂はモノマーであるメタクリル酸メチルを重合したポリマーであり、分子構造は図10.7に示す通りである。

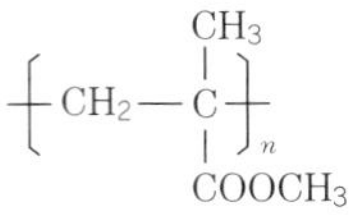

$$\left[CH_2 - \overset{\overset{\displaystyle CH_3}{|}}{\underset{\underset{\displaystyle COOCH_3}{|}}{C}} \right]_n$$

図10.7　メタクリル樹脂の分子構造

　同分子構造からわかるように、分子側鎖にメチル基（–CH$_3$）やエステル基（–COOCH$_3$）などのかさ高い側鎖を有しているため、非晶構造をとり、透明性の優れたポリマーとなる。
　一方、エステル結合密度（分子中に占めるエステル結合の比率）が比較的大きいため、吸水しやすい性質がある。
　メタクリル樹脂は透明性、耐候性、成形性などの特性が優れているため、メガネレンズ（サングラス、ファッショングラス、白内障レンズ）、光学レンズ（プロジェクション TV やプロジェクタの投影レンズ）、LCD 導光板などの光学用途に広く使用されている。
　しかし、メタクリル樹脂の難点は、吸水率が高いこと、耐熱性が比較的低いことなどがある。このため、ランダム共重合法により複屈折や吸水率をさらに低減した、いわゆるゼロ複屈折ポリマーが開発されている。
　ランダム共重合法では、正の複屈折を示すポリマーと負の複屈折を示すポリマーを適切な比率で共重合することにより、光学異方性を相殺する方法がとられている[10]。この方法ではポリマーは同じモノマーユニット比の分子鎖の集合体であるので、相分離せず透明性に優れたポリマーを得ることができる。
　このような重合法を利用して、日立化成㈱では脂環式アクリル樹脂「オプトレッツ1300」シリーズを開発している[11]。メタクリル樹脂に比較して吸水率や複屈折は低減し、ガラス転移温度は向上している。これらの特徴を活かし、MD、DVD などの対物レンズ、回折格子、ホログラムなど、液晶プロジェクタの可視光偏光系に用いる投射レンズ、フレネルレンズなどへの開発を進めている。
　表10.15にメタクリル樹脂と脂環式アクリル樹脂（OZ-1310）の特性を示す。

表10.15　アクリル樹脂系光学プラスチックの特性

項　目	特性値	
	メタクリル樹脂	脂環式アクリル樹脂[11] （OZ-1310）
比　重	1.19	1.08
飽和吸水率（%）23℃水中	2.0	1.0
全光線透過率（%）	92	91
屈折率	1.49	1.51
アッベ数	59	54
ガラス転移温度（℃）	107	130

第10章　高性能・高機能プラスチック

2) ポリカーボネート系光学プラスチック

　ポリカーボネートは分子鎖に炭酸エステル結合を有するポリマーの総称であるが、一般にはビスフェノールAから重合されたポリマーをポリカーボネート（PC）と称している。

　PCの分子構造は**図10.8**の通りである。

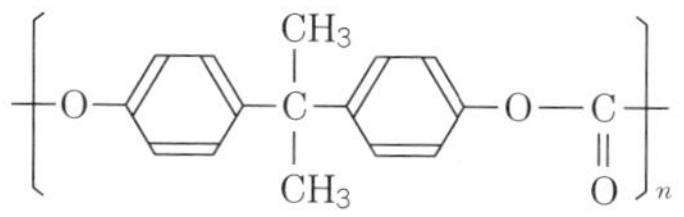

$$\left[O-\!\!\bigcirc\!\!-\!\!\overset{\displaystyle CH_3}{\underset{\displaystyle CH_3}{C}}\!\!-\!\!\bigcirc\!\!-O-\overset{\displaystyle }{\underset{\displaystyle O}{C}} \right]_n$$

図10.8　PCの分子構造

　同分子構造からわかるように、主鎖に芳香環（-◯-）、側鎖にメチル基（-CH₃）などのかさ高い分子鎖を有するので、非晶構造をとり透明なプラスチックとなる。また、ベンゼン環を有するため、透明プラスチックの中では屈折率は比較的高い値（1.58）を示している。

　PCはベンゼン環に基づく分極率の異方性が大きいため、複屈折が発生しやすいという本質的な課題がある。複屈折を低減するためには、成形時の分子配向を少なくする必要がある。そのため、粘度平均分子量で$1.5 \times 10^4 \sim 1.6 \times 10^4$程度の高流動光学グレードが使用されている。

　最近、デジタルカメラ、スマートフォン、車載カメラ、精密測定機器などの小型軽量レンズへのニーズが高まっており、PCよりも低複屈折で高屈折率の特殊PCが開発されている。三菱ガス化学(株)は「ユピゼータEPシリーズ」を、帝人(株)は「パンライトSPシリーズ」を開発している。**表10.16**に各材料の光学特性を示す[12),13)]。三菱ガス化学(株)の「ユピゼータ」は特殊分子構造のジオールとジフェニルカーボネート（DPC）のエステル交換法（溶融重合法）によって重合している[14)]。さらに、最近では高屈折率（1.67）の「ユピゼータEP-9000」も開発している。

3) 環状ポリオレフィン系光学プラスチック

　環状ポリオレフィンは、分子鎖中に脂環式炭化水素基を有するオレフィン系ポリマーの総称である。現在工業化されているポリマーには開環重合体と付加重合体がある。

　開環重合体はノルボルネン系モノマーをメタセシス重合触媒で開環重合し、二重結合を水素化し、酸化安定性を高めた環状ポリオレフィン（COP）である。このタイプには、日本ゼオン(株)の「ゼオネックス」（ZEONEX）、「ゼオノア」、JSR(株)の「アートン」（ARTON）がある。開環重合では極性基を含むモノマーの重合が可能であり、「アートン」にはエステル基を含む

表10.16　ポリカーボネート系光学プラスチックの特性

項　目	ポリカーボネート	ユピゼータ[12)]（三菱ガス化学）		パンライト[13)]（帝人）	
	光学グレード	EP-5000	EP-6000	SP-3810	SP-1516
全光線透過率（％）	92	89	89	89	90
屈折率	1.58	1.634	1.640	1.64	1.61
アッベ数	30	23.9	23.5	23	26
ガラス転移温度（℃）	145	145	145	150	156

モノマーが使用されている。

それぞれのポリマーの分子構造は**図10.9**、**図10.10**の通りである。

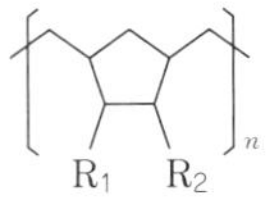

図10.9　COP「ゼオネックス」の分子構造

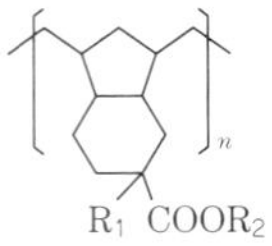

図10.10　COP「アートン」の分子構造

　付加重合体はチーグラーまたはメタロセン触媒でノルボルネン系モノマーとα-オレフィンを付加重合した環状ポリオレフィンコポリマー（COC）である。このタイプには、三井化学（株）の「アペル」、ポリプラスチックス（株）の「トパス」がある。COC は、エチレンの成分比を変えることによって、流動性や耐熱性などをコントロールできる。

　ポリマーの分子構造は**図10.11**の通りである。

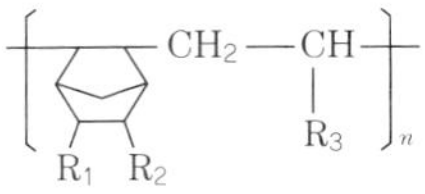

図10.11　COC の分子構造

表10.17に各光学用環状ポリオレフィンの特性を示す[15]〜[17]。

共通的に次の特徴がある。

①かさ高い脂環構造を有するので、非晶構造をとり、高透明性で高耐熱性となる。

表10.17　環状ポリオレフィン系光学プラスチックの特性[15]〜[17]

項　　目	特性値		
	COP （ZEONEX480R）	COP （ARTONF5023）	COC* （APEL、TOPAS）
比　重	1.01	1.08	1.02
吸水率（%） 23℃水、24hr 浸漬	<0.01	0.2	<0.01
全光線透過率（%）	92	93	92
屈折率	1.525	1.512	1.54
アッベ数	54	57	56
ガラス転移温度（℃）	140	167	137

＊APEL は5014P、TOPAS は5913の特性

第10章　高性能・高機能プラスチック

②無極性の炭化水素ポリマーで構成されるため、吸水率は、0.01％以下と極めて低い。ただ
　し、「アートン」はエステル基を有するため、吸水率はやや高い。
③光弾性定数が小さいため、複屈折は小さい。
　これらの特性を活かし、光学レンズ、導光板などの用途に使用されている。

4）ポリエステル系光学プラスチック

　ポリエチレンテレフタレート（PET）のモノマーの1つであるエチレングリコールの代わり
に、一部をフルオレンと呼ばれるかさ高い側鎖をもつモノマー成分を用いて共重合すると、**図
10.12**に示す分子構造のポリマーが得られる[18]。

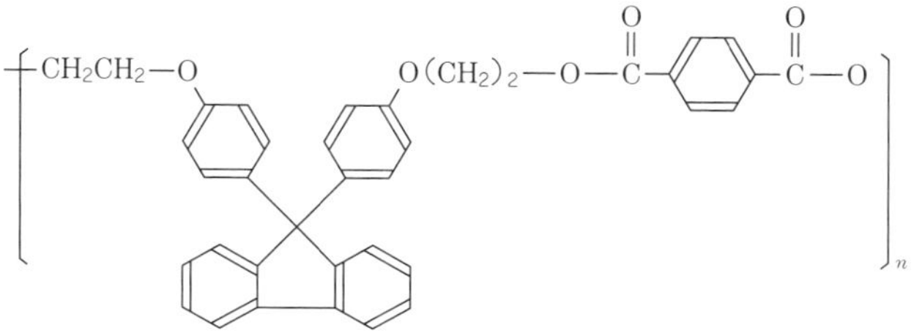

図10.12　ポリエステル系光学プラスチックの分子構造

　このポリマーの立体配置は、フルオレン環の2つの芳香環が同一平面上にあり、分子主鎖に
垂直な方向に突き出している。一方、フルオレン以外の芳香環は分子主鎖方向に平行になって
いる。このような立体配置をとることで、分子主鎖に平行な芳香環と、垂直な芳香環が共存す
ることで、分極率の異方性が小さくなるため、複屈折は小さくなる。また、分子中にかさ高い
芳香環が多く存在するので、透明で耐熱性の高いポリマーとなる。
　分子構造の詳細は明らかではないが、同系統のポリマーとして大阪ガスケミカル(株)の光学
用プラスチック「OKP4」がある。**表10.18**に「OKP4」の特性を示す[19]。
　このプラスチックは次の特徴がある。
①かさ高いフルオレン基、芳香環を有するため、非晶構造であり、透明性が優れる。
②フルオレン基、芳香環などを有するため、屈折率が1.607と大きい
③光学異方性を打ち消す効果があるため、芳香環を有するにもかかわらず複屈折は小さい。
④アッベ数は小さい。

表10.18　ポリエステル系光学プラスチックの特性[19]

項目	OKP4 （大阪ガスケミカル）
比重	1.22
吸水率（％）	0.2
全光線透過率（％）	90
屈折率	1.607
アッベ数	27
ガラス転移温度（℃）	124

— 257 —

⑤低粘度であり、流動性は良い。

以上の特徴があることから、カメラ付き携帯電話、デジタルカメラ、デジタルビデオカメラなどの撮影系レンズに使用されている。

10.5 バイオエンプラ

植物原料から誘導されるプラスチックをバイオプラスチックと総称している。すべて植物由来のタイプ、石油（ナフサ）由来原料を一部に用いたタイプ、植物由来プラスチックと石油由来プラスチックとのポリマーアロイなどさまざまある。日本バイオプラスチック協会は「バイオプラスチック識別表示制度」を立ち上げた。その中で、バイオマス度として製品重量の25％以上のものをバイオプラスチックとしている。ここではエンプラの性能を有するバイオエンプラについて述べる。

バイオエンプラには、ポリアミド系、ポリカーボネート系、飽和ポリエステル系などがある。

1）ポリアミド（PA）系バイオエンプラ

PA系バイオエンプラには、PA11、PA410、PA610、PA1010、PA1012、PA10Tなどがある。非可食植物であるヒマ（トウゴマ）から得られるヒマシ油を原料としている。植物原料からバイオPAまでの流れは、図10.13に示すように、植物由来モノマーのみを用いたPA（全バイオPA）と石油由来モノマーと植物由来モノマーを用いたPA（部分バイオPA）がある。

全バイオPAには、ひまし油から誘導される11-アミノウンデカン酸を縮重合したPA11、ひまし油からのセバシン酸と、セバシン酸からの1、10-デカメチレンジアミンを縮重合したPA1010がある。また、部分バイオPAには、セバシン酸（植物由来）とアジピン酸（石油由来）とを縮重合したPA610、セバシン酸（植物由来）とテトラメチレンジアミン（石油由来）を縮重合したPA410、デカメチレンジアミン（植物由来）とドデカン二酸を縮重合したPA1012、デカメチレンジアミン（植物由来）とテレフタル酸（石油由来）を縮重合したPA10Tなどがある。PA11、PA610、PA1010、PA1012などはアルケマ社が、PA410はDSM社が、PA10Tは

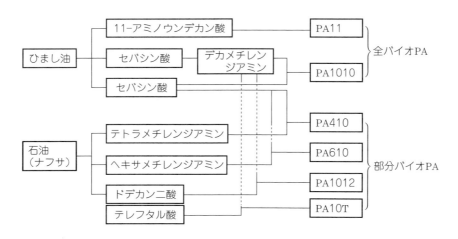

図10.13　植物原料とバイオPA

エボニック社が製造、販売している。

　一方、国内では、バイオPAとしては、ユニチカ(株)の「ゼコット」(XecoT)、東洋紡(株)の「バイロアミド」、三菱ガス化学(株)の「レクスター」(LEXTER)、三菱エンジニアリングプラスチックス(株)の「レニー XH、レニー XL」などがある。これらのバイオPAの強化材料は、高耐熱性、低吸水性、良耐薬品性などの特徴があり、LEDリフレクター、SMTコネクターなどへの市場展開が図られている。

2) ポリカーボネート（PC）系バイオエンプラ

　PC系バイオエンプラには、三菱ケミカル(株)の「デュラビオ」(DURABIO)や帝人(株)の「プラネクスト（PLANEXT）D-7000」がある。

　「デュラビオ」は、主モノマーとして糖や澱粉から誘導される複素環式ジオールのイソソルバイド（イソソルビド）を主原料とし、溶融重合法によって製造されたバイオエンプラである[20]。**表10.19**に示すように高透明性、良耐候性、良耐擦傷性などの特徴がある。また、「デュラビオ」とPCは非相溶であるが、相溶化技術の開発により「デュラビオ」とPCのポリマーアロイも開発されている。自動車関連では、スズキ(株)の「ハスラー」や新型「アルト　ラパン」の内装樹脂カラーパネルに採用されている。マツダ(株)の新型「ロードスター」の内装部品にも採用され、その後順次外装意匠部品にも展開されている。また、高透明性、光学特性などを活かし、ソフトバンク(株)から発売のシャープスマートフォン「AQUOS　CRYSTAL2」の前面パネルにも採用されている[21]。

　「プラネクスト」もイソソルバイドを主原料とするバイオPCである。その後「プラネクスト D-7000」を発表している[22]。同グレードは、高耐熱性（ガラス転移温度：120℃）、高難燃性（1.6mm　V-0相当）などの特徴があり、電子電機、建材、エクステリアなどへの市場開発が進められている。

3) ポリエステル系バイオプラスチック

　バイオポリエステルには、バイオPETやバイオPBTがある。バイオPETでは、植物由来エチレングリコールとテレフタル酸から作られたバイオPETがボトルに使用されている。バイオPBTは、東レ(株)がGenomatica社と共同で、Genomaticaが開発したバイオプロセス技術で製造したバイオ1,4-ブタンジオールを用いたバイオPBTの開発を進めている[23]。

表10.19　デュラビオの物性[20]

物性項目	条件等	単　位	デュラビオ		Ｐ　Ｃ
			D7340AR	D5380AR	
比　重	—	—	1.37	1.31	1.20
曲げ弾性率		MPa	2,800	2,100	2,300
シャルピー衝撃強さ		kJ/m²	9 NB	15 NB	70〜90 NB
荷重たわみ温度	1.80MPa 0.45MPa	℃	106 118	87 96	124〜130 139〜145
鉛筆硬度		—	F	HB	3B

— 259 —

10.6 ナノ複合エンプラ

現状では、汎用的に使用されているわけではないが、今後の展開が期待されるナノ複合エンプラの開発について述べる。

1）ナノフィラーコンポジット

2.7節でもナノコンポジット材料について述べたが、本節でもナノ複合材料の1つとして記述する。ナノフィラーコンポジットとは、ポリマー中にナノメーターオーダー（1～100 nm）の超微粒子を分散させた複合材料である。ナノフィラーには、クレー、シリカ、カーボンナノチューブ、ナノ炭酸カルシウムなどがある。

半径rの球が体積分率Vで均一に分散していると仮定する。ここで、球は半径rの単分散とし、体積分率は系の全体積が1のとき、Vの割合で分散相が占められていると仮定する。また、分散粒子間の距離dは一定であるとする。このように仮定したときの分散粒子間の距離dと粒子の全表面積Aは、次の式で示される[24]。

$$d = [(4\pi\sqrt{2}/3V)^{1/3} - 2]\cdot r$$
$$A = 3V/100r$$

ここで、d：粒子間距離　　V：フィラーの体積分率
　　　　r：粒子径　　　　A：全表面積

上式からわかるように、体積分率Vが一定の場合、粒子径rを小さくすると、分散粒子間距離dは比例的に小さくなり、また全表面積Aは反比例して大きくなることがわかる。

このように分散相をナノオーダーまで超微粒子化すると、マトリックス中での粒子間隔が小さく、かつ粒子の表面積も大きくなるので、少量の添加量でも分散相の影響が大きくなる。その結果、強度、耐熱性、ガスバリヤー性などが向上する。

層状の無機フィラーを用いたナノフィラーコンポジットは、次のようにして作る。

無機フィラーである層状珪酸塩は、厚み1 nm、長径十～数百 nmの板状結晶が層状に積み重なった構造をしており、全体としては厚み数μm、長径数十～数百 nmの粒子である。ナノ分散させるためには、図10.14に示すように、層状物質の一枚一枚を剥離して樹脂中に分散させなければならならない[25]。この層状物質を層間剥離して、ポリマー中に分散させるため、層状

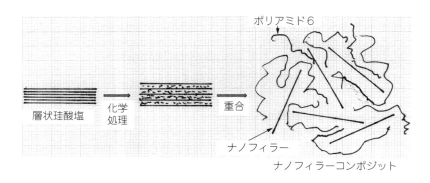

図10.14　ポリアミド6ナノフィラーコンポジットの重合による製造法[25]

第10章　高性能・高機能プラスチック

表10.20　ユニチカ「ナノコン」の物性[26]

			ナノコン	強化ナイロン		非強化ナイロン
強化材	種　類 配合量 配合法	質量%	珪酸塩シート 4 重合時添加	タルク 4 重合時添加	タルク 35 重合時添加	
比　重			1.15	1.15	1.42	1.14
物　性	破断伸び 曲げ強さ 曲げ弾性率 荷重たわみ温度 （1.82MPa）	% MPa GPa ℃	4 158 4.8 152	4 125 2.9 70	4 137 6.1 172	100 108 2.7 70

物質を化学処理したのち、重合工程で層間剥離させてポリマー中に分散させる方法やコンパンディング工程で溶融樹脂を層間に侵入させてナノ分散させる方法がある。

　材料開発が進んでいる PA系ナノフィラーコンポジットを例に述べる。

　ユニチカ（株）が開発した珪酸塩シートの PA6ナノコンポジット「ナノコン」（NANOCON）を例に説明する。表10.20は、「ナノコン」と強化ナイロン6および非強化ナイロン6の物性比較である[26]。同表のように、通常はタルク強化品では数十％で達成する物性をナノコンでは数％の充填率で達成できている。また、非強化 PA6に比較して、ナノ微粒子を4質量％充填することで曲げ強さ、曲げ弾性率、荷重たわみ温度などは大幅に向上している。一方、射出成形では、ナノ微粒子（珪酸塩シート）が結晶核剤として作用することで結晶化速度が速くなるため、成形サイクルが短くなる。また、非強化 PA6に比較して、「ナノコン」は溶融粘度のせん断速度依存性は大きいため、高せん断速度側では流動性が良く、充填完了直前にせん断速度が遅くなると、溶融粘度が大きくなることでバリ防止効果が得られる。

2)　セルロースナノファイバー強化エンプラ

　木質パルプなどを機械的にナノサイズまで解繊して得られるセルロースナノファイバー（CNF）を用いて、熱可塑性プラスチックを強化する研究開発が進められている[27],[28]。

　CNFは再生資源であること、比重が軽いこと（比重1.5）、強度が強いことなどの利点はあるが、耐熱性が低いため、成形温度が比較的低いポリオレフィンを中心に応用が進められてきた。最近、セルロースを化学変性することで、成形温度が200℃を超えるエンプラへも適用できるようになりつつある。セルロースの繰り返し単位であるグルコースは3つの水酸基を有するが、これを化学変性により置換すると耐熱性が向上することが見出されている。例えば、熱重量分析により1％減量温度で評価すると未処理パルプでは分解温度243℃であるが、置換度（DS）＝2.0に化学変性すると、293℃まで耐熱性は向上する。水酸基を置換することでセルロース間の水素結合も抑制されるので、混練時の解繊性も向上し、脱水や乾燥も容易になる。この乾燥パルプとプラスチックを溶融混練すると、せん断力によって解繊されてナノ分散のCNF強化材料が得られる。

　図10.15は水酸基の化学変性の効果を調べるため、CNF10wt％強化 PA6の試験片を用い水酸基の置換度（DS）と曲げ弾性率および曲げ強度の関係を測定した結果である。同表に示すように、CNF強化によって曲げ弾性率、曲げ強度ともに大幅に向上し、DS＝0.4～0.8で最大値

— 261 —

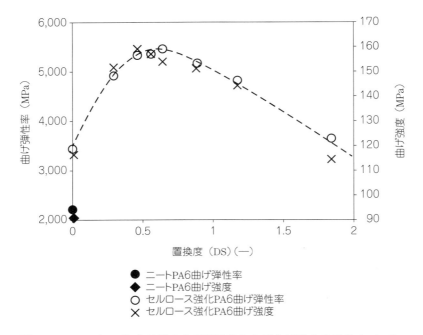

図10.15　CNF/PA6複合材料の曲げ弾性率および曲げ強度の置換度（DS）との関係（CNF 充填率：10wt%）[27]

を示している。DS が0.4以下ではセルロースの解繊性と CNF/樹脂界面の相溶性の両方が不十分であり、DS が0.8以上では相溶性は良好であるが、セルロースが化学変性により傷み、解繊と同時に短繊維化していると推測されている。別の報告では、POM、PBT についても最大値を示す DS 範囲は異なるが、同様に強度および弾性率が向上することが確認されている[29]。また PA 部を溶剤で抽出し、得られたセルロースを走査型電子顕微鏡で観察すると、変性セルロースを用いたものは、サブミクロン以下にナノファイバー化していることが確認されている。

今後、物性、成形性、コストなどの総合評価によって、既存の強化材料に対する位置付けをしなければならないが、森林資源に恵まれた我が国にとっては今後の展開が期待される素材である。

3）ナノポリマーアロイ

非相溶系ポリマーアロイでは、分散相粒子径をナノオーダーに微粒子化すると新しい特性を発現することが見出されている。従来のアロイ技術では分散相粒子径はミクロン〜サブミクロンオーダーであったが、反応押出技術や高せん断混練装置の開発によって、分散粒子径をナノオーダーまで微細化した組成物が得られるようになった。

非相溶系アロイの分散粒子径に影響する要因に関しては種々の提案式があるが、Taylor の理論式は次の通りである。

$$d = \frac{C \cdot \tau}{\eta_0 \cdot \gamma} \cdot f\left(\frac{\eta_0}{\eta_d}\right)$$

ここで、d：分散相の粒子径　　C：定数
　　　　τ：界面張力　　　　γ：せん断速度
　　　　η_0：連続相の粘度　　η：分散相の粘度

$$f\left(\frac{\eta_0}{\eta_d}\right) : \frac{\eta_0}{\eta_d} \text{ の関数}$$

上式からわかるように、相溶化技術により界面張力 τ を小さくし、せん断速度 γ を大きくすることで、分散粒子径 d を微細化できることが示唆される。なお、同式の分母（$\eta_0 \cdot \gamma$）はせん断応力であるので、せん断応力を大きくすると、d は小さくなるともいえる。

通常 PC と PMMA は非相溶であるため、ブレンドすると不透明な組成物が得られる。しかし、特殊高せん断混練装置を用いて溶融混練すると透明な組成物が得られる[30]。例えば、PC/PMMA＝80/20の組成物について、透過型電子顕微鏡で分散相の粒子径を調べると、10nm 前後であることが確認されている。つまり、分散粒子径が光の波長よりも短いナノサイズに微細化することによって透明になる。また、動的粘弾性特性を測定すると、ガラス転移温度に対応する tan δ のピークは単一となり、相溶していることを示している。

東レ（株）では、L/D が100の2軸押出機を用いて各種の「ナノアロイ」を開発している。同機は L/D が大きいためポリマー間の反応時間が長く、反応押出を効率的に行うことができる。この押出機を用いて PA/反応ゴム系の反応押出を行うと、約200nm に微細化した反応ゴム粒子に反応押出中に界面で生成した PA と反応ゴムからなるグラフト共重合体が多数内蔵されたナノミセルが存在する相構造が形成される。この組成物は、既存の高衝撃ナイロンと同等の強度・剛性を保持しながら、高速変形時には柔軟に変形することで高い衝撃吸収能を発揮する特徴がある。

非相溶ポリマー同士の組み合わせでも、押出過程の高せん断速度下ではいったん相溶状態になるが、せん断速度が0になるとスピノーダル分解により相分離し、微細で規則的な共連続構造を形成する。東レ（株）では、PC/ABS および PC/PBT アロイについて、せん断力を効果的に高めるコンパウンド技術とスピノーダル分解速度を制御する相溶化技術を組み合わせることで、共連続構造を安定的に形成させたポリマーアロイを開発している。**表10.21**は、PBT/PC 共連

表10.21　PBT/PC 共連続「ナノアロイ」の特徴[31]

項　目	ナノアロイ（開発材）	従来アロイ	PBT	P　C
高速面衝撃 （−40℃）延性破壊率（%）	○ (100)	× (0)	× (0)	○ (100)
耐薬品性 　クロロホルム浸漬後 　曲げ強度（MPa）	○ (57)	× (30)	○ (87)	× (24)
流動性 　流動長（mm） 　（1mm 厚、270℃）	○ (80)	○ (80)	○ (110)	× (30)
耐熱性 　高荷重 DTUL（℃） 　低荷重 DTUL（℃）	○ (102) (123)	○ (94) (113)	× (60) (160)	○ (122) (140)
剛性 　曲げ弾性率（GPa）	○ (2.8)	○ (2.3)	○ (2.3)	○ (2.3)
透明性* 　全光線透過率（%）	○ (82)	× (22)	× (10)	○ (90)

＊射出成形品（1mm 厚）

続「ナノアロイ」の特徴を示したものである[31]。三次元的な共連続構造で、2種類のポリマーが連続的につながった均一な組織を作り上げることで、両材料の特徴が最大限に発揮されたと考えられている。

10.7　材料と成形技術による高強度、高剛性化

　自動車の外板や構造部材、携帯端末ハウジングなどでは、軽量で高強度・高剛性、高耐衝撃性製品が求められているが、従来の短繊維強化材料ではこれらの要求性能を満足することは困難である。そのため不連続長繊維強化品または連続繊維強化品の成形システムが開発されている。
　表10.22に示すように、射出成形法、押出プレス法、スタンピング成形法、連続繊維強化素材の賦形法などがある。

1）射出成形法
　一般的に、短繊維強化成形品には繊維長が約0.5mm以下の不連続繊維が分散している。不連続繊維強化品に衝撃力が作用すると、繊維末端が応力集中源になり破壊する。充填率が一定の場合、繊維長が長いほど単位体積に占める繊維末端数は少なくなるので、強度や耐衝撃性は

表10.22　高強度・高剛性製品の成形システム

分　類	成形システム	成形品中の繊維形態	開発研究機関名または会社名
射出成形法	インラインスクリュ式射出成形	不連続繊維	各社
	スクリュプリプラ式射出成形（連続繊維をサイドフィード）	不連続繊維	・クラウスマッファイ ・東芝機械、他
	ハイブリッド射出成形	連続繊維 不連続繊維	・クラウスマッファイ ・エンゲル、他
押出プレス法	LFT−D（Long Fiber Thermoplastic–direct）	不連続繊維 連続繊維	・Dieffenbacher ・NCC（名古屋大学） ・ICC（金沢工業大学） ・栗本鐵工所　・日本製鋼所
スタンピング成形法	ガラスマット積層シートスタンピング成形	連続繊維 不連続繊維	・クオドラント・プラスチック・コンポジット・ジャパン
連続繊維強化素材の賦形法	熱可塑性プリプレグ＊：ダイヤフラム成形、加熱プレス	連続繊維	・BOND LAMINATES（ランクセスグループ）
	熱可塑性セミプレグ＊：　　　　　　　　Heat&Cool型加圧賦形	連続繊維	・日本製鋼所
	UDテープ＊：　　　　　　加熱プレス成形、引き抜き成形	連続繊維	・三菱エンプラ、他
	コミングルヤーン＊：　　　　　　加熱プレス成形、引き抜き成形	連続繊維	・カジレーネ/岐阜大学/三菱ガス化学

＊ハイブリッド射出成形にも用いられる

第10章　高性能・高機能プラスチック

向上する。そのため、繊維長をできるだけ長くするように成形する必要がある。
　長繊維強化品を射出成形する方法には次の2つがある。
①専用インラインスクリュ射出成形機による成形
　連続繊維（ロービング）の溶融被覆法または溶融含浸法によって製造された長繊維ペレット（長さ8～12mm のロングペレット）を用いて射出成形する。しかし、可塑化時のせん断力によ

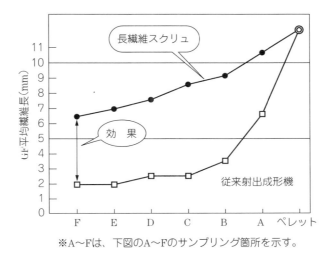

※A～Fは、下図のA～Fのサンプリング箇所を示す。

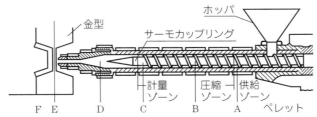

図10.16　長繊維用スクリュの繊維破砕の防止効果[32]

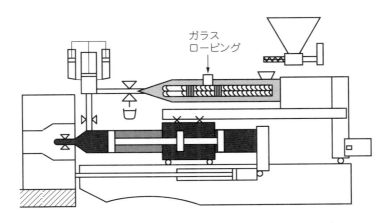

図10.17　Krauss Maffei 社の IMC 成形プロセス概念[33]

— 265 —

って繊維が破砕するため、成形品中の繊維長は短くなる課題がある。そのため、繊維破砕を抑制する専用スクリュセットを搭載した成形機が開発されている。**図10.16**に従来射出成形機と専用スクリュセットを搭載した成形機における繊維破砕の様子を示す[32]。専用スクリュを用いると、繊維の破砕が抑制されることが分かる。

② スクリュプリプラ式射出成形機による成形

スクリュプリプラ式射出成形機を用いて成形する方法である。**図10.17**は Krauss Maffei 社の IMC 成形システムである[33]。同図のように、2軸の可塑化シリンダーの途中から連続繊維(ロービング)を供給して溶融混練したのち、混練樹脂を射出シリンダーに計量して射出する。連続可塑化装置と不連続射出装置との間にアキュムレータを設けているところに特徴がある。

2) 熱可塑性プリプレグとのハイブリッド射出成形

熱可塑性プリプレグ(連続繊維強化熱可塑性シート)をインサート射出成形する方法である。予めプリプレグを加熱して軟化させる。次に、これを射出成形金型にインサートしてプレス賦形したのち繊維強化材料を射出成形する。プリプレグで強度や剛性を持たせ、リブ、接合部などの複雑形状の部分は射出成形で成形することができる。

図10.18には、種々のハイブリッド射出成形法を示す。図10.18(a)は、熱可塑性プリプレグ(T-プリプレグ)を赤外線加熱して軟化させて型内にセットする。次に、型締めして製品形状に賦形してのち、繊維強化材料を射出してリブ、ボスなどを成形する方法である。図10.18(b)は、T-プリプレグを急加熱したヒートアンドクール金型にセットしてプレス賦形したのち、繊維強化材料で射出成形する方法である。図10.18(c)は、比較的肉厚の薄いテープ状T-プリプレグを連続的に金型に供給して、プレス賦形して繊維強化材料で射出成形する方法である。

3) 押出プレス成形法

LFT-D(Long Fiber Thermoplastic-Direct)と呼ばれている。基本的には押出機を用いて樹脂や添加剤を溶融混練したのち、シリンダー途中から連続繊維をサイドフィードしてシートまたは溶融混練物を押し出す。次に、これをプレス賦形して長繊維強化品を成形する。この成形法では成形品中に比較的長い不連続繊維が分散している。

現在のところ、次の成形システムが開発されている

① Dieffenbacher の成形システム[34]

2軸押出機を用いて溶融樹脂中に連続繊維をサイドフィードし、繊維強化シートを押し出す。このシートを加熱スタンピング成形する。

② 名古屋大学ナショナルコンポジットセンタ(NCC)の成形システム[35]

この成形システムは、**図10.19**に示すように、第1押出機(2軸)で樹脂と各種添加剤を溶融

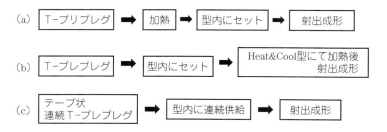

図10.18 熱可塑性プレプレグ(T-プリプレグ)のハイブリッド射出成形法

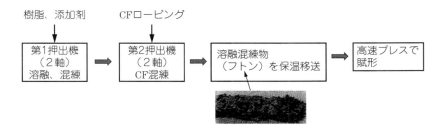

図10.19　NCCのLFT-D成形システム概念図[35]

混練し、直結した第2押出機（2軸）に輸送する。第2押出機の途中から連続炭素繊維（ロービング）を供給し繊維-溶融樹脂混練物（フトン）を押し出す。押し出された繊維-溶融樹脂混練物を所望サイズに切断、保温しながらプレス装置に輸送し、所望形状にプレス賦形する。

③日本製鋼所の成形システム[36]

2軸押出機の途中から溶融樹脂に連続繊維を供給して混練したのち、ロータリバルブ付き射出プランジャに輸送する。次に、プレス装置の金型に射出し所望形状にプレス賦形する。ロータリバルブには2つの射出プランジャが備えられており、2軸押出機から連続的に注入してくる繊維-混練樹脂を、ロータリバルブを切り替えることによって、2つのプランジャから交互に射出することができる。

4) クオドラント・プラスチック・コンポジット・ジャパンのGMTスタンピング成形システム[37]

まず、ガラス連続繊維（連続繊維）もしくはチョップド繊維からニードルパンチを用いてガラスマットを作る。次の工程でPPを押し出してガラスマットに溶融含浸しつつ、両面をPPシートで積層したGMT（Glass-Mat reinforced Thermoplastic）を作る。このGMTを加熱スタンピング成形して所望の形状に賦形する。

5) 連続繊維強化素材を用いた賦形法

連続繊維強化素材は繊維そのものの性能が反映されるので、不連続繊維強化に比較して強度・剛性、耐衝撃性などは大幅に向上する。熱可塑性連続繊維強化素材には、プリプレグ、セミプレグ、UDテープ、コミングルヤーンなどがある。

①熱可塑性プリプレグ（BOND LAMINATES社（LANXESSグループ））[38]

熱可塑性プリプレグは、ガラス繊維や炭素繊維クロスに熱可塑性プラスチックを溶融含浸させたシートで、BOND LAMINATES社の「TEPEX」がある。同シートを赤外加熱やヒータ加熱して賦形する。また、ハイブリッド射出成形にも用いられる。

②熱可塑性セミプレグ（（株）日本製鋼所）[39]

図10.20に示すように、セミプレグは炭素繊維基材（クロス）に熱可塑性樹脂を溶融付着させたものである。プリプレグに比較して加熱溶融させないでも容易に三次元形状に賦形できるところに特徴がある。セミプレグを必要枚数積層してヒートアンドクール型で直接賦形する方法やハイブリッド射出成形する方法がある。

③UDテープ（三菱エンジニアリングプラスチックス(株)[40]ほか）

UDテープは、Uni-Directionalの略で、一方向に並べた連続繊維に熱可塑性樹脂を含浸したテープである。UDテープは加熱プレス成形、引き抜き成形などや射出成形するときに部分補

図10.20 セミプレグの製造法概念図[39]

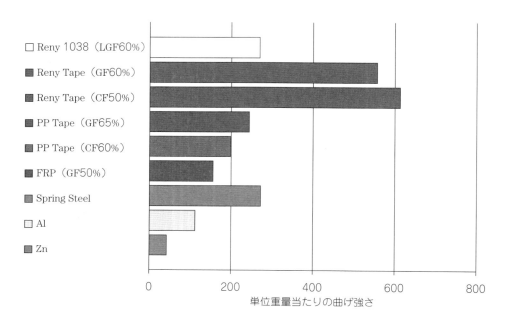

図10.21 レニーテープ（UDテープ）の単位重量当たりの曲げ強さ比較[40]

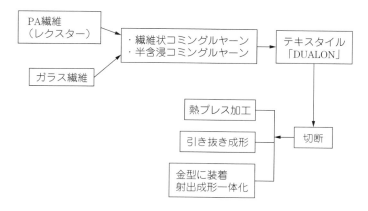

図10.22 コミングルヤーンから加工までの工程概念図[41]、[42]

強用にインサートする方法がある。**図10.21**は、レニーテープ（UDテープ）の単位重量当たりの曲げ強度の比較である。金属材料（スチール、アルミ）を上回る強度を示している。

④コミングルヤーン（カジレーネ(株)）[41],[42]

　カジレーネ(株)が開発した「DUALON」は、PA繊維（レクスター：三菱ガス化学(株)）と炭素繊維からなるコミングルヤーン（混繊糸）である。コミングルヤーンは、**図10.22**に示すように、PA繊維と炭素繊維からコミングルヤーンを作り、コミングルヤーンをテキスタイルに加工する。コミングルヤーンからのテキスタイルは、しなやかで賦形性が良いこと、成形時の樹脂含浸性が良く、ボイドなどの欠陥が少ないことなどの利点がある。このテキスタイルを所望のサイズに切断したのち、加熱プレス成形、引き抜き成形などに用いる。または、ハイブリッド成形の補強材として用いる方法もある。

引 用 文 献

1) 三島孝，（「プラスチック・機能性高分子材料事典」編集委員会編）：プラスチック機能性高分子事典，「ポリメチルペンテン」，pp. 55-56，産業調査会事典出版センター（2004）

2) 中道昌宏，佐藤信行：プラスチックス，**47**（2），31-39（1996）

3) 山崎亨明：成形加工，**8**（10），655-659（1996）

4) デンカ：マレッカカタログより

5) 三島孝，（「プラスチック・機能性高分子材料事典」編集委員会編）：プラスチック機能性高分子事典，「超高分子量ポリエチレン」，pp. 47-48，産業調査会事典出版センター（2004）

6) 三井化学，プロベスト技術資料より

7) エンプラ技術連合会編：エンプラの本（第3版），p. 13（2004）

8) エンプラ技術連合会編：エンプラの本（第3版），p. 15（2004）

9) エンプラ技術連合会編：エンプラの本（第3版），p. 19（2004）

10) 多加谷明広，小池康博：成形加工，**15**（3），194（2003）

11) 鈴木実，吉田昭弘，岩田修一：プラスチックスエージ，**45**（1），134-138（1999）

12) 東京商会ウェブサイト：http://tokyoshokai.co.jp/business/business01/material106.html

13) 帝人ウェブサイト：http://www.teijin.co.jp/products/resin/products/sppc/index3.html

14) 日本化学工業協会ウェブサイト：：www.nikkakyo.org/sites/default/fiels/160616mitsubishigas.pdf

15) 久保村恭一：プラスチックスエージ，**51**（5），84（2005）

16) 渋谷篤：プラスチックス，**53**（3），83（2002）

17) 熊澤英明：プラスチックスエージ・エンサイクロペディア2005，p. 177，プラスチックス・エージ（2004）

18) 井手文雄：プラスチックスエージ，**45**（2），161（1999）

19) 川崎真一：各種光学部材における透明樹脂の設計と製造技術，「第1節第2項　フルオレン系樹脂」，情報機構（2007）

20) 佐々木一雄：成形加工，**24**（8），464-469（2012）

21) 三菱ケミカルホールディングスウェブサイト（Discover　KAITEKI）：www.mitsubishichem–hd.co.jp

22) 帝人ニュースリリース（2013年4月1日）より

23) 東レニュースリリース（2013年4月25日），資料「バイオマス原料由来の重合と成形品の試作成功について」より

24) 中條澄著：ナノコンポジットの世界，p. 21，工業調査会（2002）

25) 山下敦志：合成樹脂，**43**（3），p. 43（1997）

26) 小上明信：成形加工，**14**（4），p. 217-221（2002）

27) 仙波健，伊藤彰浩，上坂貴宏，北川和男：科学と工業，**90**（1），7-15（2016）

28) 仙波健ほか8名：成形加工，**28**（6），232-235（2016）
29) 仙波健ほか7名：成形加工' 16講演要旨集，339〜340，G-203（2016）
30) 清水博：プラスチックスエージ，**56**（2），76-81（2010）
31) 小林定之：プラスチックスエージ，**60**（4），116-121（2014）
32) 日本製鋼所：販売資料より
33) Krauss Maffei 社：IMC カタログより
34) Dieffenbacher 社：技術資料「Hydraulic press systems and direct process」p. 9より
35) 名古屋大学ナショナルコンポジットセンター（NCC）：案内資料より
36) 日本製鋼所：日本製鋼所技報，67，91-92（2016）
37) 堺大：成形加工，**27**（3），85-88（2015）
38) サンワトレーディング：「TEPEX」カタログより
39) 安江昭，大野秋夫，井上茂樹，羽生芳史：プラスチックスエージ，**61**（7），78-82（2015）
40) 三菱エンジニアリングプラスチックス：レニーテープ技術資料より
41) カジレーネ：「DUALON」カタログより
42) 本近俊裕，高木光朗：プラスチックス，**68**（7），26-28（2017）

第10章　高性能・高機能プラスチック

コラム　現場からのひとこと❿
バイオプラスチック

　プラスチックが市場に登場してから100年が経過した。この間、多くのプラスチックが開発され、自動車、電子・電機、精密部品、建材、日用雑貨などの広い用途に使用されている。現在では、全世界のプラスチック使用量は年間2億トンに達している。

　主なプラスチックは1950年代から1980年代に開発されたが、その後は、新規のプラスチックが開発されることは少なくなっている。それは、石油（ナフサ）を原料にして化学合成されるプラスチックは、開発されつくされたことによるものであろう。最近では、既存プラスチックをベースにした充填材強化、ナノコンポジット、ポリマーアロイなどによる材料開発が中心になり、新規プラスチックの話題は少なくなっている。

　その中で、最近の話題としてはバイオプラスチック（BPと略す）がある。BPはバイオマスプラスチック、植物由来プラスチックなどとも呼ばれており、バイオマス（生物資源）をベースにしたプラスチックの総称である。バイオマスとしては、植物、昆虫、微生物などがあるが、BPの原料としては植物が使用されている。

　BPが注目されているのは、次の理由による。

①温室効果ガスである二酸化炭素と水とから光合成によって植物は生育する。この植物を原料とするBPを用いた製品が廃棄段階で二酸化炭素を発生しても、二酸化炭素の排出量は差し引き0であるので、同ガスの増加にはつながらない（カーボンニュートラル）。つまり、温室効果ガスの抑制につながる。

②再生可能な植物資源を利用しているので、石油などの化石資源のように、将来枯渇する懸念はない。

　BPは、古くて新しい材料である。古くは、植物の繊維素を化学変性した繊維素系プラスチックがある。同プラスチックは自動車ハンドル、サングラス枠、工具の柄などに使用され、最近では液晶ディスプレイ偏光保護膜などに用途が広がっている。

　一方、新しく注目されているのは、ポリ乳酸、ポリブチレンサクシネート（原料のコハク酸が植物由来）、バイオポリオレフィン（バイオ・エタノールから合成）、ポリアミド11（ひまし油由来）などの植物を原料として化学合成されたBPがある。

　例えば、ポリ乳酸は、トウモロコシ、サトウキビなどを原料とし、乳酸から合成されたプラスチックである。ポリ乳酸はガラス転移温度が約60℃、結晶の融点は170℃であるが、自動車、電子・電機などの工業部品用の成形材料として使用するためにはいくつかの課題がある。すなわち、成形上では結晶化速度が遅いこと、性能上では耐加水分解性がよくないこと、耐衝撃性や耐熱性が低いことなどがある。これらの課題を克服するため、分子末端処理（加水分解性改良）、ナノコンポジットによる結晶化促進、ゴム成分または他のエンプラとのアロイによる耐衝撃性や耐熱性の改良が進められ、一部実使用されている。

1つのプラスチックが市場で受け入れられるためには、多くの課題を克服することが必要である。BP が、環境技術立国であるわが国のコア技術として成長することを期待したいものである。

第11章

プラスチックの強度に関する Q&A

本章では、プラスチックの強度に関する内容について Q&A の形で、わかりやすく解説する。

11.1 基本的な力学的用語及び性質

Q1 力と応力の違いについて教えて下さい。

A1
物体に外力を加えると、物体内に外力に対応して反対向きの応力が発生します。応力は、力を断面積で割った値で表します。力の単位は N(ニュートン)で、応力の単位は Pa(パスカル)です。

さらに詳しく ▶▶

一般に、断面積 $S(\mathrm{mm}^2)$ の試験片に外力力 F(N)を加えて引っ張ったときに、発生する引張応力 σ は、次の式で表される。

$$\sigma = \frac{F}{S} \tag{11.1}$$

$$= \frac{F}{S}\,(\mathrm{MPa})$$

引張応力以外に、図11.1に示すように曲げ応力、せん断応力、圧縮応力などがある。

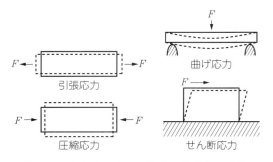

図11.1 力(F)によって物体に発生する応力

Q2 ひずみの意味について教えて下さい。

A2
物体に外力を加えて変形させる場合、ひずみとは変形した長さをもとの長さで割った値です。百分率で表すこともあります。ひずみには単位は付いていません。

さらに詳しく ▶▶

一般に、図11.2に示すように、長さ L の試験片を引っ張って、ΔL だけ伸ばしたとき、ひずみ ε は、次の式で表される。

$$\varepsilon = \frac{\Delta L}{L} \tag{11.2}$$

または

$$\varepsilon(\%) = \frac{\Delta L}{L} \times 100 \tag{11.3}$$

で表すこともある。

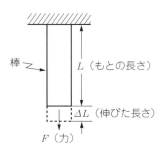

図11.2 ひずみの発生状態

Q3 ひずみ速度とはどのような速度ですか。

A3
物体に力をかけるとひずみが発生しますが、力をかける速度が速くなると、ひずみの生じる速度も速くなります。このように、時間当たりにかかるひずみをひずみ速度といいます。分単位で表せば、ひずみ速度は ε/min または $\varepsilon\%/\mathrm{min}$ となります。

さらに詳しく ▶▶

例えば、100mm 長さの試験片を 10mm/min の速度で引っ張った場合のひずみ速度は

$(10\mathrm{mm/min}) \div 100\mathrm{mm}$
$= 0.1/\mathrm{min}$(または $10\%/\mathrm{min}$)

となる。ひずみ速度が速くなると、分子間の塑性変形がついてゆけないために、破壊するまでのひずみや衝撃強度は小さくなり、降伏強度、破断強度、引張弾性率などは大きくなる傾向がある。

Q4
フックの法則とはどんな法則ですか。

A4
「応力とそれによるひずみは比例する」という法則です。応力 σ、ヤング率 E、ひずみ ε とすると、フックの法則は

$$\sigma = E \times \varepsilon \qquad (11.4)$$

と表されます。

さらに詳しく ▶▶

ロバート・フックという学者が、この法則を実験的に証明したので、フックの法則と呼ばれている。材料力学の弾性理論の基礎になっている考え方である。グラフに表すと**図11.3**の通りである。

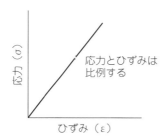

図11.3　フックの法則

Q5
ヤング率とはどのような値ですか。また、ヤング率の大きさはどんなことを表していますか。

A5
ヤング率は、応力をひずみ（応力によって発生した値）で割った値です。単位は Pa（パスカル）で表します。ヤング率（ヤング係数）は縦弾性係数、引張弾性率ともいいます。ヤング率が大きいということは、力を加えても変形しにくいことを表します。

さらに詳しく ▶▶

ヤング率 E は、次の式で表される。

$$E = \frac{\dfrac{F}{S}}{\dfrac{\Delta L}{L}} \qquad (11.5)$$
$$= \frac{\sigma}{\varepsilon} \text{（MPa）}$$

Q6
ポアソン比とはどんな値ですか。

A6
例えば、丸棒を引っ張ると、引っ張る方向には伸びますが、径は縮みます。ポアソン比は、径のひずみを長さ方向のひずみで割った値で表します。従って、ポアソン比には単位はありません。

さらに詳しく ▶▶

長さ L、径 D の丸棒に引張力を加えた場合、引っ張った方向に ΔL だけ伸び、径の方向で ΔD だけ縮んだとすると、ポアソン比 ν は次の式で表される（**図11.4**）。

$$\nu = \frac{\dfrac{\Delta D}{D}}{\dfrac{\Delta L}{L}}$$
$$= \frac{\varepsilon_r}{\varepsilon_l} \qquad (11.6)$$

ただし、ε_l：引張方向のひずみ
　　　　ε_r：径方向のひずみ
ポアソン比の逆数 $(1/\nu)$ をポアソン数という。

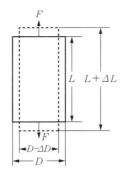

図11.4　棒を引っ張ったときの変形状態

Q7
応力ーひずみ曲線とは、どんな曲線ですか。

A7
応力(Stress—ストレス)を縦軸に、ひずみ(Strain—ストレイン)を横軸にして表した曲線です。英語ではストレスーストレイン曲線または英語の頭文字をとって、S–S 曲線ともいいます。

さらに詳しく ▶▶

応力ーひずみ曲線を見ると、材料の大体の特性がわかる。
例えば、プラスチックの応力ーひずみ曲線は**図11.5**のようにいろいろなパターンがある。これら

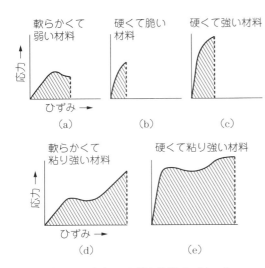

図11.5 応力―ひずみ曲線のパターン

のパターンから次のことがわかる。
曲線a：軟らかくて弱い材料。
曲線b：硬くて脆い材料。
曲線c：硬くて強い材料。
曲線d：軟らかくて粘り強い材料。
曲線e：硬くて粘り強い材料。

Q8
弾性限度とは、どのようなことですか。

A8
応力とひずみが比例する限度の応力を弾性限度といいます。別名比例限度ともいいます（図11.6）。

さらに詳しく ▶▶

正確な意味は、物体に力を加えて変形させた後、徐々に力を除いて応力がゼロになると、もとの長さに戻る応力の限度を弾性限度と称している。弾性限度内の応力では材料力学の式を適用できる。弾性限度より大きな応力では計算誤差が大きくなる。

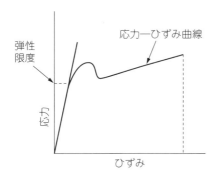

図11.6 弾性限度

Q9
曲げ応力は、どのような応力ですか。

A9
棒状の試験片の両端を支えて、中央部に荷重（集中荷重）を加えると、応力は図11.7のように試験片厚み方向の中心線（中立軸）から上側では圧縮応力が発生し、下側では、引張応力が発生します。しかも発生する応力は同じ大きさではなく、上側の表面では最も大きな圧縮応力が発生し、下側の表面では最も大きな引張応力が発生します。曲げ応力は、試験片の下面に発生する最大引張応力（最大繊維応力）を曲げ応力としている。

さらに詳しく ▶▶

プラスチックの場合には、引張応力によって破壊する特性があるので、下側の表面に発生する最大引張応力（最大繊維応力）を、曲げ強度としている。

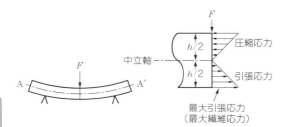

図11.7 曲げ応力の発生状態

Q10
衝撃強度とは、どのような強度ですか。

A10
衝撃力が加わったとき、物体が吸収できる最大のエネルギーの大きさを衝撃強度といいます。ただし、規格に基づく試験では、吸収したエネルギーの大きさを試験片の断面積や幅で割った値で表す場合もあります。

さらに詳しく ▶▶

引張強度は破壊するときの応力の大きさを表すが、衝撃強度は破壊するまでの力と変形量が関係する。従って、引張強度が大きくても、破壊するまでの変形量が小さい場合には衝撃強度は小さくなる。

第11章 プラスチックの強度に関する Q&A

Q11
応力緩和とはどのような現象ですか。

A11
プラスチックをある長さだけ伸ばすと、そのひずみに対応する応力が発生します。伸ばした状態でそのまま保持すると、最初に発生した応力は、時間の経過とともに減少する傾向があります。このような現象を応力緩和といいます。

さらに詳しく ▶▶

応力緩和曲線は、応力残留率(応力 σ_t と初期の応力 σ_0 の比)を縦軸に、横軸に時間をとると**図11.8**のように表せる。同図のように、ある程度時間が経つと、σ_t/σ_0 は一定の値に近づく傾向がある。

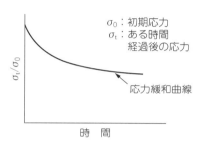

図11.8 応力緩和曲線

Q12
クリープとはどのような現象ですか。

A12
プラスチックに引張力を加えた状態で時間が経つと、時間とともに長さが次第に伸びる現象が起こります。このような現象をクリープ(引張クリープ)といいます。

さらに詳しく ▶▶

クリープ曲線は、縦軸にひずみを横軸に時間をとると**図11.9**のように表せる。同図のように、応力が小さい場合には、ひずみは時間が経つと一定の値に近づく傾向がある。

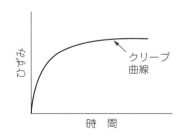

図11.9 クリープ曲線

Q13
クリープ破壊とはどのような現象ですか。

A13
プラスチックに引張力を加えたままにしておくと、ある時間経過した後に切れてしまうことがあります。このようにクリープしながら、破壊する現象をクリープ破壊といいます。

さらに詳しく ▶▶

負荷応力を縦軸に、破壊するまでの時間を横軸(対数)にとると、**図11.10**のようにほぼ直線で表される。これをクリープ破断線図という。

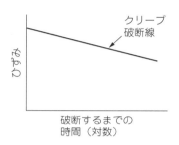

図11.10 クリープ破断線図

Q14
クリープ限度とはどのようなことですか。

A14
応力の値を変えてクリープ試験を行うと**図11.11**のように、ある応力以下では時間が経過してもひずみの変化が認められなくなる傾向があります。この応力の限度をクリープ限度といいます。

さらに詳しく ▶▶

製品設計では、クリープ限度の応力で設計すれ

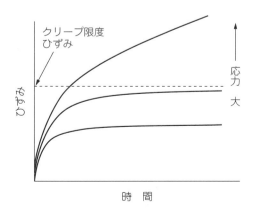

図11.11 クリープ限度

ば、クリープ変形を考慮した設計ができる。金属材料の場合、クリープ限度を示すひずみ0.1%の応力で設計しますが、プラスチックでは1.0%で設計することが多い。

Q15
疲労強度とはどのような強度ですか。

A15
材料に応力を繰り返し作用させると、繰り返し回数が多くなると破壊することがあります。このような現象を疲労破壊といいます。疲労破壊する応力を疲労強度といいます。

[さらに詳しく]▶▶

疲労試験では、縦軸に応力の大きさを、横軸に繰り返し数をとると、図11.12のように表される。この曲線を疲労曲線という。また、ストレス(Stress)と繰り返し数(Number)の英語の頭文字をとって、S-N曲線ともいいます。また、この考え方を確立した学者の名前をとってヴェーラ曲線ともいいます。

Q16
疲労限度とはどのようなことですか。

A16
疲労試験で、繰り返し応力を負荷しても破壊しない限界の応力を疲労限度といいます。別名耐久限度ともいいます。

[さらに詳しく]▶▶

図11.12のように、疲労限度は、疲労曲線が横軸にほぼ平行なるときの応力の値である。

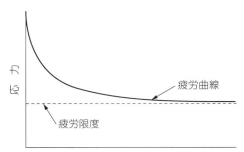

図11.12 疲労曲線と疲労限度

Q17
延性破壊及び脆性破壊は、それぞれのような破壊ですか。

A17
延性破壊は、軟らかい餅を引き伸ばすような状態で破壊する現象です。脆性破壊は、ガラスを割ったように脆く破壊する現象です。

[さらに詳しく]▶▶

プラスチックでは、条件によって延性破壊や脆性破壊を示す。例えば、温度を変えた場合、高温側では延性破壊を示し、低温側では脆性破壊を示し、S字カーブを描く(図11.13)。

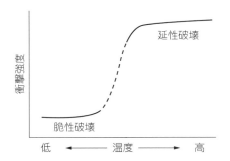

図11.13 衝撃強度と温度の関係

Q18
応力集中とはどのようなことですか。

A18
材料に切り欠きなどがあると、この部分に発生する応力は切り欠きのない部分より大きくなります。このような現象を応力集中といいます。

[さらに詳しく]▶▶

図11.14のように、先端半径 ρ、長さ a の切り欠きのある試験片に、応力 σ_0 が作用すると、切り欠き底に発生する応力 σ_{max} は次の式で示される[1]。

$$\sigma_{max} = \sigma_0 \left(1 + 2\sqrt{\frac{a}{\rho}}\right) \quad (11.7)$$

式(11.7)のように、切り欠き底の半径 ρ が小さくなると σ_{max} は大きくなることがわかる。$\left(1 + 2\sqrt{\frac{a}{\rho}}\right)$ を応力集中係数という。

例えば、円形の穴が開いている場合、$a = \rho$ で、$a/\rho = 1$ であるから、式(11.7)は $\sigma_{max} = 3\sigma_0$ となる。つまり、穴の周辺では応力集中によって3倍大きな応力が発生する。

第11章 プラスチックの強度に関する Q&A

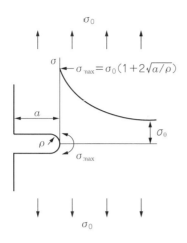

図11.14 切り欠き底の応力集中の様子

Q19
許容応力とはなんですか。

A19
材料を実際に使用して安全であると考えられる最大の応力のことです。

さらに詳しく ▶▶

製品設計では、材料の破壊強度をもとに設計することはできない。設計応力としては許容応力の値を用いる。一般的に、許容応力はその材料の破壊応力を安全率で割った値で求める（→ Q20）。

Q20
安全率とはなんですか。

A20
破壊応力から、許容応力を見積もるための係数です。安全率は次の式で表されます。

　　安全率＝破壊応力÷許容応力

さらに詳しく ▶▶

安全率は、材料の均一性、(欠陥部の存在)、応力見積もりの正確性、応力の種類、使用条件との関連（温度、時間）などによって、適切な値を用いる。

11.2 プラスチックの強度に関する基本的性質

Q21
プラスチックが強度を発現する原理を教えて下さい。

A21
プラスチックは長い鎖状の分子（ポリマー）の集まりです。分子の間で働いている引力（ファン・デル・ワールス結合や水素結合）、分子の絡み合いなどによって強度が発現されます（図11.15）。

さらに詳しく ▶▶

ポリマー分子は共有結合という結合で結び付いており、この結合力は金属の結合力に匹敵する強度である。しかし、ポリマー分子の間はファン・デル・ワールス結合や水素結合という比較的弱い結合で結び付いているため、力を加えると、ポリマー分子が切断するより先にポリマー分子間で塑性変形（せん断降伏変形）が生じて破壊することになる。

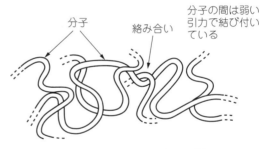

図11.15 分子の絡み合いの様子

Q22
ポリマーの分子量と強度の関係について教えて下さい。

A22
成形材料として使用されている分子量範囲では、分子量によって強度がそれほど大きく変化することはありません。ただ、一般的に分子量が大きいほうが、衝撃強度、ストレスクラック、クリープ破壊強度、疲労強度などは大きくなる傾向があります。

さらに詳しく ▶▶

プラスチックには、ある分子量以下では強度が大きく低下する限界分子量がある。一般に成形材料として用いられているものは、限界分子量よりかなり高い分子量範囲で使用されているため、その範囲では分子量によって強度がそれほど変化す

ることはない。

Q23
非晶性プラスチックでは、分子はどのような状態になっていますか。

A23
分子がランダムな状態になっています。

さらに詳しく ▶▶

一般に、プラスチックを溶融状態にすると、分子運動が活発になるためランダムな状態になる。非晶性プラスチックはかさ高い分子鎖を有しており動きにくいので、この状態から冷却すると、ランダムな状態で固化する（図11.16）。

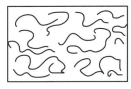 

　　　　　　　　　　　　非晶部　結晶部
（a）非晶性樹脂　　　（b）結晶性樹脂

図11.16　非晶性樹脂と結晶性樹脂の分子の並び方（イメージ）

Q24
ガラス転移温度とは、どのような温度ですか。また、強度との関係がありますか。

A24
溶融状態から冷却する場合に分子の幹（主鎖）の運動が停止する温度です。逆に温度を上げて溶融させる場合には分子の主鎖が運動を開始する温度です。別名、二次転移温度、ガラス転移点ともいいます。非晶性プラスチックは、ガラス転移温度が高いほうが、高温での強度や剛性は高くなります。

さらに詳しく ▶▶

分子骨格にかさ張った分子がある場合には、分子の運動は制限されるために、ガラス転移温度は高くなる。また、ガラス転移温度を境に、屈折率、比容積、線膨張係数なども急に変化する。結晶性プラスチックでは、結晶の融点より低いところにガラス転移温度が存在する。

Q25
結晶性プラスチックは、分子はどのような状態になっていますか。

A25
結晶性プラスチックの場合も、溶融した状態では分子はランダムな状態になっていますが、この状態から冷却するときに、部分的に分子は規則的に折りたたまれた状態（結晶状態）になります。結晶性プラスチックでは部分的に結晶化した状態（結晶部）と結晶化していない状態（非晶部）が存在します（図11.16）。

さらに詳しく ▶▶

結晶性プラスチックの性能は、結晶化する速度、結晶部の比率である結晶化度、結晶の融点などによって左右される。

Q26
結晶性プラスチックの強度は、どのような要因によって決まりますか。

A26
結晶化度は高いほうが強度・剛性、クリープ破壊強度、疲労強度などは大きくなります。逆に、衝撃強度は小さくなります。また、結晶の融点は高いほうが耐熱性は向上します。

さらに詳しく ▶▶

結晶部分は、緻密な分子配列になっているため分子間の結合力は大きい。そのため、強度・剛性、長時間強度などは大きくなります。反面、分子間の塑性変形は起こりにくいため、ひずみ速度の速い衝撃強度は小さくなります。

Q27
粘弾性とはどのような性質ですか。また、プラスチックはなぜ粘弾性を示しますか。

A27
粘弾性はスプリングのような性質（弾性）と水飴のような性質（粘性）を合わせて持っていることをいいます。プラスチックに力を加えると、ポリマー分子が瞬間的に伸びるため弾性変形しますが、時間が経つと分子間で塑性変形が生じるため粘性変形が起こります。

さらに詳しく ▶▶

プラスチックの粘弾性特性は、弾性を示すスプリングと粘性を示すダッシュポットをモデルにして表される（図11.17）。実際に、プラスチックはスプリングとダッシュポットが複雑に組み合わされた関数で表される。

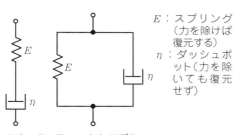

図11.17　粘弾性の模型

Q28
プラスチックの粘弾性は、どのような特性に影響しますか。

A28
応力緩和やクリープ変形などの特性に関係します。また、溶融状態では、非ニュートン流体としての特性を示します。

さらに詳しく▶▶

応力緩和やクリープ変形は粘性が関与し時間の関数になる。溶融状態では、溶融粘度は非ニュートン流体であるためせん断速度依存性を示す。

Q29
分子配向とはどのようなことですか。

A29
プラスチックを1方向に引っ張ると、引張方向に分子が引き伸ばされた状態になることです（図11.18）。

さらに詳しく▶▶

分子配向は次のような成形過程で生じる。
①射出成形の金型の流動過程で、せん断力を受ける場合
②押出成形で、ダイから押し出された後で延伸をかける場合

図11.18　分子配向の様子（イメージ）

Q30
分子配向すると強度はどうなりますか。

A30
一般に、分子配向すると、配向した方向は強くなるが、直角方向は弱くなる傾向があります。

さらに詳しく▶▶

配向させることにより延伸方向の強度を向上させる例としては、フィルムやモノフィラメントなどの延伸による強度の向上、PPやPBT成形品の成形直後の屈曲延伸によるヒンジ強度の向上などの例がある。

11.3　試験法及び試験データの活用

Q31
シングルポイントデータとマルチポイントデータについて教えて下さい。

A31
シングルポイントデータは、材料の性能を比較し材料選定するためのデータです。
マルチポイントデータは、温度や時間などを一定の間隔で変えて測定したデータで、設計データとして利用します。

さらに詳しく▶▶

シングルポイントデータに関しては、JIS K 7140-1^{-2000}に規定されている。マルチポイントデータについては、JIS K7141^{-1996}及びK-2^{-1999}に規定されている。

Q32
多目的試験片とは、どのような試験片ですか。

A32
引張強度、曲げ強度、衝撃強度などを測定する多目的な試験片です（図11.19）。多目的試験片はダンベル状の試験片であり、引張試験以外はダンベルの肩の部分を切断して、平行部を用いて測定します。

さらに詳しく▶▶

多目的試験片については、JIS K7139^{-1996}に規定されている。

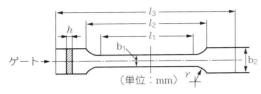

試験片の形	A	B
l_3 全長	≧150 (1)	
l_1 狭い平行部分の長さ	80±2	60.0±0.5
r 半径	20〜25	≧60 (2)
l_2 広い平行部分の距離	104〜113 (1)	106〜120 (3)
b_2 末端部分の幅	20.0±0.2	
b_1 狭い部分の幅	10.0±0.2	
h 厚さ	4.0±0.2	

注(1) 材料によっては、試験機のつかみ部での破壊または滑りを防止するため、タブ(つかみ部)の長さを大きくしてもよい(例えば、l_3＝200 mm)。

(2) $r = \dfrac{(l_2-l_1)^2+(b_2-b_1)^2}{4(b_2-b_1)}$

(3) l_1、r、b_1及びb_2の値で決まるが、それは示された寸法許容差の範囲内で決める。

図11.19 多目的試験片の形状

Q33
ISO に準じた JIS 試験法の特徴について教えて下さい。

A33
次の特徴があります。
① 試験片は図11.19に示した多目的試験片を用い、成形するための金型の仕様(スプル、ランナ、ゲート、抜き勾配、加熱孔)、射出成形機の仕様、成形条件などを定めている。
② 測定方法はそれぞれの樹脂別の JIS に準じて測定する。
③ 測定結果は、シングルポイントデータのフォーマットに従って報告する。

[さらに詳しく]▶▶

このような試験方法は、材料間の性能をより正確に比較できるように、試験片や測定方法によるばらつきを少なくするために、試験片の金型、成形機、成形条件、測定条件などを一定にしている。

Q34
ISO に基づく引張試験は、旧 JIS(ASTM 法)とどんな点で異なりますか。

A34
引張弾性率の測定法が異なっています。旧 JIS では、応力―ひずみ曲線の原点からの接線の勾配から引張弾性率を求めましたが、新しい JIS では、次のように、ひずみが0.0005と0.0025に対応するそれぞれの引張応力から計算します。

$$E = \dfrac{\sigma_2 - \sigma_1}{\varepsilon_2 - \varepsilon_1} \quad (11.8)$$

ただし、E：引張弾性率(MPa)
σ_1：ひずみ ε_1＝0.0005において測定された引張応力
σ_2：ひずみ ε_2＝0.0025において測定された引張応力

[さらに詳しく]▶▶

旧 JIS のように原点から接線を引く方法では、接線の引き方によって、引張弾性率に誤差が生じるため、式(11.8)のような、割線弾性率を求める方法に近い方法を採用している。引張弾性率を測定する場合には、微小なひずみを計測する必要があるため、試験片に専用の伸び計を取り付けるか、ひずみゲージを試験片に貼り付けて計測することになっている。

Q35
シングルポイントデータに示された衝撃試験は、どのような試験法が標準試験法になっていますか。

A35
シャルピー試験法が標準の試験法になっています。引張衝撃試験法は、ノッチ付きシャルピー試験で破壊しなかった場合だけ記録することになっています。

[さらに詳しく]▶▶

従来はアイゾット衝撃試験法で表示するのが一般的でしたが、試験機に試験片をセットするときの取り付け誤差が少ないとの理由でシャルピー試験法による値を表示することになった。

Q36
シャルピー衝撃試験法におけるエッジワイズとフラットワイズとはどのようなことですか。

A36
エッジワイズ及びフラットワイズは、図11.20のような方向で試験片を試験機にセットすることです。シングルポイントデータではエッジワイズが標準になっています。

[さらに詳しく]▶▶

一般の衝撃強度はエッジワイズで測定するが、塗装した試験片の衝撃強度を測定する場合にはフラットワイズ試験法を用いることがある。

第11章　プラスチックの強度に関するQ&A

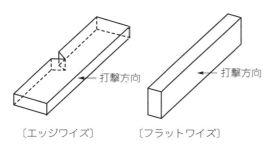

図11.20　シャルピー衝撃におけるエッジワイズ衝撃とフラットワイズ衝撃

Q37
衝撃試験データを実際の製品データに応用するには、どのようにしたらよいですか。

A37
プラスチックの衝撃試験法は規格試験ですので、製品の設計データとして使用することはできません。材料を選定する場合の比較データとして利用します。製品にシャープコーナのある製品であれば、ノッチ付きのシャルピーやアイゾット試験データが参考になります。面衝撃が要求される製品では、落錘衝撃試験データが参考になります。

さらに詳しく▶▶

衝撃強度は、製品が衝撃エネルギーを吸収できる能力なので、製品の幾何学的形状、肉厚、コーナアールの大きさなどによって異なる。一定形状の試験片のデータをそのまま設計データに採用することはできない。ノッチの先端アールを変えた場合のノッチアール依存性データ、延性破壊から脆性破壊に移行する温度などは設計時のデータとして利用できる。

Q38
応力緩和特性データは製品設計でどのような使用状態の場合に適用できますか。

A38
製品で一定のひずみが負荷されている状態で使用する場合には応力緩和特性を考慮した設計が必要です。一定のひずみが負荷される使用状態としては、ねじの締め付け、プレスフィット(圧入)、インサートなどで生じるひずみ状態があります。

さらに詳しく▶▶

一定のひずみが負荷された使用条件では、初期に発生した応力は時間とともに、応力緩和するため、ある程度まで減少する。例えば、アニール処理は、熱処理することによって緩和速度を速めて残留応力を除去する方法である。

Q39
クリープ変形やクリープ破壊データはどのような使用状態に適用できますか。

A39
一定の応力が持続的に負荷される使用状態の場合に適用できます。例えば、外部からかかる荷重、水道の内圧がかかるパイプ、圧力容器の内圧などによる発生応力があります。

さらに詳しく▶▶

一定のひずみが負荷された使用条件に比較すると、一定の応力が常に負荷されている使用条件(クリープ)は、応力の緩和は起こらないので使用条件は厳しくなる。

Q40
疲労試験データを実用データとして活用できますか。

A40
疲労試験機での疲労試験条件と実際の使用条件の違いを考慮する必要があります。例えば、試験片の表面状態(切削痕の有無)、製品のコーナアール、応力またはひずみの繰り返しによる自己発熱の有無など、条件の違いを配慮する必要があります。

さらに詳しく▶▶

歯車、カムなどのように繰り返し応力が負荷される用途では、疲労強度を必要とされるが、標準試験機での疲労試験の条件と実際の使用条件とは異なることがあるので、実際の使用条件に合わした実用疲労試験によって使用の可否を決めなければならないことが多い。

11.4　ストレスクラックとソルベントクラック

Q41
ストレスクラックとはどのようなことですか。

A41
プラスチック成形品に限界応力以上の応力が存在すると、クラックが発生する現象です。応力としては、残留応力、組立時に発生する応力、外荷重による応力などがあります。また、ストレスクラックは応力亀裂、機械的クラック、メカニカルクラックともいいます。

さらに詳しく▶▶

一定のひずみを負荷した状態では、初期の負荷応力とクラックが発生するまでの時間の関係は**図**

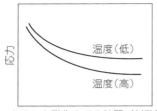

図11.21 一定のひずみが発生した状態における応力(初期応力)とクラックの発生するまでの時間の関係(初期応力は応力緩和によって時間が経つとある程度まで減少する)

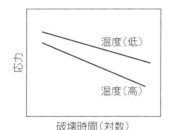

図11.22 一定の応力の発生した状態における応力と破壊するまでの時間の関係

11.21の通りである。初期応力は応力緩和によって時間とともに、ある程度まで減少する。そのため、同図のように長時間側ではクラックが発生するまでの時間は長くなる。一方、一定の応力がかかっている状態では、応力とクリープ破壊時間の関係は図11.22のようになる。一般に、クラックが発生するとクラックは成長して破壊するので、クラックが発生するまでの時間はクリープ破壊時間とほぼ同じになる。

Q42
ソルベントクラックとはどのようなことですか。

A42
成形品に応力が存在する状態で、溶剤、油、可塑剤、その他の薬品と接触すると、低い応力でクラックが発生する現象である。プラスチックの種類によってクラックを発生させる薬品は異なります。また、ソルベントクラックを溶剤亀裂、化学的クラック、ケミカルクラックともいいます。

[さらに詳しく]▶▶

ソルベントクラックを発生させる薬剤は溶剤だけではないが、溶剤によってクラックが発生することが多いので、ソルベントクラックという名称で呼んでいる。また、ソルベントクラックは、プラスチックの種類と薬品の組み合わせによって、異なる挙動を示すので、実用的には、対応の難しい問題の1つである。例えばプラスチックとソルベントクラックを発生させる溶剤としては以下のようなものがある。一般的に、非晶性プラスチックのほうがソルベントクラックは発生しやすい。

PC、変性PPE(PPE/HIPS)、PS、ABS樹脂、PMMA：有機溶剤、油、グリース、可塑剤など
POM：塩酸水溶液
PA ：塩化亜鉛水溶液、塩化カルシウム(融雪剤)
PE ：界面活性剤(種類による)

Q43
環境応力亀裂とはどのようなことですか。

A43
ソルベントクラックと同じ現象です。環境応力亀裂は英語では、エンバイロンメンタル・ストレス・クラッキング(Environmental Stress Cracking)といいますので、ローマ字の頭をとってESCということもあります。

[さらに詳しく]▶▶

金属材料では、応力と薬品の共同作用によって亀裂が生じることを応力腐食と称している。環境応力亀裂も、この応力腐食と類似の現象である。図11.23に示すように、温度、湿度、薬液またはその蒸気などの環境条件によって、クラックの発生が著しく促進される現象である。特にプラスチックの種類によっては、可塑剤、安定剤、硬化剤なども環境応力亀裂を発生させる原因になる。

学問的には、環境応力亀裂の発生原理について、次のような考え方がある。
環境薬液はプラスチック材料に化学的変化を与えないが、材料の表面をぬらすこと及びわずかに吸収されることが活性液体の条件である。その発生原理としては、
①応力集中領域での選択的吸収。
②吸収部分での分子間力の低下。
③不均一変形の促進。
④ボイドの発生。
⑤ボイドの成長と合体。
⑥巨視的な破壊への成長。
などの過程を経てクラックになる[2]。

図11.23 環境応力亀裂の概念

Q44
ストレスクラックとソルベントクラックはどのような点で異なりますか。

A44
ストレスクラックに比較するとソルベントクラックは、次のような特徴があります。
① クラックが発生するまでの時間が短い。
② クラック発生の限界応力は低い。

さらに詳しく ▶▶

ストレスクラックとソルベントクラックの現象的な違いをまとめると、表11.1の通りである。同表からわかるように、温度に関しては、ソルベントクラックの場合、複雑な挙動を示す特徴がある。

表11.1 ストレスクラックとソルベントクラックの現象的な相対的比較

項 目	ストレスクラック	ソルベントクラック
クラックが発生する限界応力	高い	低い
力を加えてから、クラックが発生するまでの時間	長い	短い
環境温度の影響	温度が高い方がクラックは発生しやすい。	3つのタイプがある。 ・温度が高いとクラックが発生しやすいタイプ ・温度が高いとクラックが発生しにくいタイプ ・温度範囲で限界応力の極小値を示すタイプ

Q45
ソルベントクラックの発生原理について教えて下さい。

A45
次のような原理でクラックが発生すると考えられます(Q43の解説の項より)。
ステップ1：薬液がプラスチック成形品の中に浸透する。
ステップ2：浸透した薬液によってポリマー分子が動きやすくなる(分子間の結合力が低下する)。
ステップ3：成形品中でひずみの存在する部分では、ひずみが急速に緩和するときにクラックが発生する。

さらに詳しく ▶▶

一般に、結晶性プラスチックではソルベントクラックは発生しにくい傾向がある。その理由は結晶性プラスチックでは、結晶部分では分子は緻密に折りたたまれ、分子間は強固な結合状態になっている。そのために結晶部分には薬液は浸透しにくいこと、結晶構造の部分ではクラックの進展はさまたげられることなどがある。

Q46
ソルベントクラック性を評価する方法を教えて下さい。

A46
いろいろな方法がありますが、現場的には、次の方法でひずみを与えた状態で薬液に接触または浸漬する方法があります。ただし、これらの方法は一定のひずみが発生している状態の試験法です。
① 4分の1楕円法(図11.24)
② 曲げひずみ法(図11.25)

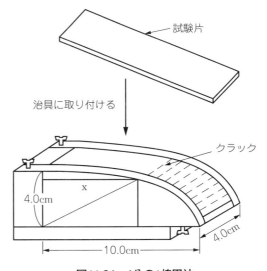

図11.24 4分の1楕円法

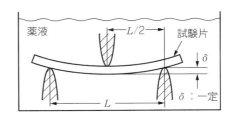

図11.25 曲げひずみ法

さらに詳しく ▶▶

その他の方法としてはJIS K7107-1987(定引張変形下におけるプラスチックの耐薬品性試験方法)、ベントストリップ法、C型試験による方法などがあるが、図11.24や図11.25の方法が設計のためのソルベントクラック限界応力を求める方法として実用的である。また、一定の応力下での方法としては、JIS-K7108-1999(プラスチック―薬品環境応力亀裂の試験方法―定引張応力法)の方法がある。

Q47
クラックとクレーズは、どのように違いますか。

A47
図11.26に示すようにクラックの中は空隙ですが、クレーズの中には分子が配向したものがあります。クラックは反射光で観察するとキラキラ光って見えますが、クレーズは局部的に配向した部分と配向していない部分との屈折率の違いのため、目視では白く見えます。

さらに詳しく ▶▶

透過型電子顕微鏡を用いてクレーズを詳細に観察すると、クレーズの中には局部的に配向した分子鎖(クレーズマター)が観察される。また、ガラス転移温度以上に加熱すると、分子配向は回復するためクレーズは消失する。

図11.26 クレーズとクラックの形態

Q48
クレーズが発生しても割れトラブルになることはありませんか。

A48
クレーズが発生しても、直ぐに割れトラブルになるわけではありません。しかし、クレーズが発生している個所に、さらに力が加えられ続けると、やがて、図11.27のようにクレーズの内部に空洞が発生し、これらの空洞がつながって破壊に至り

ます。従って、クレーズもクラックに成長して割れに至る可能性はありますので、クレーズが発生しないようにするべきです。

さらに詳しく ▶▶

ゴム成分を含んだポリマーアロイ系プラスチックでは、クレーズを発生させることによって衝撃強度を向上させる例もある。衝撃力を加えると、微細なゴム粒子の周辺にクレーズが発生することによって衝撃エネルギーを吸収する機構である。

Q49
クラックが割れトラブルに結び付くメカニズムについて教えて下さい。

A49
クラックの先端は極めてアールの小さいノッチのようなものです。従って、クラックの部分に力がかかると、応力集中を起こしクラックは成長して破壊に至ります。

さらに詳しく ▶▶

試験片に切り欠きのある成形品に平均応力 σ_0 がかかる場合に、切り欠き先端に発生する最大応力 σ_{max} は、Q18で述べたように、次の式で表される。

$$\sigma_{max} = \sigma_0 \left(1 + \sqrt{\frac{a}{\rho}}\right) \qquad (11.9)$$

この式からわかるように、先端アール ρ が小さいと σ_{max} は非常に大きくなる。クラックの先端アールは非常に小さいので、先端では応力が集中して、クラックは成長する。例えば、グリフィス(A. A. Griffith)の破壊理論では、材料が理論的強度を持ちえないのは、ひび割れ(微細欠陥)のためであるとして、脆い材料の強度の理論を確立している。

Q50
プラスチック製品で、時間が経ってからクラックすることがあります。なぜですか。

A50
粘弾性体であるプラスチックでは、応力が存在すると時間とともに分子間で塑性変形(粘性)が起こります。分子間に塑性変形が生じている過程で、欠陥部があると応力集中を起こして、この部分からクラックが発生すると考えられます。欠陥部に分子間の滑りが達するまでに、時間がかかると考えられます(遅れクラック)。

さらに詳しく ▶▶

クラックが発生するまでの時間を誘導時間という。一般的に、応力が小さいほうが、誘導時間は長くある特性がある。また、クラックの発生は、速度論的な扱いをしなければならなく、確率的現

図11.27 クレーズからクラックへ成長

象であるといわれている。従って、クラックの発生はばらつきやすいので、データについては確率的扱いをしなければならない。

11.5 劣化と寿命

Q51 プラスチックの劣化とは、どのようなことですか。

A51 プラスチック製品がいろいろな環境条件下において、分子の切断、分子間の橋かけなどが起こり製品の強度が低下したり、脆くなったりする現象です。また、分子の切断や橋かけが起こる過程では、微細なクラックも発生しますので、クラックの応力集中も強度低下に悪影響を及ぼします。

さらに詳しく ▶▶

劣化は、製品の有害な変化を表す用語に用いることが多い。一方、老化（エージング）という用語は、ある環境条件で長時間放置される場合に、製品の性能が変化する場合に用いることが多い。例えば、熱処理した場合の結晶化や分子の再配列などによる強度変化（硬化現象）などは老化の概念に入る。

Q52 熱エージングによる劣化とは、どのようなことですか。

A52 プラスチック製品を高い温度に長時間放置すると、熱と酸素の影響で分子が切断したり、分子間に橋かけが起こり、強度が低下する劣化現象です。

さらに詳しく ▶▶

熱エージングによる劣化は、いったん分解が開始するとラジカルや過酸化物が生成する。このような劣化反応が始まると、自動的に酸化反応が進行するので、自動酸化劣化ともいわれる。

Q53 熱劣化を防ぐ方法はありますか。

A53 一般に、プラスチックを製造する段階で、熱劣化を防止するために酸化防止剤を添加しています。プラスチックが熱に曝される条件としては、成形時の溶融段階と使用時で比較的高い温度で使用される場合の熱の影響があり、これらの過程における熱劣化を防止するために酸化防止剤を添加します。

さらに詳しく ▶▶

熱酸化劣化では、分解ラジカルが発生し、さらに過酸化物などが発生し、これらの物質が次々と分解反応を誘発する。そのため、酸化防止剤は分解ラジカルや過酸化物を捕捉して、熱分解を進行させないようにする作用がある。添加する酸化防止剤は、それぞれのプラスチックの分解温度、分解成分などによって適切なものが使用されている。

Q54 熱エージングによる劣化寿命はどのように予測しますか。

A54 プラスチックは温度が高くなれば、熱酸化劣化の速度は速くなります。一般に温度（絶対温度の逆数）と、ある値まで劣化する時間（対数）の間には直線関係が成り立ちます。この関係を利用して、高温での劣化時間を測定し、これを外挿して低温側の劣化時間を推定することができます。ULの温度インデックスは、このような方法で測定した値です。

さらに詳しく ▶▶

反応速度論の考え方は分解反応にも適用できる。アレニウスの速度式をもとに、ある温度 T（絶対温度）で、物理量 P_0 から P_t にまで劣化する時間を t_b とするとして、次の式が導かれる。

$$\ln t_b = A' + \frac{E_a}{RT} \tag{11.10}$$

ただし、A：定数
　　　　R：気体定数
　　　　E_a：活性化エネルギー

上の式で、E_a は活性化エネルギーで、この値が大きいほど分解のポテンシャルの山が高いことを示し、分解が起こりにくいことになる。例えば、温度を高くすれば相対的にポテンシャルの山は低くなり、分解しやすくなる（図11.28）。

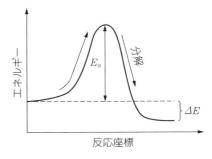

図11.28 熱分解するためのポテンシャルの山

Q55
加水分解劣化とは、どのようなことですか。

A55
水分によって分子結合が切断される劣化現象です。加水分解は、PBT、PET、PCなどのように分子中にエステル結合を持っているプラスチックで起こります。

さらに詳しく ▶▶

水の温度が高い場合やアルカリ性水溶液では、加水分解の速度は速くなる。加水分解すると、分子量が低下し強度が低下する。また、外観的には、クラックの発生や白化現象などが起こる。

Q56
紫外線劣化とは、どのようなことですか。

A56
紫外線のエネルギーによって、分子が切断したり、分子間に橋かけが起こる現象です。紫外線としては、太陽光線、水銀灯、蛍光灯などから発生する紫外線があります。紫外線が長時間照射されると、表面が変色やチョーキングという現象を起こしながら、劣化が進行します。

さらに詳しく ▶▶

紫外線のエネルギーは、分子の結合エネルギーより大きいので、プラスチックが紫外線を吸収すると分解が起こる。紫外線は、分子を切断しラジカルが生成する作用であり、ラジカルが生成した以降の分解反応は、熱分解と同様の自動酸化劣化である。また、紫外線劣化は、環境温度や湿度によっても劣化は促進される。

Q57
紫外線劣化を防止する方法を教えて下さい。

A57
プラスチックの紫外線劣化を防止するには、紫外線吸収剤及び光安定剤をプラスチックに添加します。

さらに詳しく ▶▶

紫外線吸収剤は、紫外線を自分で吸収することによってプラスチックが劣化しないようにする役目をはたしている(**図11.29**)。また、光安定剤は、劣化物を捕捉してさらに劣化を進行しないようにする役目をはたしている。

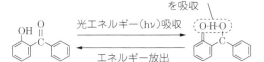

**図11.29 紫外線吸収剤の紫外線吸収機構
(ベンゾフェノン系の場合)**

Q58
紫外線促進劣化試験と屋外暴露の関係について教えて下さい。

A58
紫外線促進劣化時間と屋外暴露劣化時間の関係を一概に表現することはできません。

促進劣化試験と屋外暴露劣化時間の関係は、色相変化、光線透過率、強度、衝撃強度などによって、異なった関係になります。もちろん、プラスチックの種類によっても、この関係は異なります。それぞれのプラスチックについて、両劣化試験法での関係を求めて、寿命評価に適用することをおすすめします。

さらに詳しく ▶▶

例えば、**表11.2**は、PCを用いて分子量低下、色相(APHA)、霞度、引破断ひずみなどについて、屋外暴露に対するサンシャイン促進暴露試験の促進係数を求めた例である。測定項目によって、促進係数に大きな違いがあることがわかる。

**表11.2 物性がある値まで劣化する時間と
促進係数(PC)の例**

各特性値のエンドポイント	サンシャイン促進暴露試験 (h)(A)	屋外暴露試験 年(h)(B)	促進係数 B/A
(粘度平均分子量)初期分子量より2000低下するまでの時間	250	0.2 (1,752)	7.0
(APHA(黄色さ))APHA*が100に達するまでの時間	50	0.5 (4,380)	87.6
(霞度)霞度が10%に達するまでの時間	150	1.0 (8,760)	58.6
(引張破断伸び)破断伸びが初期値の50%に低下するまでの時間	380	0.8 (7,007)	18.4

※APHA(ハーゼン白金コバルト色)の標準色と比色して測定したハーゼン数。PCを塩化メチレンに溶解した溶液を用いる。

Q59
X線やガンマ(γ)線などの放射線を照射すると、劣化しますか。

A59
X線やガンマ(γ)線を照射すると、プラスチックは劣化します。

さらに詳しく ▶▶

これらの放射線は、紫外線よりもさらに短波長側の光線であるため、光のエネルギーは高い。そのため、紫外線照射より劣化は激しく起こる。一般に、放射線が当たると、炭酸ガス、一酸化炭素、水素などのガスを発生しながら分解は進行する。

Q60
クリープ破壊寿命の予測法はありますか。

A60
クリープ破壊時間は、温度が高くなればなるほど短くなります。この関係を利用して高温側でのクリープ破壊時間から低い温度側の寿命を推定する方法があります。また、応力の値が大きければ大きいほど、クリープ破壊時間は短くなります。この関係を利用して高い応力側でのクリープ破壊寿命から、低い応力側のクリープ破壊寿命を推定する方法もあります。

さらに詳しく ▶▶

図11.30のように、縦軸に応力 σ を、横軸に $T(\log t_B + C)$ をとると、直線関係になる特性がある。このような関係を利用して、高温側でクリープ破壊時間を測定し、外挿して室温側のクリープ破壊時間を推定する方法をラルソン・ミラー法という(T:絶対温度、C:定数)[3]。また、応力 σ とクリープ破壊時間 t_E の間には、理論的に次の関係がある。

$$\log t_B = \log A - B\sigma \quad (A、B:定数) \quad (11.11)$$

この関係を利用して、高応力側でクリープ破壊時間を測定し外挿して、低応力側のクリープ破壊時間を予測することができる。

ただし、上述の関係が成り立つか、事前に検証した上で適用しなければならない。また、クリープ破壊は、確率的現象(速度過程)であるので、破壊時間にはばらつきがあることも考慮に入れなければならない。

11.6 残留ひずみとアニール処理

Q61
残留ひずみと残留応力の違いについて教えて下さい。

A61
応力は、ひずみにヤング率をかけた値です。従って、残留ひずみの値が同じでも、ヤング率の値が大きいと残留応力の値は大きくなります。

さらに詳しく ▶▶

フックの法則では、応力 σ とひずみ ε の関係は、次の式で表される。

$$\sigma = E \times \varepsilon \quad (11.12)$$

ただし、E:ヤング率

通常、成形では残留ひずみという言葉を用いることが多い。ただ、ストレスクラックやソルベントクラックなどの割れトラブルでは、クラックを発生させる応力の値が問題になるので、残留応力を用いることが多い。

Q62
分子配向ひずみとは、どのようなひずみですか。

A62
プラスチックは溶融状態では、丸まった状態になろうとします(ランダムコイル状態)。この状態に引張り力やせん断力を加えると、力を加えた方向に引き伸ばされます。この状態で急に冷却すると、引き伸ばされた状態で固まります。これが分子配向によるひずみが発生した状態です(図11.31)。

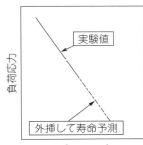

図11.30 ラルソン・ミラーの法則によるクリープ破壊寿命予測

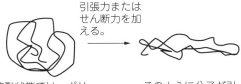

図11.31 分子配向ひずみが発生するイメージ図

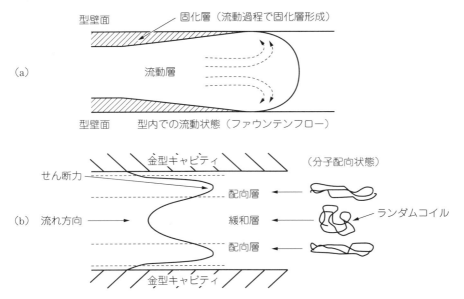

図11.32 射出成形型内の流動と分子配向

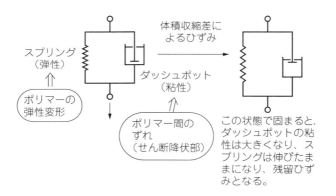

図11.33 残留ひずみが発生するイメージ図

さらに詳しく ▶▶

図11.32は、キャビテイ内の流動状態である。同図(a)はファウンティンフローという流動状態である。このような流動によって、同図(b)のように、金型と接触する樹脂は固化し、固化層と流動層の間ではせん断力が発生する。このせん断力によって分子の配向が起こる。分子の配向は冷却過程で、ある程度緩和するが、緩和できなかった部分は分子配向ひずみとして残留する。

Q63
割れ事故に結び付く残留ひずみ(凍結ひずみ)は、どのようなひずみですか。

A63
プラスチックを溶融した状態から冷却すると、体積は収縮します。しかし、体積収縮は冷却する速度、圧力の大きさなどによって異なります。1つの成形品の中で、冷却速度、圧力などが異なった状態で冷却されると、体積収縮の大きい部分と小さい部分の境では、体積収縮量の差によってひずみが発生します。このひずみが残留ひずみ(凍結ひずみ)です。この様子をスプリング(弾性)とダッシュポット(粘性)を用いたモデルで示すと、図11.33のようになります。

第11章 プラスチックの強度に関する Q&A

さらに詳しく▶▶

射出成形工程での体積収縮量(成形収縮量)の差によって残留ひずみが生じるモデルを**図11.34**に示す。これらのモデルに基づくひずみは、弾性ひずみであり、材料のクラック発生限界応力より大きいときには、クラックが生じる。

Q64
射出成形工程では、どの工程で分子配向ひずみや残留ひずみが発生しますか。

A64
分子配向ひずみは、主に射出する過程や保圧工程で樹脂が流動しているときに発生します。一方、残留ひずみは、主に保圧工程の終わりから冷却工程で樹脂が固まるときに発生します。

さらに詳しく▶▶

射出成形工程と分子配向や残留ひずみが発生する関係を**図11.35**に示す。射出工程や保圧工程では、充填過程でせん断力によって分子配向ひずみが発生する。保圧及び冷却工程では、体積収縮量の部分的な差によって残留ひずみが発生する。また、機械加工、接合などの二次加工工程でも同様の残留ひずみが発生することはある。

Q65
分子配向ひずみが存在すると、実用上どのような障害になりますか。

A65
透明材料の成形品では、光学ひずみの原因になります。例えば、光学ディスクでは、光学ひずみ(複屈折)があると、レーザ光に光路差が生じ、読み取りエラーの原因になります。また、大きな配向ひずみが存在すると、配向した方向には強いが、それに直角方向では弱くなるという強度の方向性が生じます。

さらに詳しく▶▶

分子配向ひずみは、製品の不具合だけではなく、フィルムやモノフィラメントなどのような押出品では、延伸することによって強度を向上させる方法として利用されている。また、射出成形品でもPP、PBTなどでは、成形直後の冷えない内に、繰り返して屈曲させることによって、ヒンジ性を出すことにも利用されている。

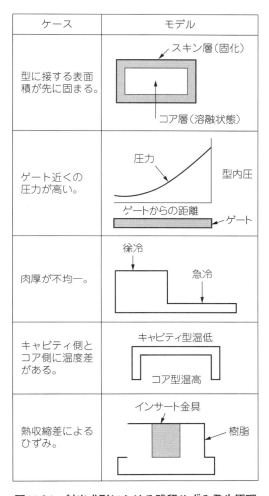

図11.34 射出成形における残留ひずみ発生原理

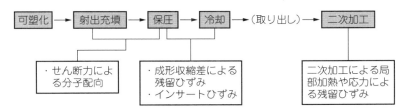

図11.35 射出成形工程と残留ひずみ発生の関係

Q66
分子配向ひずみの測定法について教えて下さい。

A66
現場的な方法としては、次のような方法があります。
① 透明な成形品では、2枚の偏光板の間（クロスニコルの状態）に成形品を挟んで、目視観察すると、配向ひずみがあると縞模様が見えます。
② レーザ光を用いて、複屈折（光路差）を測定する方法もあります。
③ 配向ひずみが発生したときの温度まで昇温すると、ひずみは回復し収縮します。このように加熱収縮させることによって、配向ひずみの大きさを定性的に評価することもできます。

[さらに詳しく]▶▶

学術的には、レーザラマン法、X線散乱法、X線小角散乱法などによる方法もある。

Q67
残留応力が存在すると、実用上どのような障害になりますか。

A67
次のような障害になります。
① クラック発生限界応力以上の残留応力が存在すると、クラックが発生する。
② クラックが発生しないでも、残留応力が存在すると時間が経つとそりや変形が生じることがある。

[さらに詳しく]▶▶

①に関連するトラブルは、非晶性プラスチックの製品に多く見かけられる。②に関連するトラブルは、結晶性プラスチックの製品に多く見かけられる。

Q68
残留ひずみの測定法について教えて下さい。

A68
現場的には、次の方法があります。
① プラスチックによって異なりますが、クラックを発生させる限界応力のわかった溶剤に、成形品を浸漬することによって、その成形品の残留応力の大きさを推定する。
② 成形品を部分的に切断して、切断後の成形品の変形量または切り出し片の変形量から、残留ひずみの大きさを相対的に評価する（図11.36）。

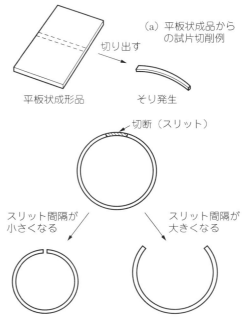

図11.36 試片切削法による残留ひずみの測定方法の例

[さらに詳しく]▶▶

①の試験は、クラック発生限界応力を段階的に変化させることのできる溶剤を選ぶとよい。

Q69
アニール処理とは、どのような方法ですか。

A69
成形品を高温で処理することによって、成形品の残留ひずみを緩和させる方法です。

[さらに詳しく]▶▶

アニール処理の目的としては、次のことがある。
① 残留ひずみを低減することによって、使用中にクラックが発生するのを防止する。
② 使用中に変形やそりが発生しないように、寸法を安定化する。
③ 高温下での強度や荷重たわみ温度を向上させる。

Q70
アニール処理条件について、教えて下さい。

A70
非晶性プラスチックと結晶性プラスチックに分

けてアニール条件の目安を説明します。非晶性プラスチックでは、次の方法があります。荷重たわみ温度より5〜10℃低い温度で処理する。熱風循環式のオーブンでは、処理時間としては、2〜3mm厚の成形品では2〜3時間を目安とする。

結晶性プラスチックでは、その成形品が使用される温度より、20〜30℃高い温度で処理することが多い。処理は熱風循環式オーブンを使用することもあるが、熱酸化劣化を示すことが多いので、流動パラフィン、塩浴などを用いることもある。処理時間は非晶性プラスチックとほぼ同じである。

[さらに詳しく]▶▶

アニール処理は、温度は高いほうがひずみを緩和させる効果は大きいが、逆に成形品が変形するので限界がある。そのため上述の温度で処理される。

11.7 射出成形における製品設計及び成形条件と強度

Q71 ウェルド部強度が低いのは、なぜですか。

A71
ウェルド部分で溶融樹脂が合流するとき、流動先端の樹脂温度の低下、分子の並び方の乱れ、流動先端に集まるガスによる溶着不足などが主な原因で、強度が低くなります。また、合流点において溶融粘度が高いときには、ウェルド部の表面には図11.37のように微小なノッチが生じることがあり、この部分における応力集中によっても強度が低下することがあります。

[さらに詳しく]▶▶

ウェルド部分は、引張破断ひずみや衝撃強度の低下が顕著である。特に、繊維強化材料のウェル

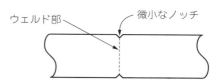

図11.37　ウェルド部の表面に発生する微小なノッチ

図11.38　ガラス繊維強化材料のウェルド部での繊維配向状態

ド部分では図11.38のように繊維が配向するため、強度が低い。また、ポリマーアロイ系材料では、ウェルド部ではモルフォロジーが変化するため、強度が低下することがある。

製品設計では、ゲート位置の選定や肉厚分布などの適性化が重要である。

Q72 製品の形状設計では、応力集中はどのような要因で起こりますか。

A72
コーナアール、パーティングラインの段差、ゲート仕上げ跡の微細な凹凸などが応力集中の要因になります。

[さらに詳しく]▶▶

微小な凹凸に対する応力集中の感度(ノッチ感度)はプラスチックによって異なる。例えば、

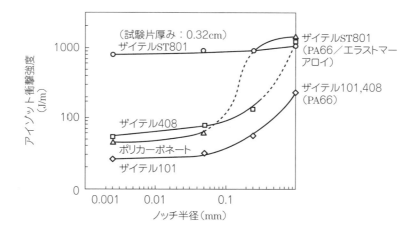

図11.39　ポリマーアロイ材料(ザイテルST801)のノッチ半径依存性[4]

POMや繊維強化材料はノッチ感度が高いので、応力集中を起こしやすい。一方、ゴム成分とのアロイ系プラスチックではノッチ感度は鈍感である。図11.39[4]にPA/エラストマアロイ(ザイテルST)のノッチアールと衝撃強度の関係を示す。

製品設計では、コーナには、0.5mmR以上のアールを付けることが望ましい。

Q73
材料力学の式を用いて設計計算する場合の注意点を教えて下さい。

A73
フックの弾性限度内では、材料力学の式が成り立つので、この範囲内では応力や変形量を計算できます。ただ、長時間にわたって応力やひずみをかけ続ける場合には、クリープ変形や応力緩和を考慮する必要があります。

[さらに詳しく]▶▶

材料力学の計算式は、微小変形を前提にして導かれた式であるので、高荷重や大変形の場合には適用できない。また、プラスチック特有の粘弾性挙動も考慮しなければならない。

Q74
成形時に材料の熱分解を防ぐにはどのような点に注意すべきですか。

A74
シリンダ中での熱分解は、樹脂温度と滞留時間に左右されます。樹脂温度が低くても、滞留時間が長ければ、熱分解する可能性はあります。熱分解性はプラスチックによっても異なりますので、それぞれの樹脂に適した樹脂温度と滞留時間の範囲内で成形する必要があります。

[さらに詳しく]▶▶

成形条件以外に、樹脂についても、酸化防止剤、着色剤、添加剤などの種類や添加量によっても、熱分解性は異なることを注意すべきである。

Q75
成形時に加水分解による材料の分解を防ぐには、どのような注意が必要ですか。

A75
PC、PBT、PET、LCPのようにエステル結合を有する樹脂では、成形する前に材料を予備乾燥する必要があります。それぞれのプラスチックに適した予備乾燥条件を守る必要があります。

[さらに詳しく]▶▶

表11.3に加水分解しない限界吸水率と予備乾燥条件を示す。予備乾燥の目的は、成形するときに、ペレット中の水分量を限界吸水率以下に下げることである。プラスチックの場合、温度が高くなれば材料の吸水率は低くなる(図11.40)。従って、予備乾燥温度は限界吸水率を達成できる温度である。また、材料(ペレット)を昇温するための時間とペレットの中の水分を外部へ拡散させて限界吸水率以下に下げるための時間の和が乾燥に必要な時間である。

表11.3 限界吸水率と予備乾燥条件

樹　脂	限界吸水率	予備乾燥条件 (℃)	(h)
PC	0.015〜0.020	120〜125	3〜5
PBT	0.010〜0.020	120〜130	3〜5
PET	0.005〜0.010	130〜140	3〜5

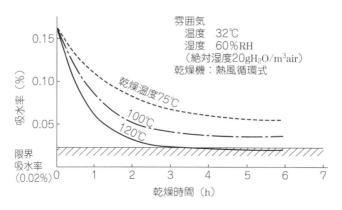

図11.40　乾燥温度とペレット吸水率(PC)

Q76
分子配向ひずみの発生を小さくするための成形条件の設定について教えて下さい。

A76
分子配向ひずみを少なくする成形条件は、次の通りです
① 樹脂温度を高くする。
② 保圧を低くする。
③ 金型温度を高くする

さらに詳しく ▶▶

樹脂温度を高くすると、溶融粘度は小さくなるので、充填過程で発生するせん断力は小さくなる。また、充填完了後にキャビティ内で体積収縮する分を、保圧をかけて樹脂を補充するが、この保圧を低くすればせん断力は小さくなる。せん断力が小さくなれば、分子配向ひずみは小さくなる。金型温度は高いほうが、分子配向ひずみを緩和する効果がある。

Q77
残留ひずみの発生を小さくするための成形条件について教えて下さい。

A77
残留ひずみの発生を少なくする成形条件は、次の通りです。
① 金型温度を高くする。
② 保圧を低くする。

さらに詳しく ▶▶

金型温度を高くすることは、残留ひずみを緩和させる効果になる。金型の中でアニール処理する効果と考えられる。また、保圧が低いと、ゲート部分と流動末端で圧力の差が小さくなることため、

残留ひずみは小さくなる。金型温度と保圧の間には交互作用がある。例えば、**図11.41**は、PC成形品を四塩化炭素に浸漬し、クラックが発生するまでの時間の長さをもとに、残留ひずみの大きさを相対的に評価した結果である。同図からわかるように、金型温度が高い場合には保圧の影響は大きいが、金型温度が低い場合には、保圧の効果は小さくなる傾向がある。この理由は、金型温度が低い場合には、固化層の形成が速いタイミングで起こるため、保圧の効果がキャビティ内に及ばなくなることが主原因と考えられる。

Q78
成形時に生じる強度上の欠陥としては、どのような欠陥がありますか。

A78
気泡、異物、表面の傷、ウェルドライン、異樹脂の混入、微細なクラックなどがあります。

さらに詳しく ▶▶

上述の欠陥部で微細なクラックについて少し詳しく説明する。

吹き付け型の離型剤を金型に塗布し過ぎた場合に、離型剤に含まれていた溶剤でクラックが発生することがある。この現象は、PC、ABSなどのような非晶性プラスチックの成形でよく発生する不良現象である。

また、シャープコーナのある成形品では、離型するときの突き出し力でコーナ部に応力が集中してクラックが発生することがある（**図11.42**）。微細なクラックが発生している場合には、成形後の検査工程では発見されず、使用段階でクラックが成長して割れトラブルになることがある。

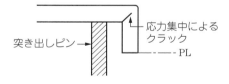

図11.42　突き出し時の応力集中によるクラック発生例

Q79
再生材をバージン材に混ぜて使用する場合、配合する再生材の混入率は制限がありますか。

A79
バージン材に再生材を一定の比率で混ぜて使用する場合には、再生材として混入されたものは一定の比率で、製品のほうに出て行くので、再生回数とともに物性は一定の値に近づく特性がありますが、一般的には、再生材は20〜30％以下で混入するのが安全です。また、UL746Dでは、再生材

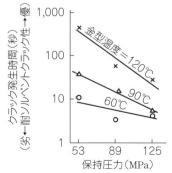

図11.41　残留ひずみに与える保圧及び金型温度の影響（PCの例）

の混入比率は25%未満であれば、バージン材のUL認定値を適用できるとなっています。

さらに詳しく ▶▶

等比級数的扱いで、再生材の混入比率と物性の低下を理論的に計算してみると、図11.43のようになる。100%再生では、物性は繰り返し回数とともに低下するが、一定の比率で混入する場合は、繰り返しとともに、物性は一定の値に近づく特性曲線になる。ただ、同図の場合は、再生品を粉砕して、そのままバージン材に混ぜて使用するケースについての図である。再生材をリペレット化して使用する場合、熱履歴は1回多くなることを考慮すべきである。

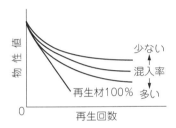

図11.43 再生材の混入率と物性劣化の関係（理論値）

Q80
再生材の使用では、どのような点を注意すべきですか。

A80
次のような注意点があります。
① 成形する際には、離型剤（吹き付けタイプ）、インサート金具などは、再生材に混入する可能性があるので、使用は避けるほうがよい。
② 成形段階で熱分解の著しいものは再生材としては使用しない。
③ ガラス繊維材料では、再生繰り返しで、繊維が破砕して短くなるため、強度が低下することに注意する（成形収縮率も変化する）。
④ 保管中に異物（異樹脂、異物、埃など）が混入しないように、再生材を管理する。

さらに詳しく ▶▶

上述の注意点は、成形工程で発生するスプル、ランナ、成形品などの再生についての注意事項である。市場で使用された製品の回収品については、さらに製品の解体、分離、分別など工程は長くなるので、他の注意が必要になる。

11.8 割れトラブルの原因究明

Q81
割れトラブルの原因究明では、どのようなことに注意すべきですか。

A81
次のことが大切です。
① トラブル発生現場の状況を詳細に調査する。また、現認者の意見を聞く。
② 過去における類似のトラブル発生の有無を調べる。
③ トラブル発生ロットを特定して、使用材料を含めてロットトレーサビリティを行う。
④ トラブル状況をもとに、仮説を立てて原因を究明する。

さらに詳しく ▶▶

原因究明のフローを図11.44に示す。トラブル原因の究明については、仮説を立てて検討することが大切である。仮説を立てるためには、使用したプラスチックのネガティブデータ（弱点データ）に関する技術情報を集める必要がある。

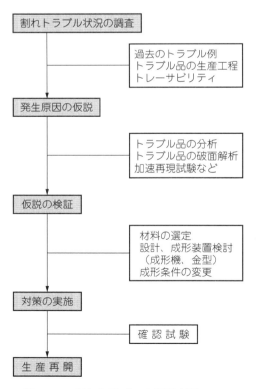

図11.44 割れトラブルの原因究明フロー

Q82
割れトラブルは、発生率のばらつきが大きいのはなぜですか。その場合どのような検討方法がありますか。

A82
一般に、破壊は、確率的現象といわれており、発生率はばらつきます。そのため破壊原因の追求には、次のような方法があります。
① 1条件での試料数に多くして、破壊確率データをもとに検討する。
② いくつかの水準で試験して、50%破壊する水準を求めて、そのデータで検討する。

さらに詳しく ▶▶

クラックの発生は、速度過程であるといわれている。従って、力がかかっても、すべの試料が公平に破壊するわけではなく、エネルギーの山(ポテンシャル)を超えた場合のみ破壊する。ポテンシャルの山を越えることは確率的な現象である(図11.45)。

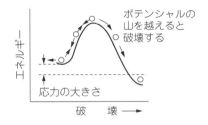

図11.45 破壊における速度論の考え方

Q83
割れの発生率が極めて低いトラブルは、どのように究明したらよいですか。

A83
万能な方法はありません。筆者の経験では、割れ発生状態(破壊個所、破面、破壊する方向など)に注目して、実際の割れトラブルと同じ破壊状態を再現できる要因を探すことで解決したことがあります。その場合の手順は次の通りです。
① 割れ要因について特性要因図を画き、主要な要因をピックアップする。
② それぞれの主要な要因について、割れが発生しやすい方向の水準を選定して、意図的に割れを発生させる。
③ 破面の状態、クラックの方向などを観察し、実際の割れトラブルと同じ破壊状態になる要因を見つける。
④ その要因について、安全側になるように設計変更する。

さらに詳しく ▶▶

以上の条件で、原因が見つからない場合は、何か見落としがあるので、もう一度原点にかえって、トラブル発生状況を精査してみる必要がある。

Q84
成形現場で材料が分解劣化しているかチェックする簡便的な方法を教えて下さい。

A84
成形条件や成形品をよく観察し、過去における良品と比較して、次のような症状がある場合は、劣化している可能性がありますので、さらに詳細に調べる必要があります。
① オーバパックになりやすい。
② フリー射出すると、溶融樹脂塊中に細かい気泡が多く認められる。
③ 成形品の重量がショット毎にばらつく。
④ 成形品が、全体または部分的に変色している。
⑤ 成形品表面に銀条(シルバーストリーク)、くもりなどの不良現象が認められる。
⑥ スプルやランナを曲げると簡単に破壊する(良品の場合との比較感)。
⑦ 成形品をたたくと簡単に割れる、または脆い(良品の場合との比較感)。

さらに詳しく ▶▶

図11.46に材料の熱分解による要因と不良現象の関係を示す。熱分解による劣化の初期症状として、成形段階でいろいろな不良現象が表れることを注意すべきである。

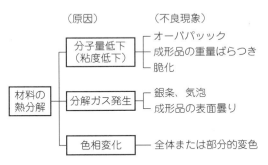

図11.46 材料の熱分解による不良現象

Q85
原因究明の加速再現試験の方法について教えて下さい。

A85
一般的には、次のような方法があります。
① 温度・湿度サイクル試験(ヒートサイクル、ヒートショック、温湿度サイクル)
② 環境劣化試験(熱処理、温水・高湿度処理、

紫外線照射、屋外暴露、塩水噴霧など)
③ストレスクラック試験(ESC 試験)
④動的寿命試験(疲労試験、摺動試験、歯車寿命試験)

[さらに詳しく]▶▶

割れトラブル原因の究明では、これらの試験法は絶対的な寿命を評価する方法ではなく、実使用条件より厳しい試験(いわゆるいじわる試験)によって、破壊個所や破壊状態の確認、良品との比較などの評価を行うために用いるとよい。

Q86
成形品の分子量の測り方を教えて下さい。

A86
溶液粘度の測定法が一般的に行われています。この方法は、一定量の試料を溶剤に溶解し、その溶液の粘度から粘度平均分子量または粘度数を求める方法です。この方法はプラスチックを溶解する溶剤がある場合に限られます。JIS では、PA、PVC、PE、PP、ポリエステル系樹脂などについては規格に定められています。また、PC も粘度法で分子量を測定しています。

[さらに詳しく]▶▶

成形時の材料の分解を調べる場合には、分子量が低いと MFR の値は大きくなるので、MFR の測定から、相対的に材料の分解の程度を評価することも可能である。その場合、成形に用いた材料の MFR と成形品の MFR の差の大きさ(ΔMFR)で劣化の程度を評価する必要がある。
また、分子量の測り方としては、粘度法以外に、浸透圧法、光散乱法、GPC 法などがある。

Q87
成形品の密度の測り方を教えて下さい

A87
JIS K7112では、水中置換法、ピクノメータ法、浮沈法、密度勾配管法などの方法が規定されています。

[さらに詳しく]▶▶

結晶性プラスチックの場合には、密度の値がわかると、結晶化度の値を求めることができる。

Q88
破壊の原因究明に当たって異物の分析について教えて下さい。

A88
異物の分析に先だって、ルーペまたは光学顕微鏡で異物の形態を調べることが大切です。異物を取り出して、形態(繊維状、球状、破片状、未溶融物状など)、色相(白い、黒い、金属色など)などを観察することによって、おおよそ原因を推定できるものです。さらに、異物の内容を詳細に調べる場合には機器分析によることになります。

[さらに詳しく]▶▶

異物分析の手順を図11.47に示す。詳細に異物を分析する場合には、機器分析を行う。樹脂異物では赤外分光計または顕微赤外分光計、有機物では質量分析計または熱分解クロマトグラフィ／質量分析計、金属異物は X 線マイクロアナライザー(EDX)または走査型電子顕微鏡(SEM)/X 線マイクロアナライザー(EDX)などを用いる。また、機器分析に当たっては、異物混入の可能性のある物質に関する情報または現物を分析者に提供することも、異物の内容を正確に調べる上で大切である。

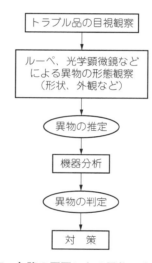

図11.47　欠陥の原因になる異物の分析フロー

Q89
プラスチック成形品の破面解析の方法について教えて下さい。

A89
破断した破面を拡大して観察し、その模様から破壊の原因を調べる方法です。方法としては、ルーペなどでも、ある程度原因を判別できる場合もありますが、走査型電子顕微鏡(SEM)で観察する方法が一般に行われています。SEM では焦点深度の深い写真を撮影できるので、破面模様を詳細に観察することができます。

[さらに詳しく]▶▶

破面解析法は航空機、船舶などで金属材料の破壊原因の究明に古くから利用されている方法である。プラスチックの場合は、種類、品種の違い、

破壊するときの条件(温度、ひずみ速度)などによって破面の模様が異なるので、金属材料のように確立した技術にはなっていない。トラブルの状況に関する情報が少ない場合、発生原因を裏付けるデータの1つとして利用されている。

Q90
破面解析ではどのようなことがわかりますか。

A90
破面解析から、次のようなことが分かります。
① 破壊はどちらの方向に進行したか。
② 破壊の起点はどの部分か(異物、シャープエッジ、気泡)。
③ どのような力がかかったか(衝撃、疲労、クリープ、ソルベントクラック)。
④ 延性破壊か脆性破壊か。

さらに詳しく ▶▶

結晶性プラスチックと非晶性プラスチックでは、破面の模様は異なる。非晶性プラスチックでは、比較的明瞭な破面を示すことが多い。一方、結晶性プラスチックでは、結晶部と非晶部が存在するため、破面の模様は複雑であり、走査型電子顕微鏡で高倍率にして観察することが多い。また、充填材で強化した材料では、フィラーの影響が加わるので含有率が高いと破面の模様は観察が困難になる。

11.9 割れトラブル事例

Q91
インサート品の割れ不良は、なぜ金具周辺から放射状にクラックが発生するのですか。

A91
インサートによる残留応力は、冷却するときにプラスチックと金具の線膨張係数の差によって発生します。そのとき発生する応力は、金具と接触するプラスチック部分の周方向で最大の応力が発生します。そのため、金具接触部分のプラスチック層から放射状にクラックが発生します(図11.48)。

さらに詳しく ▶▶

インサート金具周囲の樹脂層に発生する引張応力は、図11.49に示すように、金具との接触部分で最大であり、樹脂層外面で最少になる。また、発生応力は直線的に減少するのではなく、金具の半径($b/a=2$)あたりまで急激に減少して、それ以上では比較的なだらかに減少している。インサート金具と接触するプラスチック層の発生応力を小さくするには、肉厚は金具の半径以上に設計することが推奨されている。

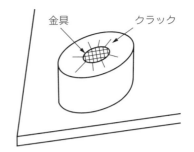

図11.48 インサート金具周囲に発生するクラック発生状態

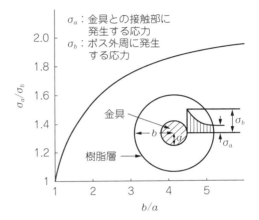

図11.49 インサート金具周囲の樹脂層に発生する応力

Q92
インサート金具周囲に発生する残留応力をアニール処理で除去できますか。

A92
アニール処理でインサートの残留応力を除去することはできません。アニールすると、残留応力は大きくなる場合があります。

さらに詳しく ▶▶

アニールのために、高い温度にするとプラスチックは熱膨張して、残留応力は小さくなるため、アニールの効果はほとんど認められない。結晶性プラスチックでは、高い温度で処理する過程で後結晶化によって収縮するため、かえって残留応力は大きくなる場合がある。

Q93
PC成形品を軟質ポリ塩化ビニル（PVC）袋に入れておいたら、クラックが発生しました。原因と対策を教えて下さい。

A93
軟質PVCには可塑剤が含まれています。PC成形品を同フィルム袋の中に入れておくと、徐々に可塑剤がPC成形品に移行します。可塑剤は、PCに対しソルベントクラック性があるので、成形品に限界以上の残留応力があるとクラックが発生します。対策は次の通りです。
① 袋の材質として可塑剤を含まない他の材質に変更する。
② 成形時に残留応力を発生しないように成形条件をコントロールする。
③ アニール処理で残留応力を除去する。

[さらに詳しく]▶▶

PCの場合、塩ビ袋の可塑剤と同じような影響があるものとしては、ゴムに含まれる老化防止剤、フェノール樹脂中のアミン系硬化剤、エポキシ系接着剤のアミン系硬化剤などがある。

Q94
ABS製のインサート成形品で、今までは問題なかったのに急にクラックが発生しました。原因と対策を教えて下さい。

A94
今までトラブルがなかったことから判断して、基本的なインサートの設計については問題ないと判断します。ABSは、油が付着していると、ソルベントクラックが発生します。おそらく、インサート金具を加工するときに使用した切削油が付着していたため、ソルベントクラックが発生したと推定されます。対策は、インサート金具を揮発油、有機溶剤などで洗浄し、完全に乾燥してから使用することをおすすめします。

[さらに詳しく]▶▶

インサート金具からの割れ原因については、金具周囲の肉厚の薄過ぎ、金具のシャープエッジによる応力集中、金具周囲のプラスチック層に発生するウェルドラインなどの影響があるが、上述のケースは、これまでトラブルが発生していなかったことから、作業上の問題と判断した。

Q95
圧入した金属シャフトの引抜力がばらつきます。原因と対策を教えて下さい。

A95
圧入する樹脂側の内径がひけているため内径寸

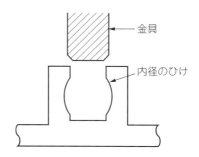

図11.50　ボス内径のひけによる圧入金具の引抜力ばらつき

法がばらついたと推定されます（図11.50）。対策は金型設計でコアに冷却溝を設置、またはヒートパイプを設けて冷却し、内径のひけを防止する必要があります。

[さらに詳しく]▶▶

成形時にコアと接する内径側はひける傾向がある。特に連続成形すると、コアの温度が上がり、ひけが発生しやすくなる。内径がひけると、金属シャフトを保持するための締め代が小さくなるため引抜力が小さくなる。

Q96
通しボルトで締め付けておくとクラックが発生しました。対策を教えて下さい。

A96
通しボルトの締め付け力が過大であるため、締め付け部周辺に押し広げる応力が発生して割れたと推定されます（図11.51、図11.52）。締め付けトルクの大きさを規制するか、ワッシャの面積を大きくして締め付けによる圧縮応力を軽減することが対策になります。

[さらに詳しく]▶▶

金属材料に比較すると、プラスチックの許容応力は小さいため、金属材料と同じように締め付けると、割れトラブルが起こりやすい。

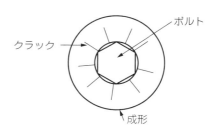

図11.51　通しボルトの締め付け力によるクラック発生状態（上から見た状態）

第11章 プラスチックの強度に関するQ&A

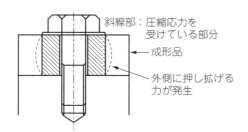

図11.52 通しボルトの締め付けによる圧縮応力の影響

Q97
PC成形品の下穴をタップで雌ねじを加工したところ、時間が経つとねじ加工部分からクラックが発生しました。タップ加工には切削油を使用しています。原因と対策を教えて下さい。

A97
ねじをタップ加工するときに使用した切削油が成形品のねじ部に付着していたため、ソルベントクラックによると推定されます。ソルベントクラック性の小さい切削油に変更して下さい。また、タップ加工条件が不適であるために、加工による残留応力が過大な場合にも、クラックが発生することがあります。このような場合には、加工面が発泡または肌荒れしているので、目視で判定できます。タップ加工条件の変更、または鋭利な錐を使用して下さい。

さらに詳しく ▶▶

切削油を使用せざるを得ない場合には、水溶性切削油を使用して、切削後に水洗するほうがよい。

Q98
真鍮製の金具をインサートしたPP成形品を80℃前後の環境で使用していたら、インサート金具周囲が変色し、PPが脆くなりました。原因と対策を教えて下さい。

A98
PPは、真鍮の成分である銅に接触すると、銅が分解の触媒として作用して劣化する特性があります。銅害を防止したグレードもありますので、PPのグレード変更をおすすめします。

さらに詳しく ▶▶

PPやゴムは、銅のような重金属イオンによって酸化劣化を起こすことがある。そのため重金属イオンとキレート化合物を形成して、酸化劣化を防止する重金属不活性剤（銅害防止剤）を添加することがある。

Q99
ガラス繊維強化の半芳香族ポリアミドの成形品で剛性が低いのですが、どうしてですか。金型温度は90℃で成形しました。

A99
金型温度が低いため、成形時に結晶化が十分進まなかったため、剛性が低くなったと考えられます。金型温度を130～140℃にすれば、結晶化がすすみ、剛性は高くなります。
また、成形品をアニール処理することでも、剛性は高くなります。ただ、そりを生じることがありますので、問題がないことを確認の上実施して下さい。

Q100
POM成形品に衝撃力を加えると、ゲート仕上げ個所から脆く割れます。原因と対策を教えて下さい。

A100
ゲート仕上げが悪くて凹凸がある場合、衝撃力が加わると、応力集中によって破壊することはあります。表面を平滑に仕上げて下さい。

さらに詳しく ▶▶

POMはノッチ感度の高い樹脂であるので、微細な凹凸でも応力集中を起こしやすい。

11.10 ポリマーとプラスチック

Q101
ポリオレフィンとは、どんなプラスチックですか。

A101
オレフィンは分子中に1つの二重結合をもつ不飽和脂肪族炭化水素（C_nH_{2n}）の総称です。オレフィンを重合したポリマーがポリオレフィンです。ポリエチレンはエチレン（C_2H_4：$CH_2=CH_2$）を、ポリプロピレンはプロピレン（C_3H_6：$CH_2=CH-CH_3$）をそれぞれ重合したポリオレフィンです。

さらに詳しく ▶▶

オレフィンの二重結合の位置をα、β、γなどで示します。次の化学式は1-ブテンの化学式と二重結合の位置を示します。

$$\overset{\alpha}{C}H_2 = \overset{\beta}{C}H - \overset{\gamma}{C}H_2 - \overset{\delta}{C}H_3$$

1-ブテン

末端のα位に二重結合を有するものをα-オレフィンと称します。ポリエチレンやポリプロピレ

ンには主モノマーとα-オレフィンを共重合した品種もあります。

Q102
ホモポリマーとコポリマーの違いは何ですか。

A102
同一のモノマーを重合したものがホモポリマー（単独重合体）です。コポリマー（共重合体）は主モノマーとコモノマーを重合したものです。図11.53のように、コポリマーにはランダムコポリマー、ブロックコポリマー、グラフトコポリマーなどがあります。

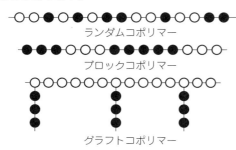

図11.53　コポリマーの種類

さらに詳しく ▶▶

ホモポリマーのポリプロピレンは低温衝撃性が良くありません。エチレンまたはα-オレフィンと共重合すると、強度や弾性率はやや低くなりますが、耐寒衝撃性は改良されます。

ホモポリマーのポリアセタールは結晶化度が高いので、強度や弾性率は高いですが、成形時の熱安定性が良くありません。コモノマーとしてエチレンオキサイドまたは1,3-ジオキソランと共重合したコポリマーは、結晶化度がやや低くなりますが、成形時の熱安定性は向上します。

Q103
分岐ポリマーとは、どんなポリマーですか。

A103
図11.54に示すように、幹になる分子鎖（主鎖）に枝分かれした分子鎖（側鎖）が結合した構造のポリマーです。

図11.54　分岐ポリマーの構造

さらに詳しく ▶▶

高圧法で重合されたポリエチレン（PE）は分岐構造になります。分岐構造PEは結晶化度が比較的低いですが、耐衝撃性やフィルムの透明性は優れています。また、ポリフェニレンスルフィド（PPS）は分岐化することによって、見かけ分子量を大きくしたタイプもあります。

Q104
ポリマーの立体規則性とは、どんなことですか。

A100
幹になる分子鎖（主鎖）に対して枝になる分子鎖（側鎖）の配列状態を立体規則性といいます。図11.55に示すように、側鎖Rが一方向に規則的に配列しているタイプをアイソタクチック、Rが交互に規則的に配列しているタイプをシンジオタクチック、Rがランダムに配列しているタイプをアタクチックといいます。立体規則性の違いによってポリマーの性能が異なります。

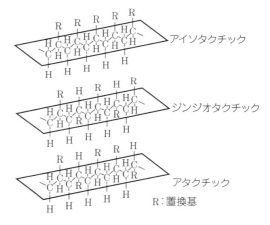

図11.55　ポリマーの立体規則性によるタイプ

さらに詳しく ▶▶

PPではアイソタクチックPPは結晶化度が高く、強度や耐熱性が優れていることから広く使用されています。

PSではアタクチックPSは透明性や流動性が優れることからPS-GPとして広く使用されています。しかし、触媒技術（メタロセン触媒）を用いて重合したシンジオタクチックPSは結晶化速度が速く、結晶融点も270℃と高耐熱プラスチックになります。

第11章　プラスチックの強度に関する Q&A

Q105
ポリマーアロイとは、どんなプラスチックですか。

A105
複数のポリマーをブレンドした材料をポリマーアロイといいます。

重合技術によって新しい性能・機能のポリマーを開発する方法に比較すると、要求性能に応じた材料を開発しやすいこと、短期間で開発できること、設備投資額が少ないことなどの利点があります。

なお学問的には、ブレンド材料以外にコポリマーを含めた高分子多成分系材料をポリマーアロイといいます。

さらに詳しく▶▶

混ざりやすい（相溶性が良い）ポリマー同士を混ぜたポリマーアロイには、PPE/PS、PC/ABSなどがあります。相溶性が良くないポリマーを混ぜたポリマーアロイにはPPE/PA、PC/PBT、PA/エラストマー、POM/エラストマーなどがあります。相溶性が良くない組み合わせのポリマーをアロイにする場合にに相溶化技術の開発が必要です。

Q106
充填材を充填すると、どんな性質が向上しますか。

A106
ガラス繊維、炭素繊維などの繊維系強化材を充填すると、強度、弾性率、寸法安定性などが向上します。なお、炭素繊維を充填すると導電性もよくなります。

充填剤にはマイカ、炭酸カルシウム、タルク、ガラスビーズなどがあります。これらの充填剤を充填すると、吸水率の低下、線膨張係数の低減、そり低減などにより寸法安定性が向上します。

さらに詳しく▶▶

導電性を良くするには、炭素繊維、ケッチェンブラック、金属繊維などの充填剤を充填します。

熱伝導性を良くするには、窒化ホウ素、グラファイト、酸化亜鉛などの充填剤を充填します。

Q107
フィラーナノコンポジットとは、どんなものですか？

A107
ナノメーター粒子の無機充填剤を充填すると粒子間隔が小さく、かつ粒子の表面積も大きくなるので少量の添加量でも充填剤の効果が大きくなり

ます。その結果、強度、耐熱性、ガスバリヤー性などが向上します。

さらに詳しく▶▶

半径 r の球が体積分率 V で均一に分散しており、球は半径 r の単分散とし、体積分率は系の全体積が1のとき、V の割合で分散相が占めるとします。また、分散粒子間の距離 d は一定であるとします。このように仮定したときの分散粒子間の距離 d と粒子の全表面積 A は次式で示されます。

$$d = \left[(4\pi\sqrt{2}/3V)^{1/3} - 2\right]\cdot r$$
$$A = 3V/100\,r$$

ここで、d：粒子間距離
V：フィラーの体積分率
r：粒子径
A：全表面積

上式からわかるように、体積分率 V が一定の場合、粒子径 r を小さくすると分散粒子間距離 d は比例的に小さくなり、また全表面積 A は反比例して大きくなることがわかります。

Q108
エンジニアリングプラスチック（エンプラ）とは、どんなプラスチックですか。

A108
エンジニアリングプラスチック（以下エンプラと略す）という用語は、デュポン社がポリアセタール「デルリン」を上市したときに、金属を代替するプラスチックと言う意味で用いられたのが始まりです。以後、主として工業部品用に使用するプラスチックの総称とされるようになりました。定義はありませんが、実用耐熱温度は100℃以上、強度は50MPa 以上のものをエンプラとされています。

さらに詳しく▶▶

使用量の多いポリアミド（PA）、ポリアセタール（POM）、ポリカーボネート（PC）、変性ポリフェニレンエーテル（mPPE）、ポリブチレンテレフタレート（PBT）などは汎用エンプラと称しています。

スーパーエンプラは、汎用エンプラを超える性能を有するプラスチックの総称です。一般的に実用耐熱温度は150℃以上です。ポリフェニレンスルフィド（PPS）、液晶ポリマー（LCP）、ポリアリレート（PAR）、ポリスルホン（PSU）、ポリエーテルスルホン（PES）、ポリエーテルエーテルケトン（PEEK）、ポリアミドイミド（PAI）、ポリエーテルイミド（PEI）、ポリイミド（PI）などがあります。

— 303 —

Q109
バイオプラスチックとは、どんなプラスチックですか。

A109
植物原料から誘導されるプラスチックをバイオプラスチックといいます。二酸化炭素と水から光合成によって生育した植物から合成したバイオプラスチックが、廃棄段階で二酸化炭素を発生しても、地球環境の二酸化炭素を増加させることにはなりません。これをカーボンニュートラルといいます。例えば、ポリ乳酸はトウモロコシを原料としています。図11.57にポリ乳酸のライフサイクルを示します。

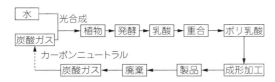

図11.57　ポリ乳酸のライフサイクル

さらに詳しく▶▶

日本バイオプラスチック協会の「バイオプラスチック識別表示制度」では、バイオマス度として製品重量の25％以上のものをバイオプラスチックとしています。すべて植物由来のタイプ、石油（ナフサ）由来原料を一部に用いたタイプ、植物由来プラスチックと石油由来プラスチックとのポリマーアロイなどがあります。

Q110
光学用プラスチックとは、どんなプラスチックですか。

A110
メガネレンズ、光学レンズ、光ディスク基板、導光板などの光学部品に使用される透明プラスチックです。プラスチック光学部品は軽量化、小型化、生産性向上などの利点があります。光学用プラスチックにはメタクリル樹脂系、ポリカーボネート系、環状ポリオレフィン系、フルオレンポリエステル系などがあります。

さらに詳しく▶▶

光学用プラスチックは、共通的に次の特性が求められます。
①全光線透過率が高いこと（肉厚3mmで90％以上）
②複屈折が小さいこと
③温度や湿度による光学特性の変化が少ないこと

特に光学レンズ用プラスチックは、次の特性が求められることがあります。
①屈折率が大きいこと（レンズの薄肉化）
②アッベ数が大きいこと（色鮮明度の向上）

一方、光学部品の射出成形では、良流動性、良熱安定性、低異物、良離型性なども求められます。

引用文献
1) 成澤郁夫：プラスチックの強度設計と選び方，p. 31，工業調査会(1986)
2) 成澤郁夫：高分子材料強度学，pp. 274-276，オーム社(1982)
3) 成澤郁夫：プラスチックの強度設計と選び方，p. 99，工業調査会(1986)
4) 松島哲也：プラスチックス，**35**(3)，68(1984)

コラム　現場からのひとこと⓫
ポリマーとプラスチック

　ポリマー（高分子）の基本的な定義は、IPUPAC（国際純正応用化学連合）の高分子命名委員会によって提案されており、本質的には構成単位（モノマーユニット）が合成反応によって繰り返し結合した重合体とされている。この繰り返し結合の数を重合度といい、分子量は繰り返し単位の分子量と重合度の積である。例えば、ポリエチレンの化学式は次式で示される。

　　　$[-CH_2-CH_2-]_n$

　ここで、$[-CH_2-CH_2-]$ が繰り返し単位、n が重合度である。一般的に分子量10,000以上（重合度100以上）ものをポリマー、10,000以下（重合度2〜100）のものをオリゴマー（低重合体）と称している。実際には小さい分子量から大きい分子量まで分布しているので、平均分子量で表現する。また、単純な線状ポリマーではなく、分岐構造、網状構造などもあるので複雑である。

　JIS用語の定義では、プラスチックは「必須の構成成分として高重合体（ポリマー）を含み、かつ完成製品へのある段階で流れによって形を与え得る材料」となっている。わかりやすく表現すれば、射出成形、押出成形、ブロー成形などで成形加工できる材料をプラスチックという。一般的に繊維、塗料、ゴムなどはプラスチックには分類されていない。また、プラスチックのことを樹脂と表現することもある。樹脂の語源は、樹木から分泌され滲みだして固まった樹脂状物質のことであるが、その後にプラスチックのことを合成樹脂または略して樹脂と表現するようになった。

　プラスチックには、熱可塑性プラスチックと熱硬化性プラスチックがある。

　熱可塑性プラスチックは、ポリマーを主原料にして、必要に応じて添加剤、充填材、着色剤を加えた成形可能な材料である。プラスチックの性質は主原料であるポリマーの性質を反映している。

　熱可塑性プラスチック成形品におけるポリマー形態の概念図を図1に示す。

図1　熱可塑性ポリマーの概念図

　ポリマーは強い共有結合で結びついているが、ポリマー間は主に弱いファンデルワールス結合で結びついている。このような結合状態のプラスチックを加熱すると、熱運動が活発になり、ポリマー間の結合力が低下する。成形過程では加熱すると徐々に軟らかくなり、やがて溶融状態になる。溶融状態で賦形したのち、冷却して成形品を作る。再度加熱すると、溶融して再成形できる。

熱硬化性プラスチック成形品のポリマー形態の概念図を図2に示す。

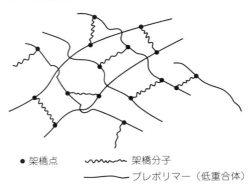

● 架橋点　〜〜〜 架橋分子　―― プレポリマー（低重合体）

図2　熱可塑性ポリマーの概念図

次のようにして熱硬化性プラスチック成形品を作る。
①線状プレポリマー（オリゴマー）を作る。
②プレポリマーに硬化剤を、必要に応じて添加剤、充填剤、着色剤など加えて成形材料を作る。
③同成形材料を硬化しない程度の低い温度で加熱して溶融させて賦形したのち、高温で加熱してプレポリマーに硬化剤を化学反応させて架橋構造の網状ポリマーにする。

架橋分子は強固な共有結合であるので、加熱してもポリマーの熱運動は制約される。その結果、再度加熱しても溶融しなくなる。

索 引

欧文

C

COC ················· 256
COP ················· 255

D

DSC (differential scanning calorimeter) ················· 104
DSC 曲線 ················· 106
DTA (differential thermal analysis) ················· 104
DTA 曲線 ················· 106

G

GPC 法 ················· 211

M

Mark–Houwink–Sakurada ······· 211
MFR (メルト・マス・フロー・レイト) の測定装置例 ······ 213

P

PA ················· 246
PA 系バイオエンプラ ················· 258
PE-UHMW ················· 244
PMP ················· 242
PvT 曲線 ················· 173

R

RTI (Relative Thermal Index) ················· 109

S

SPS ················· 243

S–N 曲線 ················· 75, 76
S–S カーブ (曲線) ················· 2, 275
stress whitening ················· 34

T

TGA (thermogravimetry analysis) ················· 104
TG 曲線 ················· 105

U

UL 社 (Underwriters Laboratories Inc) ················· 109

和文

あ

アイゾット衝撃強度 ················· 60
アスペクト比 ················· 27, 32, 234
アスペクト比と強度 ················· 32
アニール条件 ················· 182, 289
アニール処理 ················· 181, 288
アニール処理の注意点 ········· 182
アニール処理を必要とするケース ················· 183
アレニウス ················· 103
アレニウスの式 ················· 109
アンウィン ················· 140
安全率 ················· 140, 279
アンダーグラス屋外暴露法 ··· 120

い

異種プラスチック ················· 217
一次構造 ················· 21
一次酸化防止剤 ················· 101
異物の分析 (法) ·········· 216, 298
インサートクラックと対策 ··· 150
インサート成形 ················· 164
インサートによる残留ひずみ ················· 171

う

ウェルド部における繊維配向 ··· 31
ウェルドライン ················· 146

え

影響円筒 ················· 158
X 線マイクロアナライザー分析法 (EDX) ················· 218
エッジワイズ ················· 58, 60, 282
エリプソメータ法 ················· 178
延性破壊 ················· 7, 278

エントロピー弾性 ……………… 171
エンジニアリングプラスチック
　……………………………… 245

お

応力―ひずみ曲線 ……… 2, 51, 275
応力解放法 …………………… 181
応力緩和 ……… 69, 169, 181, 277
応力緩和特性 ………………… 71
応力緩和特性曲線 …………… 69
応力集中係数 ……………… 7, 145
応力集中体 ………………… 6
応力集中による割れトラブル
　……………………………… 195
屋外暴露試験法 ……………… 120
屋外暴露寿命 ………………… 131
押出プレス成形法 …………… 266
オゾナイト …………………… 125
オゾン劣化 …………………… 124
温水によるクラック ………… 85

か

カーボンアークランプ ……… 118
解重合型 ……………………… 104
界面活性剤系帯電防止剤 …… 26
化学的雰囲気下における強度 … 15
化学薬品による割れトラブル
　……………………………… 195
架橋 …………………………… 18
架橋構造 ……………………… 19
架橋剤 ………………………… 25
拡大流 ………………………… 29
過酸化物分解剤 ……………… 101
加水分解 ……………………… 184
加水分解スキーム …………… 111
加水分解（による）劣化
　…………………………… 110, 288
加水分解の確認 ……………… 186
仮説を立てる ………………… 201
加速クリープ ………………… 73
加速再現試験 ………………… 204
加速再現試験（方法）…… 222, 297
加速試験方法 ………………… 134
加速寿命試験法 ……………… 134
可塑剤 ………………………… 26

活性化エネルギー …………… 103
カップリング剤 ……………… 27
金具周囲に発生する残留応力
　……………………………… 149
加熱収縮法 …………………… 179
加熱法 ………………………… 181
ガラス転移温度 ……… 48, 49, 280
ガラス転移点 ………………… 48
環状ポリオレフィン系光学プラス
　チック ……………………… 255
完全相容系ポリマーアロイ … 37
含有率の測定法 ……………… 233
緩和時間 ……………………… 46, 72

き

キセノンアーク光源 ………… 118
気体生成型 …………………… 104
基底状態 ……………………… 9
キャビテーション効果 ……… 34
球晶 …………………………… 23
強度設計 ……………………… 140
強度に関する材料選定の着眼点
　……………………………… 197
共有結合 ……………………… 4
極限粘度 ……………………… 211
巨大分子 ……………………… 3
巨大分子の集合体 …………… 46
許容応力 ………………… 140, 279
亀裂伝播エネルギー ………… 2
金属異物 ……………………… 216

く

クラッキング ………………… 82
クラック …………… 82, 84, 286
クリープ ………………… 69, 277
クリープ、応力緩和による割れト
　ラブル ……………………… 196
クリープ限度応力 …………… 141
クリープ線図 ………………… 70
クリープ弾性率―時間線図 … 70
クリープ特性 ………………… 72
クリープ破壊寿命の予測
　…………………………… 131, 289
クリープ破断線図 ………… 71, 74
グリフィス …………………… 6

クレイズ ……………………… 82
クレージング ………………… 82
クレーズ …………… 82, 83, 286
クレーズ（massive crazing）… 34
クレーズ破壊 ………………… 7
クレーズ破壊臨界応力 ……… 7
グロッツス・ドレーバー …… 116

け

形状設計 ……………………… 144
計装化衝撃試験法 …………… 64
計装化落錘衝撃試験機 ……… 67
欠陥部と強度 ………………… 186
欠陥部の破面 ………………… 231
結晶化温度 …………………… 48
結晶化度測定法 ……………… 215
結晶構造 ………………… 23, 47
結晶状態観察法 ……………… 215
結晶性プラスチック ……… 47, 280
結晶（の）融点 …… 47, 48, 49
結晶部 ………………………… 47
ゲル状異物（ブツ）………… 216
ゲル化 ………………………… 102
限界分子量 …………………… 17
現場の使用状況調査 ………… 201

こ

高温加速試験 ………………… 134
光化学の第1法則 …………… 116
光化学の第2法則 …………… 137
光学用プラスチック ………… 253
高次構造 ………………… 11, 21
工程再生 ……………………… 187
降伏強度 ……………………… 2
降伏ひずみ …………………… 2
コーナアール ………………… 145
50％ひずみ時引張応力 ……… 50
コンパウンディング ………… 11

さ

サイカス法 …………………… 221
再生材 …………………… 187, 295
再生材の管理 ………………… 188
再生材の使用上の注意点 …… 188

最大繊維応力 …………………… 56
材料選定ミスによる割れトラブル
　……………………………………… 196
酸化防止剤 ………………… 25, 101
サンシャインカーボンアーク促進
　暴露試験法 …………………… 118
残留応力 ………………… 168, 289
残留ひずみ …… 168, 171, 190, 289
残留ひずみの測定方法 … 178, 292
残留ひずみの発生原理 ………… 173
残留ひずみの発生モデル …… 175

し

C 型試験片による方法 ………… 93
紫外線吸収剤 ………… 25, 26, 117
紫外線吸収剤の紫外線吸収機構
　…………………………… 118, 288
紫外線蛍光ランプ促進暴露法
　……………………………………… 118
紫外線による劣化 ……………… 116
紫外線劣化による割れトラブル
　……………………………………… 196
時間－温度重ね合わせの原理 … 72
試験片切り出し法 ……………… 220
示差走査熱量法 ………………… 104
示差熱分析法 …………………… 104
市場回収品、実装試験品などによ
　る寿命評価法 ………………… 135
質量分析法（MS 法）………… 218
自動酸化反応 ………… 101, 116
試片削除法 ……………………… 181
しめしろ $\varDelta D$ …………………… 153
射出成形法 ……………………… 264
シャルピー衝撃強度 …………… 58
充填剤 …………………………… 26
主鎖切断型 ……………………… 104
主鎖炭化型 ……………………… 104
主鎖非切断型 …………………… 104
樹脂再生 ………………………… 187
寿命の終点 ……………………… 126
寿命評価法 ……………………… 126
寿命予測法 ……………………… 127
衝撃強度 ………………… 15, 276
衝撃試験法 ……………………… 221
衝撃特性 ………………………… 58
上降伏点 ………………………… 53

使用時の加水分解 ……………… 111
使用条件による熱劣化 ………… 107
人為的要因による割れトラブル
　……………………………………… 196
浸透探傷試験の手順 …………… 220

す

水素結合 …………………… 3, 4
水中置換法 ……………………… 214
スーパーエンジニアリングプラス
　チック（スーパーエンプラ）
　……………………………………… 248
スタークラック ………… 85, 113
スチレン-N-マレイミド共重合体
　……………………………………… 246
ストライエーション …………… 229
ストレスクラッキング ………… 86
ストレスクラック ……… 86, 283
ストレスクラック性の評価方法
　………………………………………… 86
ストレスクラック特性 ………… 87
スプリング ……………………… 168

せ

成形インサート ………………… 148
成形時の加水分解 ……………… 110
成形品中の欠陥部 ……………… 187
成形品の強度測定法 …………… 220
成形品の欠陥部観察法 ………… 218
成形品の雌ねじ強度 …………… 158
成形ミスによる割れトラブル
　……………………………………… 198
脆性破壊 ………………… 7, 278
静的強度 ………………………… 14
生分解性プラスチック ………… 125
赤外吸収スペクトル法（IR 法）
　……………………………………… 217
設計ミスによる割れトラブル
　……………………………………… 198
接着 ……………………………… 161
セルフタップねじ接合 ………… 160
セルロースナノファイバー強化エ
　ンプラ ………………………… 261
遷移温度 ………………………… 26
繊維強化材料 …………………… 26

繊維強化材料の破損解析 ……… 233
繊維強化による実用強度 ……… 28
遷移クリープ …………………… 73
繊維長さ ………………………… 234
繊維の配向度 …………………… 27
繊維配向と強度 ………………… 28
繊維配向の測定法 ……………… 234
せん断降伏 ……………………… 34
せん断降伏破壊 ………………… 7
せん断降伏破壊臨界応力 ……… 7

そ

増感作用 ………………………… 116
相構造と衝撃強度 ……………… 34
相対粘度 ………………………… 210
相容化技術 ……………………… 33
側鎖脱離型 ……………………… 104
促進暴露試験 …………………… 118
速度過程 ………………………… 7
塑性ひずみエネルギー ………… 2
ソルベントクラック …… 89, 283
ソルベントクラック特性 ……… 94
ソルベントクラック限界応力 … 95
ソルベントクラックによる割れト
　ラブル ………………………… 194
ソルベントクラックの測定方法
　………………………………………… 90
損失係数 ………………………… 49
損失弾性率 ……………………… 49

た

第一次クリープ ………………… 73
耐候性特性 ……………………… 121
第三次クリープ ………………… 73
耐紫外線暴露試験方法 ………… 118
第二次クリープ ………………… 73
耐熱 ABS 樹脂 ………………… 243
耐熱強度 ………………………… 15
タイ分子 ………………………… 23
太陽集光促進暴露試験法 ……… 120
多軸応力 ………………………… 65
多層ラメラ ……………………… 23
ダッシュポット ………………… 168
炭化残留物型 …………………… 104
炭化物 …………………………… 216

弾性ひずみエネルギー ………… 2
弾性変形 ………………………… 46

ち

遅延時間 ………………………… 46
遅延弾性ひずみエネルギー …… 2
着色剤 …………………………… 26
超音波圧入方法 ………………… 156
超音波顕微鏡撮影法 …………… 234
長鎖分岐構造 …………………… 19
長時間強度 ……………………… 15
チョーキング現象 ……………… 121
直接屋外暴露法 ………………… 120
貯蔵弾性率 ……………………… 49

て

定応力下でのストレスクラック性
……………………………………… 88
定応力法 ……………………… 87, 93
定常クリープ …………………… 73
定ひずみ法 …………………… 87, 92
添加剤 …………………………… 24
電気陰性度 ……………………… 4

と

等時応力―ひずみ線図 ………… 71
動的損失 ………………………… 49
動的弾性率 ……………………… 49
動的粘弾性 ……………………… 48
動的粘弾性測定法 ……………… 48
通しボルト接合 ………………… 158
塗装 ……………………………… 161
トラブル品のトレーサビリティ
……………………………………… 201

な

内部ひずみ ……………………… 168
ナノポリマーアロイ …………… 262
ナイロンクレイハイブリッド
（NCH）………………………… 40
ナノフィラーコンポジット …… 260
ナノコンポジット材料 ………… 40
軟 X 線撮影法 …………………… 234

軟 X 線写真撮影 ………………… 32

に

肉厚 ……………………………… 144
二次構造 ………………………… 11
二次酸化防止剤 ………………… 101
二次転移点 ……………………… 48

ね

ねじ接合 ………………………… 156
ねじ接合の設計 ………………… 158
熱圧入法 ………………………… 155
熱安定剤（PVC 用）…………… 25
熱エージング ……………… 107, 287
ネッキング ……………………… 53
ネッキング現象 ………………… 52
熱重量法 ………………………… 104
熱分解 ……………………… 183, 294
熱分解挙動 ……………………… 104
熱分解の確認 …………………… 184
熱劣化 ……………………… 101, 287
熱劣化による割れトラブル … 195
粘性変形 ………………………… 46
粘弾性 ……………………… 46, 280
粘度法 …………………………… 210

は

バイオ PBT …………………… 259
バイオ PET …………………… 259
バイオプラスチック …………… 258
破壊強度 ………………………… 6
破壊の進行プロセス …………… 9
破損解析法 ……………………… 210
破断強度 ………………………… 2
破面解析の手順 ………………… 224
破面解析法 ………………… 223, 298
パンクチャー（puncture）衝撃試
験法 …………………………… 9, 63
半相容系ポリマーアロイ ……… 37
反応助剤 ………………………… 10
反応速度論 ……………………… 103
半芳香族 PA …………………… 246

ひ

ビーチマーク …………………… 230
ヒートサイクル試験 …………… 134
比較温度指数 …………………… 109
光安定剤 …………………… 25, 117
光遮蔽剤 ………………………… 117
光弾性法 ………………………… 177
ピクノメータ法 ………………… 214
非晶構造 ………………………… 47
非晶性プラスチック ……… 47, 280
微小切削法 ……………………… 221
非晶部 …………………………… 47
ひずみ ………………… 2, 51, 274
ひずみ軟化 ………………… 53, 76
ひずみ負荷及び応力負荷法 …… 92
微生物による分解 ……………… 125
非相容系ポリマーアロイ ……… 37
引っかかり率 …………… 158-160
引張応力 ………………………… 2, 51
引張応力―ひずみ曲線 ………… 53
引張降伏応力 …………………… 50
引張衝撃強度 …………………… 62
引張弾性率 ……………… 5, 50, 52
引張特性 ………………………… 50
引張破壊強度 …………………… 17
引張破断応力 …………………… 50
引張破断ひずみ ………………… 50
引張破断呼びひずみ …………… 50
引張呼びひずみ …………… 51, 52
比粘度 …………………………… 211
非破壊試験方法 ………………… 219
表面エネルギー ………………… 6
疲労強度 …………………… 75, 278
疲労限度応力 …………………… 141
疲労特性 ………………………… 75
疲労による割れトラブル ……… 196
疲労破壊 ………………………… 75

ふ

ファウンテンフロー …………… 171
ファン・デル・ワールス結合（力）
…………………………… 3-5, 279
V カット付きセルフタップねじ
……………………………………… 161

―索・4―

フィラーナノコンポジット …… 40
フォクトモデル ………… …… 46
負荷応力及び欠陥部と破面 … 229
複屈折測定法 ……………… 178
複合則 ………………… 26
複合則と実際の強度 ……… 26
複素弾性率 ……………… 49
浮沈法 ……………… … 214
フラクトグラフィ ………… 223
フラットワイズ ……… 58-60, 282
プレスフィット（圧力）…… 152
分岐 ……………… 18
分岐構造 ……………… 18
分子構造と強度 ………… 15
分子配向 ……………… 21
分子配向の測定法 ………… 216
分子配向ひずみ ………… 170
分子配向ひずみの発生原理… 171
分子末端 ……………… 20
分子量測定法 ……… 210
分子量分布 ……………… 17

へ

平均応力 ……………… … 2
平均分子量 ……………… 17
平面ひずみ状態 ………… 65
ベル・テレフォン社 ……… 90
ベントストリップ法 ……… 90

ほ

ポアソン比 ……… 52, 142, 275
放射線照射による劣化 …… 124
飽和ポリエステル ……… 248
補強効率 ……………… 27
ボス ……………… 146
ポテンシャルの山 ……… 7
ポリアミド ……………… 246
ポリエステル系光学プラスチック
……………… 257
ポリエステル系バイオプラスチック
……………… 259
ポリカーボネート系光学プラスチック
……………… 255
ポリマーアロイ材料 ……… 33

ポリマーと熱分解パターン … 104
ポリマーナノコンポジット … 40
ポリマーの記憶効果 ……… 171
ポリマーの自動酸化劣化スキーム
……………… 101

ま

曲げ応力 ……………… 55, 272
曲げ応力―たわみ曲線 …… 55, 56
曲げ弾性率 ……………… 55, 56
曲げ特性 ……………… 54
マックスウェルモデル …… 46

み

ミクロブラウン運動 ……… 48
密度、結晶化度の測定法 …… 214
密度勾配管法 ……… 214, 298
密度の測定（方）法 …… 214, 298
未溶融プラスチック ……… 217

め

メタクリル樹脂系光学プラスチック
……………… 254
メルト・マス・フロー・レイト
（MFR）測定法 ……… 212

も

モルフォロジー ……………… 34
モルフォロジーとウェルド強度
……………… 35
モルフォロジーとソルベントクラック性 ……… 38
モルフォロジーと耐熱強度 …… 37

や

ヤング率 ……………… 142, 275

ゆ

誘導時間 ……………… 9, 88

よ

溶剤浸漬法 ……………… 179
要素設計 ……………… 148
予備乾燥 ……………… 184, 294
4分の1楕円法 ……………… 91

ら

ラジアルフロー ……………… 29
ラジカル補足剤 ……………… 101
螺旋転移 ……………… 23
ラルソン・ミラー法
……………… 74, 133, 289
ランダム分解型 ……………… 104
乱暴な使用による割れトラブル
……………… 198

り

立体規則性 ……………… 19
立体障害 ……………… 16
リブ ……………… 145
理論弾性率 ……………… 5
臨界粒子壁間距離 ……………… 34
リングフィブリル ……………… 23

れ

劣化 ……………… 15, 287
劣化（degradation）……… 100

ろ

老化（ageing）……………… 100

わ

割れサンプルの分析調査 ……… 204
割れトラブル ……………… 192, 286
割れトラブルの原因究明
……………… 200, 296
割れ品の調査 ……………… 201

―――――― 著 者 略 歴 ――――――

本間　精一（ほんま　せいいち）

1963年東京農工大学・工業化学科卒、同年三菱ガス化学(株)(旧 三菱江戸川化学)入社。ポリカーボネート樹脂の応用研究、技術サービスなどを担当。89年プラスチックセンターを設立、ポリカーボネート、ポリアセタール、変性PPEなどの研究に従事。94年三菱エンジニアプラスチックス(株)の設立に伴ない移籍、技術企画、品質保証、企画開発、市場開発などの部長を歴任、99年同社常務取締役。2001年同社退社、本間技術士事務所を設立、現在に至る。主な著書に『やさしいプラスチック成形材料』(三光出版社)、『プラスチックポケットブック』(技術評論社)、『設計者のためのプラスチックの強度特性』(丸善出版)、『基礎から学ぶ射出成形の不良対策』(丸善出版)、『射出成形特性を活かすプラスチック製品設計法』(日刊工業新聞社)、『プラスチック製品の設計、成形ノウハウ大全』(日経BP社)、『実践　二次加工によるプラスチック製品の高機能化技術』(エヌ・ティー・エス)、『プラスチック材料大全』(日刊工業新聞社)、『プラスチック成形技能検定公開試験問題の解説』(三光出版社) など多数

改訂増補版
プラスチック製品の強度設計とトラブル対策

発行日	2009年3月10日　初　版第一刷発行 2018年6月12日　改訂版第一刷発行
著　者	本間　精一
発行者	吉田　隆
発行所	株式会社エヌ・ティー・エス 〒102-0091　東京都千代田区北の丸公園2-1 科学技術館2F TEL：03(5224)5430 http://www.nts-book.co.jp
企画・編集	株式会社エヌ・ティー・エス
印刷・製本・装丁	美研プリンティング株式会社

© 2018　本間精一

落丁・乱丁本はお取り替えいたします。無断複写・転載を禁じます。　　　　ISBN978-4-86043-573-8
定価はケースに表示してあります。
本書の内容に関し追加・訂正情報が生じた場合は、(株)エヌ・ティー・エスホームページにて掲載いたします。
※ホームページを閲覧する環境のない方は、当社営業部(03-5224-5430)へお問い合わせ下さい。